电力行业"十四五"规划教材

高等教育电气与自动化类专业系列

中国电力教育协会
高校电气类专业精品教材

电气设备
状态监测与故障诊断

（第二版）

主　编　刘　念

副主编　刘　影

参　编　谢　驰　幸晋渝

　　　　刘明丹　滕云龙

中国电力出版社
CHINA ELECTRIC POWER PRESS

内 容 提 要

本书介绍了电力系统中常用电气设备的状态监测与故障诊断技术。全书共 13 章，主要内容包括电气设备故障诊断的方法，以及汽轮发电机、水轮发电机、风力发电机组、交流电动机、电力变压器、高压断路器、高压开关柜、GIS 组合开关、输电线路、避雷器、电力电容器、光伏发电系统等电气设备的状态监测与故障诊断。每章后附有思考题与练习题。

本书可供高等院校电气工程及其他相关电工类专业本科生及研究生作为教材使用，也可供有关工程技术人员参考。

图书在版编目（CIP）数据

电气设备状态监测与故障诊断/刘念主编．—2 版．—北京：中国电力出版社，2026.1
ISBN 978-7-5198-7767-5

Ⅰ. ①电…　Ⅱ. ①刘…　Ⅲ. ①电气设备－设备状态监测②电气设备－故障诊断　Ⅳ. ①TM

中国国家版本馆 CIP 数据核字（2023）第 073037 号

出版发行：中国电力出版社
地　　址：北京市东城区北京站西街 19 号（邮政编码 100005）
网　　址：http://www.cepp.sgcc.com.cn
责任编辑：张　旻（010-63412536）
责任校对：黄　蓓　王小鹏
装帧设计：郝晓燕
责任印制：吴　迪

印　　刷：廊坊市文峰档案印务有限公司
版　　次：2016 年 1 月第一版　2023 年 7 月第二版
印　　次：2026 年 1 月北京第十次印刷
开　　本：787 毫米×1092 毫米　16 开本
印　　张：12
字　　数：297 千字
定　　价：48.00 元

前　言

　　根据国家电网有限公司《构建以新能源为主体的新型电力系统行动方案》，在 2035 年之前的近十年时间，是我国新型电力系统发展壮大的重要战略突破期，加快构建以新能源为主体的新型电力系统，是实现"3060（碳达峰、碳中和）"目标的必然选择。现阶段，新型电力系统的主要目标是实现新能源高比例接入大电网，加快信息技术与新能源供给的深度融合，加强智能化的状态监测与故障诊断系统，提升电气设备的智能化诊断水平，增强新型电力系统供电能力，确保现代社会需求与发展。

　　为了适应新型电力系统的建设与发展，本书编者对第一版教材《电气设备状态监测与故障诊断》进行了内容修订，在原有章节的基础上增补了第 13 章。第 13 章为光伏发电系统状态监测与故障诊断，其内容介绍了新能源的光伏发电系统结构、光伏发电系统故障分析和光伏发电状态监测与故障诊断系统。目前，光伏电站发展迅速，光伏电站智能运维的需求越来越大，光伏发电状态监测与故障诊断系统能够智能化监控光伏发电组件、并网逆变器等关键设备运行工况，能够有效增强光伏电站运行设备的安全性，提高光伏并网发电的可靠性。因此，基于状态监测的人工智能故障诊断方法是提高并网光伏电站可靠性和安全性的有效实施途径，也是这次内容修订的重点部分。

　　另外，本书编者对第一版教材其他章节做了相应的修改。本书共分为 13 章，第 1 章概括地介绍了电气设备故障诊断的常用方法及发展趋势；第 2 章介绍了汽轮发电机状态监测与故障诊断；第 3 章介绍了水轮发电机状态监测与故障诊断；第 4 章介绍了风力发电机组状态监测与故障诊断；第 5 章介绍了交流电动机状态监测与故障诊断；第 6 章介绍了电力变压器状态监测与故障诊断；第 7 章介绍了高压断路器状态监测与故障诊断；第 8 章介绍了高压开关柜状态监测与故障诊断；第 9 章介绍了 GIS 组合开关状态监测与故障诊断；第 10 章介绍了输电线路状态监测与故障诊断；第 11 章介绍了避雷器的状态监测与故障诊断；第 12 章介绍了电力电容器状态监测与故障诊断；第 13 章介绍了光伏发电系统状态监测与故障诊断。本书可作为高等院校电气工程及其他相关电工类专业的学习教材，也可作为相关专业研究生的学习教材，可供从事电气工程技术人员参考。

　　参加本书编写的有四川大学电气工程学院刘念教授，电子科技大学长三角研究院（湖州）、电子科技大学刘影副教授，四川大学谢驰教授，电子科技大学滕云龙副教授，四川农业大学刘明丹教授和成都理工大学工程技术学院幸晋渝副教授。全书由刘念任主编，刘影任副主编，重庆大学电气工程学院韩力教授担任主审。

　　在编写过程中，参考了同行专家、学者们的研究成果以及文献资料，在此深表感谢。

　　本书编者水平有限，加之修订编写时间仓促，书中难免有不妥之处，恳请读者批评指正。

编　者

2023 年 2 月 8 日

第一版前言

随着电力工业的快速发展，我国电力系统已步入以超大容量机组发电、特高压交直流输电、新能源发电和智能供配电为主要特征的智能电网时代。电力能源是国家的战略能源之一，也是现代工业和国民经济发展的基础，越来越多的电气设备投入电能生产过程中，这些电气设备能否安全可靠地运行，对于国民经济建设、确保生产安全和保障人民生活水平都具有十分重要的意义。

我国将全面提高电网智能化水平，大力推进智能发电厂、智能变电站、特高压输电、新能源发电等重点领域和关键环节实现突破，并将加快智能电网创新示范工程建设。电气设备状态监测与故障诊断技术在智能电网建设中已得到了广泛应用，其具体实施是保证智能电网安全可靠运行和实现智能电网状态维修的关键之一。因此，有关电气设备状态监测与故障诊断技术已成为全国各高校电气工程专业学生必修的专业知识。

本书分为12章，第1章概括地介绍了电气设备故障诊断的常用方法及发展趋势；第2章介绍了汽轮发电机的状态监测和故障诊断技术；第3章介绍了水轮发电机的状态监测与故障诊断技术；第4章介绍了风力发电机的状态监测与故障诊断技术；第5章介绍了交流电动机的状态监测与故障诊断技术；第6章介绍了电力变压器的状态监测与故障诊断技术；第7章介绍了高压断路器的状态监测与故障诊断技术；第8章介绍了高压开关柜的状态监测与故障诊断技术；第9章介绍了GIS组合开关的状态监测与故障诊断技术；第10章介绍了输电线路状态监测与故障诊断技术；第11章介绍了避雷器的状态监测与故障诊断技术；第12章介绍了电力电容器的状态监测与故障诊断技术。

参加本书编写的有四川大学教授刘念、电子科技大学博士刘影、张有润，四川大学锦城学院谢驰，四川农业大学刘明丹和成都理工大学工程技术学院幸晋渝。全书由刘念任主编，刘影任副主编，重庆大学韩力教授担任主审。

在编写本书的过程中，参考了许多国内同行专家、学者们的研究成果及文献资料，在此一并表示感谢。

由于作者学识水平有限，书中不妥之处在所难免，恳请同行和读者批评指正。

作　者
2015 年 5 月

目　　录

前言
第一版前言

第1章　概述 ··· 1
　1.1　电气设备状态监测与故障诊断的概念与起源 ··· 1
　1.2　电气设备故障诊断的方法 ··· 2
　1.3　电气设备状态监测与故障诊断的发展趋势 ··· 11
　思考题与练习题 ·· 12
第2章　汽轮发电机状态监测与故障诊断 ··· 13
　2.1　汽轮发电机的原理与结构 ··· 13
　2.2　汽轮发电机的状态监测 ·· 17
　2.3　汽轮发电机故障诊断 ··· 30
　2.4　汽轮发电机状态监测与故障诊断系统 ·· 32
　思考题与练习题 ·· 35
第3章　水轮发电机状态监测与故障诊断 ··· 36
　3.1　水轮发电机的原理与结构 ··· 36
　3.2　水轮发电机的状态监测 ·· 47
　3.3　水轮发电机故障分析 ··· 48
　3.4　水轮发电机状态监测与故障诊断系统 ·· 49
　思考题与练习题 ·· 55
第4章　风力发电机组状态监测与故障诊断 ·· 56
　4.1　风力发电动力学 ··· 56
　4.2　风力发电机组的结构 ··· 58
　4.3　风力发电机组状态监测 ·· 61
　4.4　风力发电机组故障分类 ·· 63
　4.5　风力发电机组故障原因 ·· 64
　4.6　风力发电机组状态监测与故障诊断系统 ··· 64
　思考题与练习题 ·· 67
第5章　交流电动机状态监测与故障诊断 ··· 68
　5.1　交流电动机的原理与结构 ··· 68
　5.2　交流电动机状态监测 ··· 72
　5.3　交流电动机故障信号处理方法 ··· 73
　5.4　交流电动机的故障分析 ·· 74
　5.5　交流电动机故障诊断方法 ··· 81

5.6　交流电动机状态监测与故障诊断 ································· 83

　　思考题与练习题 ·· 88

第6章　电力变压器状态监测与故障诊断 ························· 89

6.1　电力变压器原理与结构 ··· 89

6.2　电力变压器状态监测 ·· 91

6.3　电力变压器故障分析 ·· 95

6.4　电力变压器状态监测与故障诊断系统 ······················· 99

　　思考题与练习题 ··· 104

第7章　高压断路器状态监测与故障诊断 ······················· 105

7.1　高压断路器的结构与分类 ······································ 105

7.2　高压断路器状态监测 ··· 110

7.3　高压断路器故障分析 ··· 114

7.4　高压断路器状态监测与故障诊断系统 ······················· 117

　　思考题与练习题 ··· 119

第8章　高压开关柜状态监测与故障诊断 ······················· 120

8.1　高压开关柜的分类与结构 ······································ 120

8.2　高压开关柜状态量监测 ··· 121

8.3　高压开关柜的故障分析 ··· 124

8.4　高压开关柜状态监测和故障诊断系统 ······················· 128

　　思考题与练习题 ··· 131

第9章　GIS组合开关状态监测与故障诊断 ····················· 132

9.1　GIS组合开关的结构 ·· 132

9.2　GIS组合开关状态监测 ·· 134

9.3　GIS组合开关故障分析 ·· 136

9.4　GIS组合开关状态监测与故障诊断系统 ······················ 137

　　思考题与练习题 ··· 140

第10章　输电线路状态监测与故障诊断 ························· 141

10.1　输电线路结构 ·· 141

10.2　绝缘子结构 ·· 144

10.3　输电线路状态监测 ··· 145

10.4　输电线路故障分析 ··· 149

10.5　输电线路状态监测与故障诊断系统 ························· 154

　　思考题与练习题 ··· 159

第11章　避雷器的状态监测与故障诊断 ························· 160

11.1　避雷器结构 ·· 160

11.2　避雷器故障分析 ··· 161

11.3　避雷器状态监测与故障诊断系统 ····························· 162

　　思考题与练习题 ··· 168

第 12 章　电力电容器状态监测与故障诊断······169
　12.1　电力电容器结构 ······169
　12.2　电力电容器状态监测 ······171
　12.3　电力电容器故障分析 ······172
　12.4　电力电容器状态监测与故障诊断系统 ······174
　思考题与练习题 ······176
第 13 章　光伏发电系统状态监测与故障诊断······177
　13.1　光伏发电系统的结构 ······177
　13.2　光伏发电系统故障分析 ······179
　13.3　光伏发电状态监测与故障诊断系统 ······180
　思考题与练习题 ······182

参考文献 ······183

《电气设备状态监测与故障诊断（第二版）》
教学课件

《电气设备状态监测与故障诊断（第二版）》
拓展阅读资料

第1章 概 述

1.1 电气设备状态监测与故障诊断的概念与起源

电气设备状态监测与故障诊断是一种对运行的电气设备在不拆卸、不强制停止其运行的状态下，通过各种传感器取得设备运行中的状态参数，分析设备运行状态及设备产生故障的原因，判定故障类型和故障部位，并能够预测设备故障趋势的技术。

电气设备状态监测与故障诊断技术最早发展于 20 世纪 60 年代，是由军事、航空航天的需要逐步发展起来的。早期对设备的维护主要是根据检修计划进行的，不论设备是否运行良好或有异常状态，都对其强制停机全面检测。由于这种原始拆卸检修，破坏了很多运行良好的设备原有的结构和结构间的平衡性，反而大幅度缩短了设备的使用寿命。最初的故障诊断对于有异常情况的设备，通过对设备的触摸和对声音、振动、气味、外观等主要特征进行评判，以及采用十分简单的测量仪器来确定设备是否存在故障隐患。这种检测方法不能完全准确判定设备的故障类型和故障部位。1967 年，美国国家航空航天局（NASA）专门成立了设备状态监测和故障诊断技术小组，从事诊断技术的研究和应用，在故障诊断、故障机理分析、信号处理等方面取得了很多基础性的研究成果，在很多方面做了开创性的工作，为现代故障诊断技术奠定了很好的理论基础。

"诊断（diagnosis）"一词源于医学术语，它的含义是"根据病症来识别病人所患何病"。从人工智能的观点来看，诊断是医生通过采集病人症状（包括医生的感观、病人的主观陈述以及各种医检所得的结果），并根据症状进行分析处理，以判断患者的病因及病情的严重程度，从而确定对患者的治疗方案的过程。电气设备故障诊断技术借用了上述概念，其含义是：通过对电气设备的在线监测，采集设备运行状态的特征量，了解及评估设备在运行过程中的状态，从而能够早期发现故障的技术。现在这种技术通常被称为"状态监测与故障诊断（condition monitoring and fault diagnosis）"。

电气设备状态监测与故障诊断利用电气设备的输入状态、输出状态和内部运行状态等可监测数据，对电气设备客观地做出判断，确定故障的类型、程度、部位以及产生故障的原因，预测故障趋势，并发出预警信号。由于电气设备故障具有潜伏性、破坏性、突发性、随机性等特点，电气设备状态监测与故障诊断系统就应该从其特点入手，具备实时性、准确性、可靠性和安全性。要实现电气设备故障的准确诊断必须要有相应的方法和可靠的依据，而状态监测就是为诊断提供依据，正是这些监测量为诊断提供了基础。通过在线的实时监测装置对电气设备的运行状态进行实时监测，并跟踪记录电气设备现在和过去的运行状态，实现全方位的状态监测，随时将这些状态量转换后传输至故障诊断系统处理。电气设备故障诊断系统根据系统本身的方法和算法对接收到的状态量进行分析和处理，判断电气设备运行是否正常，确定故障部位及原因，预测故障的发展趋势，提出电气设备的检修意见等。图 1-1 以发电机组状态监测与故障诊断的简易结构图为例，说明了电气设备状态监测与故障诊断的过程。

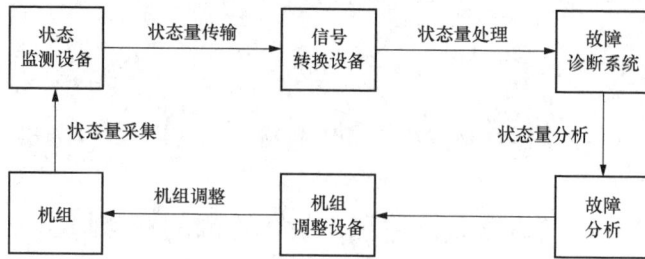

图 1-1　发电机组故障诊断系统结构图

1.2　电气设备故障诊断的方法

电气设备故障的产生有一个或快或慢的发展过程，故障征兆也是随着时间的推移而逐步暴露出来的。通过对电气设备的运行趋势分析和故障趋势预测，可以跟踪电气设备的状态变化，对故障的早期预报提供依据。可以将电气设备的各种设计参数、结构参数、配置参数、状态参数、运行参数、工况参数及其他诊断信息有机地结合起来进行电气设备的故障分析与识别。

现有的电气设备故障诊断方法主要分为两大类，即基于模型的故障诊断方法和无模型的故障诊断方法。其中，无模型的故障诊断方法又包括基于信号处理的方法和基于人工智能的方法。基于模型的故障诊断方法的核心思想是用解析冗余取代硬件冗余，以系统的数学模型为基础，利用观测器、等价空间方程、滤波器、参数模型估计和辨识等方法求取识别量的残差值，然后基于某种准则或阈值对该残差值进行评价和决策。电气设备故障诊断方法分类如图 1-2 所示。

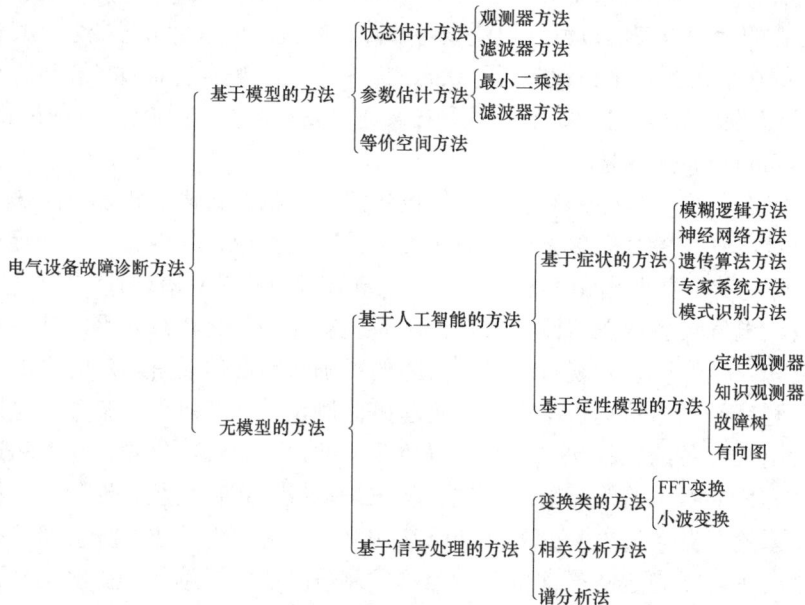

图 1-2　电气设备故障方法分类示意图

下面介绍几种诊断方法。

1.2.1 基于模型的故障诊断方法

基于模型的故障诊断方法可以分为状态估计方法、等价空间方法和参数估计方法三类。这三种方法均是独立发展起来的，但它们之间存在一定的联系。现已证明等价空间方法与观测器方法在结构上的等价性。

1. 参数估计方法

当故障由参数的显著变化来描述时，可利用已有的参数估计方法来检测故障信息，根据参数的估计值与正常值之间的偏差情况来判断系统的故障情况，设计步骤是：

（1）建立被控过程的输入输出模型，即

$$y(t)=F[u(t), \theta] \tag{1-1}$$

式中　θ——模型参数；

　　　$u(t)$——输入参数；

　　　$y(t)$——输出参数。

（2）建立模型参数与过程参数之间的联系，即

$$\theta=g(P) \tag{1-2}$$

式中　P——过程参数。

（3）基于系统的输入输出序列，估计出模型参数序列 $\hat{\theta}_i$。

（4）由模型参数序列计算过程参数序列。

（5）确定过程参数的变化量序列。

（6）基于此变化序列的统计特性，检测故障是否发生。

（7）当确定有故障发生时，进行故障分离、估计及决策。

上述故障诊断的基本思想是把理论模型和参数辨识结合起来，其框图如图 1-3 所示，其中 u 为输入，y 为输出，N 为外部扰动。

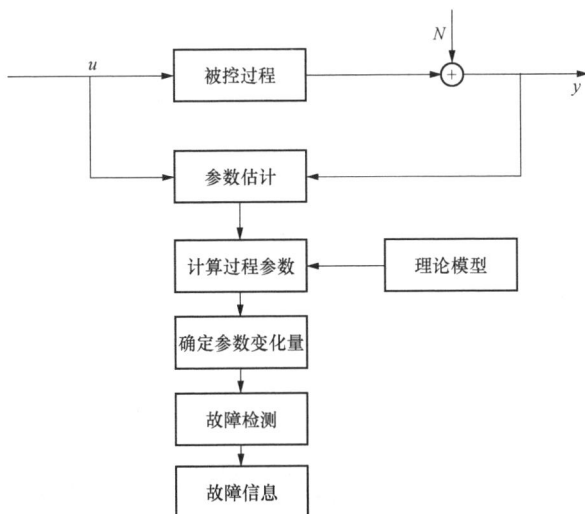

图 1-3　基于参数估计的故障诊断框图

因此，这种方法需要下列前提条件：①建立精确的过程模型；②具有有效的参数估计方法；③选择适当的过程参数；④有必要的故障统计决策方法。

　　尽管已经提出了诸多的参数估计方法，但由于最小二乘法简单实用，并且有极强的鲁棒性，因此它仍是参数估计的首选方法。但是，基于参数估计的故障诊断方法存在的问题有：

　　（1）基于系统参数估计的故障诊断方法是利用系统参数过程的系数关联方程反推物理元件参数，而对于一个实际系统，系统参数过程的系数关联方程的个数不一定等于物理元件参数个数，而且这种系统参数过程的系数关联方程是非线性的，由此求解物理元件参数是很困难的，有时甚至是不可能的。

　　（2）当系统发生故障时，不仅可能引起系统参数的变化，还可能引起模型结构的变化，基于系统参数估计的动态故障诊断面临的是一种变结构变参数的参数估计问题，需要一种同时辨识模型结构和参数的实时递推算法。

　　（3）系统故障发生时，系统故障引起系统模型结构和参数变化的形式是不确定的，而对不确定时变、变结构、变参数辨识问题，目前还缺少有效的方法。

　　2. 状态估计方法

　　被控过程的状态直接反映系统运行状态，通过评估系统的状态，并结合适当模型则可进行故障诊断。首先重构被控过程状态，并构成残差序列，且残差序列中包含各种故障信息。基本残差序列，只能通过构造适当的模型并采用统计检验法，才能把故障从中检测出来，并进一步分离、估计及决策。所谓残差，就是与被诊断系统的正常运行状态无关的、由其输入输出信息构成的线性或非线性函数。在没有故障时，残差等于零或近似为零；而当系统出现故障时，残差显著偏离零点。为便于实现故障分离，残差应当属于下面两者之一：

　　（1）结构化残差：对应于每个故障，残差都有不同的部分与之对应，当诊断对象发生故障时，这些特定部分就由零变为非零。

　　（2）固定方向性残差：对应于每个故障，残差向量都具有不同的方向与之对应。理论上讲，当系统发生故障时，残差应以确定性的偏移量出现。状态估计方法在线性系统和非线性系统的故障检测与诊断中都有应用。通常可以基于状态观测器或滤波器来进行状态估计，如未知输入观测器法、卡尔曼滤波器法、自适应观测器法以及模糊观测器法等。

　　采用状态估计诊断方法的前提条件：①具备过程模型数学知识；②已知噪声的统计特性；③系统可观测或部分可观测；④方程解析有一定的精度；⑤在许多场合下要将模型线性化，并假设干扰为白噪声。

　　未知输入观测器方法不需要对象非常精确的数学模型，将建模不确定性作为系统的未知输入来处理。这种方法将参数的失配建模作为系统的未知输入，故障则是系统状态和输入的非线性函数，通过干扰解耦技术，用状态变换把原系统化为规范形式。同时，将故障转化为可测输入和输出信号间的非线性函数。

　　卡尔曼滤波器法是另一种状态估计方法。与未知输入观测器法相比较，这种方法的设计过程相对简单，但缺点是需要已知噪声的统计特性，且运算量大。利用自适应扩展卡尔曼滤波器方法可以有效克服噪声影响。

　　自适应观测器法也是颇受关注的一种状态估计方法。这种方法直接建立系统的自适应检测观测器或诊断观测器，再构造出残差，对故障进行检测或诊断。值得注意的是，若建立的是检测观测器，则应在正常系统模型的基础上建立观测器方程，即观测器方程中的故障矩阵取系统正常时的值；若建立的是诊断观测器，则观测器方程中的故障矩阵为待估计的值。无论实际建立的是哪一种观测器，都要求通过在线调节观测器参数，使系统残差收敛，从而使观测器及整个系统达到稳定。

近年来，由于模糊模型与观测器方法的结合，产生了基于模糊模型的观测器方法，它利用描述非线性系统输入输出关系的 IF-THEN 模糊规则将原非线性模型在工作点处进行局部线性化，再将这些线性模型进行加权组合来拟合原非线性模型。在模糊模型基础上，按照线性系统的方法，建立起模糊观测器。

3．等价空间方法

等价空间方法是利用系统的输入、输出的实际测量值检验系统数学模型的等价性，从而检测和隔离故障的一种方法。等价空间方法主要包括几种具体的方法：奇偶方程方法、方向性残差方法和约束优化的等价方程方法等。其中，应用最多的是奇偶方程方法和方向性残差方法。

奇偶方程方法是通过构造测量冗余方程和奇偶向量，得到包含残差的奇偶方程，从而对故障进行检测和诊断。目前已有的成果主要是在线性系统方面，对非线性系统的研究还处于起步阶段。

方向性残差方法是通过将故障与残差的传递函数转化为对角形式，使得残差为固定方向，从而每个残差分量和故障向量的一个分量相关联，实现故障分离。

1.2.2　基于系统输入输出信号处理的故障诊断方法

1．直接测量系统的输入、输出

在正常情况下，被控过程的输入、输出在正常范围内变化，即

$$U_{min}(t)<U(t)<U_{max}(t) \tag{1-3}$$

$$Y_{min}(t)<Y(t)<Y_{max}(t) \tag{1-4}$$

当此范围被突破时，可以认为故障已经发生或将要发生。

2．基于小波变换的方法

其基本思路是：首先对系统的输入、输出信号进行小波变换，利用该变换求出输入、输出信号的奇异点；然后去除由于输入突变引起的极值点，则其余的极值点对应于系统的故障。这种方法不需要系统的数学模型，具有灵敏度高、克服噪声能力强的特点，已在 GIS 管线泄漏诊断系统、发电机局部放电中得到成功应用。

3．输出信号处理法

系统的输出在幅值、相位、频率及相关性上与故障源之间会存在一定的联系，这些联系可以用一定的数学形式表达故障发生时，可利用这些分量进行分析处理，判断故障源的所在。常用的方法有频谱分析法、概率密度法、相关分析法及功率谱分析法等。

4．信息匹配诊断法

此方法引入了类似矢量、类似矢量空间、一致性等概念，将系统的输出序列在类似空间中划分成一系列子集，分析各个子集的一致性，并按照一致性强弱进行排列。一致性最强的一组子集的鲁棒性也最强，而一致性最差的子集则可能已经发生故障。通常类似矢量值很小，而当故障发生时，类似矢量将在此故障相应的方向上增大，因此类似矢量的增加表明故障的发生，而其方向给出了故障部位的传感器位置。

5．基于信息融合的方法

故障诊断实际上是根据检测量所获得的某些故障特征以及系统故障与故障表征之间的映射关系，找出系统故障源的过程。为了充分利用检测量所提供的信息，在可能的情况下，可以对每个检测量采用多种诊断方法进行诊断，这一过程称为局部诊断。将各诊断方法所得结

果加以综合，得到系统故障诊断的总体结果，称为全局诊断融合。对局部-全局融合方案的实现，可用模糊逻辑的方法进行决策。

6. 信息校核法

在许多系统的故障诊断中，都没有考虑到信息校核方法。实际上，系统的信息校核是进行故障诊断的比较简单有效的方法，因为信息是进行系统过程监测的依据，但是利用错误的信息进行计算和推理会带来系统诊断故障的误判和漏判。可依据能量守恒定律等物理化学规律及数量统计来进行信息的校核，信息的矛盾一般意味着信息获取上的故障或矛盾。

1.2.3　基于模糊逻辑的故障诊断方法

模糊理论（fuzzy theory，FT）是将经典集合理论模糊化，并引入语言变量和近似推理的模糊逻辑，具有完整的推理体系的智能技术。

电气设备在故障诊断过程中存在许多不确定性，常常表现为不同的故障状态可能具有相似的特征，而不同的故障特征可能对应同一故障状态。因此，故障可视为具有一定的模糊性，不能将故障绝对地识别为"存在"与"不存在"。对于故障的这一模糊现象，用传统的诊断方法存在一些困难，模糊诊断则显示出其模糊数学的优越性。

模糊诊断是一种基于知识的人工智能诊断模式。它利用模糊逻辑来描述故障原因与故障现象之间的关系，通过隶属度函数和模糊关系方程解决故障原因与状态识别问题。设电气设备可能出现的各种故障状态构成一个集合，此集合可以用状态向量来表示

$$X=[x_1,\ x_2,\ \cdots,\ x_n] \tag{1-5}$$

由故障状态引起的各种故障特征或征兆构成一个集合，此集合用特征向量 Y 表示

$$Y=[y_1,\ y_2,\ \cdots,\ y_m] \tag{1-6}$$

状态向量 X 和特征向量 Y 中的各元素 x_i 和 y_i 均为模糊变量，其数值由各自对应的隶属函数来确定。

在运用模糊逻辑进行故障诊断时，诊断规则可由反映设备状态和特征之间因果关系的模糊关系矩阵 A 予以描述。这样，状态向量 X、模糊关系矩阵 A、特征向量 Y 构成了模糊关系方程

$$X \circ A=Y \tag{1-7}$$

即

$$(x_1,\ x_2,\ \cdots,\ x_n) \circ \begin{bmatrix} a_{11} & a_{12} & \cdots & a_{1m} \\ a_{21} & a_{22} & \cdots & a_{2m} \\ \vdots & \vdots & \cdots & \vdots \\ a_{n1} & a_{n2} & \cdots & a_{nm} \end{bmatrix}=(y_1,\ y_2,\ \cdots,\ y_m) \tag{1-8}$$

式中，$\circ$ 为模糊算子。

根据设备特征（Y）和诊断规则（A）推理出设备状态（X）的故障诊断过程，就转化成模糊关系方程的求解问题。

模糊理论可适用于不确定性问题；模糊知识库使用的语言变量，更接近人类的知识表达方式；模糊理论能够得到问题的多个可能解决方案，并根据方案的模糊度的大小来进行优先程度的排序。但是，在模糊理论实际应用中，隶属函数的获取、复杂系统模糊模型的建立和辨识等理论与方法还不够完善，使模糊理论实际应用受到限制。

1.2.4　基于神经网络的故障诊断方法

人工神经网络（artificial neural network，ANN）是对人脑神经系统的数学模拟，是一种

模拟人类脑神经系统知识处理过程的人工智能技术。人工神经网络具有模拟任何连续非线性函数的能力和从样本学习的能力，非常适合应用于电气设备故障诊断系统。

人工神经网络是对生物神经系统的简单描述，是由大量简单的基本单元（人工神经元）相互广泛连接而成的复杂网络系统，它能反映人脑功能的若干基本特性。在人工神经网络中，人工神经元模拟人脑中神经元的基本特性，但它只是简单模拟，而不是逼真地描述。人工神经元是一个基本计算单元，一般为多输入、单输出的非线性单元，信息分散地存储在连接线的权重上。人工神经元的结构模型如图 1-4 所示。

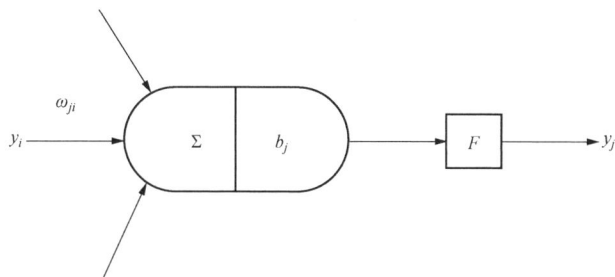

图 1-4 人工神经元的结构模型

人工神经元模型具有以下特征：

（1）每个神经元 j 均有一个输出，即状态 y_j。

（2）神经元 i 到神经元 j 的作用是通过突触完成的，作用强度以系数 ω_{ji} 表示，表示第 i 个神经元对第 j 个神经元的加权值。

（3）每一个神经元 j 都有一个实数阈值 b_j，它与输入共同影响神经元的输出。

（4）对于每一个神经元 j，它的状态 y_j 为所有与其相连的神经元 i 的状态 y_j 以及它们之间的连接强度 ω_{ji} 和神经元 j 的阈值 b_j 的函数，此函数称为激励函数，记作 $y_j=F（y_j, \omega_{ji}, b_j）$，最常用的函数形式为 $y_j=F（\Sigma y_j\omega_{ji}-b_j）$，即神经元输出为其输入的线性加权和的函数。

由大量人工神经元互相连接而成的人工神经网络，具有以下特点：

1）高维性。神经元数目较多，并行处理。

2）神经元间连接的广泛性，信息分布式储存。

3）自适应性。网络连接线权重可在学习或使用中不断调整，适应特定的功能需要，自组织、自学习。

人工神经网络可用于模式识别、信号处理、自动控制、人工智能、优化设计等方面。从某种程度上讲，电气设备故障诊断也是一种模式识别或信号处理的过程，因而人工神经网络可用于电气设备故障诊断。有代表性的人工神经网络模型有很多，其中前馈（back propagation，BP）网络和径向基函数（radial basic function，RBF）网络在故障诊断中的应用更广泛一些。

1. 前馈网络（BP 网络）

BP 网络是一种多层前馈网络，权值调整采用误差反向传播的学习算法，可以实现从输入到输出的任意非线性映射。BP 网络一般由输入层、一个和几个隐层及输出层组成，网络的学习是一种有监督的学习训练。

图 1-5 所示为 3 层 BP 神经网络结构，其输入向量为 $X=[x_1, x_2, \cdots, x_n]$，输出向量为 $Y=[y_1, y_2, \cdots, y_m]$，输入层为 n 个神经元，隐藏层为 h 个神经元，输出层为 m 个神经元，

ω_{ij} 为输入层和隐藏层之间的连接权重，ω_{jk} 为隐藏层和输出层之间的连接权重，隐藏层的神经元个数 h 可认为与问题相关，由经验可得 h 在 $[n/2+1, 3n]$ 之间。

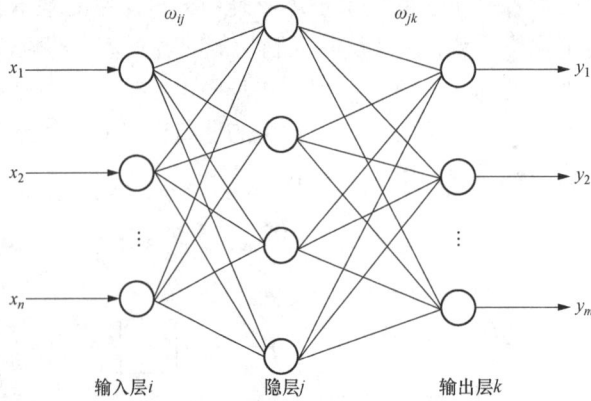

图 1-5　3 层 BP 神经网络结构

BP 训练样本可描述如下：

（1）随机给各个权值 ω_{ij} 和 ω_{jk} 赋一个初始值，要求各权值互不相等，且都为一较小的非零数，可在（0，1）之间取值。

（2）输入样本集中的每一学习样本（X_p，Y_p），计算出实际输出 O_p。

（3）计算实际输出 O_p 和相应的理想输出 Y_p 之间的差。

（4）按极小误差方式调整权值矩阵。

（5）判断最大迭代次数 N 是否大于一预定给定的大数，或者网络误差是否小于一较小的值 ε，如果是，则结束训练；否则，转步骤（2）。

其中步骤（1）、（2）称为向前传播阶段，步骤（3）、（4）称为向后传播阶段，这两个阶段的工作一般应受到精度要求的控制，根据 BP 算法的严格数学理论，对第 p 个样本，其误差可取为

$$E_p = \frac{1}{2}\sum_{j=1}^{m}(y_{pj} - O_{pj})$$ （1-9）

式中　E_p——第 p 个样本的实际输出向量 O_p 和对应理想输出向量 Y_p 之间的平方差；

O_{pj}，y_{pj}——O_p 和 Y_p 向量分量。

网络关于整个样本的误差 E 则可记为

$$E = \sum_{l=1}^{s}E_{ps}$$ （1-10）

式中　s——样本个数。

神经网络虽有诸多优点，如并行处理能力、自适应、自学习等，在智能故障诊断中受到越来越广泛的重视，但其也存在很大的局限性，如训练样本获取困难、忽视领域专家的诊断经验知识、权重形式的知识表达方式难以理解等。

2. 径向基函数网络（RBF 网络）

RBF 网络由输入层径向基层（隐层）和线性输出层组成，也是一种监督学习训练的前馈网络。径向基层神经元的传递函数为高斯函数 $radbas(n, b) = \mathrm{e}^{-(bn)^2}$，其输入为输入矢量与

权值矢量的距离乘以阈值，这与其他网络有所不同，输出层一般采用线性传递函数。网络结构随学习训练过程发生动态变化，即径向基神经元个数根据训练指标的要求而逐步增加，直至达到误差指标或达到制定的最大训练次数，而其他网络结构在学习训练前就已经确定下来而不能改变。

1.2.5　基于遗传算法的故障诊断方法

遗传算法（genetic algorithm）是一类借鉴生物界的进化规律（适者生存，优胜劣汰遗传机制）演化而来的随机化搜索方法。它的推理过程就是不断接近最优解的方法，因此它的特点在于并行计算与全局最优。

遗传算法是从代表问题可能潜在的解集的一个种群开始的，而一个种群则由经过基因编码的一定数目的个体组成。每个个体实际上是染色体带有特征的实体。染色体作为遗传物质的主要载体，即多个基因的集合，其内部表现（即基因型）是某种基因组合，它决定了个体的形状的外部表现，例如黑头发的特征是由染色体中控制这一特征的某种基因组合决定的。

因此，在一开始需要实现从表现型到基因型的映射，即编码工作。由于仿照基因编码的工作很复杂，往往进行简化，如二进制编码，初始代种群产生之后，按照适者生存和优胜劣汰的原理，逐代演化产生出越来越好的近似解，在每一代，根据问题域中个体的适应度大小选择个体，并借助于自然遗传学的遗传算子进行组合交叉和变异，产生出代表新的解集的种群。这个过程将导致种群像自然进化一样的后生代种群比前代更加适应于环境，末代种群中的最优个体经过解码，可以作为问题近似最优解。

如图 1-6 所示，遗传算法的基本运算过程描述如下：

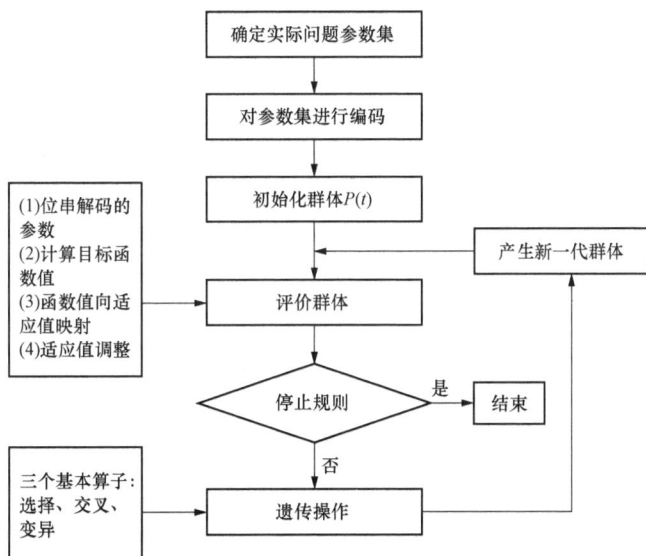

图 1-6　遗传算法基本运算过程

（1）初始化：设置进化代数计数器 $t=0$，设置最大进化代数 T，随机生成 M 个个体作为初始群体 P（0）。

（2）个体评价：计算群体 P（t）中各个个体的适应度。

（3）选择运算：将选择算子作用于群体。选择的目的是把优化的个体直接遗传到下一代或通过配对交叉产生新的个体再遗传到下一代。选择操作是建立在群体中个体的适应度评估基础上的。

（4）交叉运算：将交叉算子作用于群体。所谓交叉是指把两个父代个体的部分结构加以替换重组而生成新个体的操作。遗传算法中起核心作用的就是交叉算子。

（5）变异运算：将变异算子作用于群体，即对群体中的个体串的某些基因座上的基因值作变动。群体 $P(t)$ 经过选择、交叉、变异运算之后得到下一代群体 $P(t+1)$。

（6）终止条件判断：若 $t=T$，则以进化过程中所得到的具有最大适应度个体作为最优解输出，终止计算。

与一般的优化方法相比，遗传算法有很多优点：只需较少的信息就可实现最优化控制；从问题解的串集开始搜索，而不是从单个解开始，覆盖面大，利于全局择优；同时处理群体中的多个个体，即对搜索空间中的多个解进行评估，减少了陷入局部最优解的风险，同时算法本身易于实现并行化；基本上不用搜索空间的知识或其他辅助信息，而仅用适应度函数值来评估个体，在此基础上进行遗传操作；不是采用确定性规则，而是采用概率的变迁规则来指导其搜索方向；具有自组织、自适应和自学习的特性。

1.2.6 基于专家系统的故障诊断方法

专家系统（expert system，ES）是一种拥有大量专门知识的计算机程序系统，是人工智能应用领域最活跃和最广泛的一个分支。专家系统是一个具有大量的专门知识与经验的程序系统，它应用人工智能技术和计算机技术，根据某领域一个或多个专家提供的知识和经验，进行推理和判断，模拟人类专家的决策过程，以便解决那些需要人类专家处理的复杂问题。简而言之，专家系统是一种模拟人类专家解决领域问题的计算机程序系统。

一个专家系统主要的功能结构由五部分组成：知识库、推理机、综合数据库、解释接口（人机界面）和知识获取模块，如图 1-7 所示。

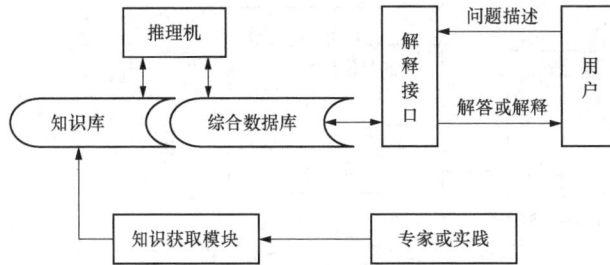

图 1-7　专家系统的一般功能结构

知识库是专家系统的核心之一，其主要功能是存储和管理专家系统的知识，包括事实性知识和领域专家在长期实践中所获得的经验知识等。

推理机实际是一组计算机程序，主要功能是协调控制整个系统，对用户提供的证据进行推理，以最终做出回答。在专家系统中，推理过程控制方式分为正向推理、反向推理和正反向推理三种。

综合数据库用于存储初始数据、证据以及推理过程中得到的中间结果等。在专家系统运行过程中，综合数据库中的内容是不断变化的，并且其数据的表示和组织通常与知识库中知识的表示和组织相容或一致。

解释接口是一种人机交互程序。解释接口负责回答用户提出的问题，包括系统本身的问题。它可对推理路线和提问的含义给出必要的清晰的解释。人机界面包括输入和输出两部分。输入部分将用户输入信息转换成系统内规范化的表示形式，用于相应模块去处理；输出部分将系统输出信息转换成用户易于理解的外部表示形式以显示给用户。

知识获取模块是将知识转化为计算机可利用的形式并送入知识库的功能模块；同时负责知识库中知识的修改、删除和更新，并对知识库的完整性和一致性进行维护。

随着电气设备的日益复杂化，对电气设备状态监测与故障诊断系统的可靠性要求也越来越高。鉴于模糊理论、专家系统、人工神经网络等方法的优缺点，目前一些学者正致力于研究一种基于这些方法的综合智能故障诊断方法，应用于电气设备故障诊断系统中。譬如，模糊理论与人工神经网络相结合，形成模糊神经网络故障诊断方法；模糊理论与专家系统相结合，形成模糊故障诊断专家系统；还有将人工神经网络与专家系统相结合，模糊理论、专家系统和神经网络三者相结合等。这些方法充分利用了各种故障诊断方法的优点，有效提高了电气设备故障诊断系统的准确性。

1.3　电气设备状态监测与故障诊断的发展趋势

目前，电气设备状态监测与故障诊断系统在电力系统中已发挥着重要作用。随着传感器和测试技术、计算机技术、通信技术、人工智能技术等先进技术的发展，电气设备的状态监测和故障诊断技术的发展趋势是：

（1）理论研究的进一步深入以及诊断手段的多样化。电气设备诊断理论研究一直走在实践的前面，但由于电气设备本身的复杂性，电气设备的许多故障原因、机理至今仍然不是十分清楚，因此诊断理论研究会进一步深入，诊断方法日益多样化。不仅人工智能诊断方法在智能电网有广泛应用，而且最为常见的温度分析法、振动分析法、油色谱分析法、声学分析法、无损检测技术也将在电气设备状态监测与故障诊断中发挥越来越重要的作用。

（2）信号数据采集速度、精度、可靠性等大大提高。信号数据采集是整个故障诊断系统的基础，只有正确的数据采集才能够得到正确的分析诊断结果。信号采集的速度、精度、可靠性在电气设备状态监测与故障诊断系统中占有重要地位。状态监测系统是整个电气设备故障诊断系统的基础，对状态监测系统第一个要求就是高可靠性，包括传感器的可靠性、信号调理的可靠性等。

（3）网络化系统开发的进一步加强。局部的电气设备状态监测与故障诊断系统逐渐为网络集成化状态监测与故障诊断系统代替。随着物联网等技术逐渐应用于电气设备状态监测与故障诊断系统中，设备故障诊断中心将会不受地域限制，汇集千里之外的电力专家对大型或巨型电气设备进行远程专家会诊。

（4）在整个电气设备状态监测与故障诊断系统的结构方面，由分布式的监测方式替代目前的集中式监测，数据采集和状态监测将由智能前端处理装置实现，故障诊断由终端的中央计算机完成，实现系统的结构分布化，监测方式层次化，其主要特点是实时性强、可靠性高。

（5）在计算机的硬件平台技术方面，功能强大的工作站、服务器、超级微机以及网络将综合在一起形成工作组，更多先进的硬件技术将会在电气设备状态监测与故障诊断系统中得到广泛应用。

（6）在电气设备状态监测与故障诊断系统的软件功能方面，将面向人机对话接口、实时多任务全过程在线监测以及诊断过程可视化等方面发展，为智能变电站和智能发电厂的状态检修提供管理平台。

随着传感器技术、计算机网络通信技术、人工智能监控技术等科学技术的发展，电气设备状态监测与故障诊断系统会不断趋于完善。同时，人工智能故障诊断理论研究朝着实际工程应用方向发展，电气设备状态监测与故障诊断的工程应用朝着集成化、网络化、可视化、智能化等方面发展，已经成为电气设备状态监测与故障诊断发展的新方向。

思考题与练习题

1. 目前电气设备故障诊断技术主要分为哪两大类？
2. 简述电气设备状态监测与故障诊断系统中各单元的功能。
3. 分析电气设备人工智能故障诊断方法的特点。
4. 论述电气设备状态监测与故障诊断技术在智能电网的应用及发展趋势。

第2章 汽轮发电机状态监测与故障诊断

汽轮发电机是同步发电机的一种，它是由汽轮机作原动机拖动发电机的转子旋转，利用电磁感应原理把机械能转换成电能的电气设备，主要运用于火力发电厂或核能发电厂。

由于汽轮发电机在设计、安装和运行方面的诸多原因，汽轮发电机的故障具有潜伏性，时常会造成在实际生产过程中运行机组的故障发生率居高不下。对汽轮发电机的状态监测和故障诊断，目的是在故障初始阶段检查出汽轮发电机存在的缺陷，有计划地安排机组检修，避免重大事故的发生。同时，延长其平均无故障时间和缩短平均修理时间，减少停机，降低维修费用，提高发电设备的设备利用率。

2.1 汽轮发电机的原理与结构

2.1.1 汽轮发电机的原理

汽轮发电机是由汽轮机作原动机拖动转子旋转，利用电磁感应原理把机械能转换成电能的发电设备。发电机转子绕组内通入直流电流后，便建立转子磁场，这个磁场称主磁场，它随着汽轮发电机转子旋转。其磁通自转子的一个磁极出来，经过空气隙、定子铁芯、空气隙，再进入转子另一个相邻磁极，从而构成主磁通回路。由于发电机转子随着汽轮机转动，发电机磁极旋转一周，主磁极的磁力线被装在定子铁芯内的 U、V、W 三相绕组（导线）依次切割，根据电磁感应定律，在定子三相绕组内感应出相位不同的三相交变电动势。

假设汽轮发电机转子具有一对磁极（即一个 N 极、一个 S 极），当汽轮发电机转子与汽轮机转子同轴高速旋转时，如汽轮机以 3000r/min 旋转时，这样发电机转子以 50 周/s 的恒速旋转，磁极极性也要变化 50 次，那么在发电机定子绕组内感应电动势也变化 50 次，同时在定子三相绕组内感应出相位不同的三相交变电动势，即频率为 50Hz 的三相交变电动势。这时若将发电机定子三相绕组末端（即中性点）连在一起接地，而将发电机定子三相绕组的首端引出线与用电设备连接，就会有电流流过，这个过程即为汽轮机转子输入的机械能转换为电能的过程。

2.1.2 汽轮发电机的结构

火力发电厂或核能发电厂的汽轮发电机皆采用卧式结构，如图 2-1 所示，发电机与汽轮机、励磁机等配套组成同轴运转的汽轮发电机组。汽轮发电机最基本的组成部件是定子、转子、励磁系统和冷却系统。

1. 定子

汽轮发电机的定子如图 2-2 所示，由定子铁芯、定子绕组、机座等部件组成。

（1）定子铁芯。定子铁芯是构成磁路并固定定子绕组的重要部件，通常由 0.5mm 或 0.35mm 厚、导磁性能良好的冷轧硅钢片叠压而成。大型汽轮发电机的定子铁芯尺寸很大，硅钢片冲成扇形，再用多片拼装成圆形。

（2）定子绕组。定子绕组嵌放在定子铁芯内圆的定子槽中，分三相布置，互成 120°电角度，以保证转子旋转时在三相定子绕组中产生互成 120°相位差的电动势。每个槽内放有上下两组绝缘导体（亦称线棒），每个线棒分为直线部分（置于铁芯槽内）和两个端接部分。线棒直线部分是切割磁力线并产生感应电动势的导体有效边，线棒端接部分则起到连接作用，把相关线棒按照一定的规律连接起来，构成发电机的定子三相绕组。中、小型汽轮发电机的定子线棒均为实心线棒，而大型汽轮发电机由于散热的需要，多采用内部冷却的线棒，譬如由若干实心线棒和可通水的空心线棒并联组成。

图 2-1　汽轮发电机组

图 2-2　汽轮发电机定子

（3）机座及端盖。机座的作用是支撑和固定发电机定子铁芯。机座一般用钢板焊接而成，必须有足够的强度和刚度，并能满足通风散热的要求。

端盖的作用是将发电机本体的两端封盖起来，并与机座、定子铁芯和转子一起构成发电机内部完整的通风系统。

2. 转子

汽轮发电机的转子如图 2-3 所示，主要由转子铁芯、励磁绕组（转子绕组）、护环和风扇等组成，是汽轮发电机最重要的部件之一。由于汽轮发电机转速高，转子受的离心力很大，所以转子都呈细长形，且制成隐极式的，以便更好地固定励磁绕组。

图 2-3　汽轮发电机转子

（1）转子铁芯。发电机转子本体采用高强度、导磁性能良好的合金钢加工而成。沿转子本体表面轴向铣出用于放置励磁绕组的凹型槽。槽的排列方式一般为辐射式，槽与槽之间的部分为齿，俗称小齿。未加工的部分通称大齿，大齿作为磁极的极身，是主磁通必经之路。

（2）励磁绕组。励磁绕组为若干个线圈组成的同心式绕组，线圈则用矩形扁铜线绕制而成。励磁绕组放在槽内后，绕组的直线部分用槽楔压紧，端部径向固定采用护环，轴向固定采用云母块和中心环。励磁绕组的引出线经导电杆连接到集电环上，再经过电刷引出。

（3）护环和中心环。汽轮发电机转速很高，励磁绕组端部承受很大的离心力，所以要用护环和中心环来紧固。护环把励磁绕组端部套紧，使绕组端部不发生径向位移和变形；中心环用以支持护环，并防止端部的轴向移动。

（4）集电环。集电环分为正、负两个集电环，由坚硬耐磨的合金锻钢制成，装于发电机转子的励磁端外侧。正、负两个集电环分别通过引线接到励磁绕组的两端，并借电刷装置引至发电机励磁系统上。

（5）风扇。风扇装于发电机转子的两端，用以加快气体在定子铁芯和转子部分的循环，提高冷却效果。

3. 冷却系统

发电机运行时，其内部产生的各种损耗会转化为热能，引起发电机发热。尤其是大型汽轮发电机，因其结构细长，中部热量不易散发，发热问题更显得严重。如果发电机温度过高，会直接影响绝缘的使用寿命，因此冷却对于大型汽轮发电机是非常重要的问题，下面介绍几种典型的冷却方式：

（1）空气冷却。通过发电机的通风系统，由空气的循环使电机得以冷却，如图 2-4 所示。空气冷却方式的冷却能力小，摩擦损耗大。当发电机容量增大时，各种损耗产生的热量增多，需要的冷却空气量也增大，空冷发电机尺寸也要做得比较大。因此，这种冷却方式一般用于中小型发电机。

（2）氢气冷却。为了提高冷却效率，用氢气代替空气冷却，其冷却效果要好得多。因为氢气比空气轻很多，导热性比空气高 6 倍多，流动性比空气好，采用氢气冷却时，风阻损耗大为减小，冷却效果明显加强，所以可提高发

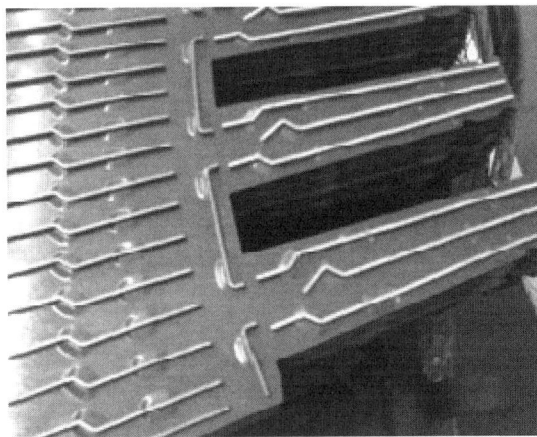

图 2-4 汽轮发电机定子通风槽片

电机的单机容量。但是，如果氢气不纯净，会引起爆炸，所以要注意防爆和防漏问题。

氢气冷却可以分为氢内冷和氢外冷。采用氢气吹拂发电机内部定子和转子表面且带走热量的方式为氢表面冷却，即氢外冷。氢外冷发电机冷却系统的构成与空气冷却系统基本相同，只是将氢外冷却器装在发电机壳内，以减少氢气的用量。冷却介质氢直接接触绕组导体的冷却方式称为氢内冷，这种冷却方式可使绝缘导体表面的热量直接由冷却介质带走，可以大幅度提高冷却效果。

（3）水内冷。将经过净化处理的水，直接通入空芯导体的内部，带走热量的冷却方式叫水内冷。由于水的流动性好，其散热能力远远大于空气和氢气，所以水内冷是一种较理想的

冷却方式。

双水内冷就是把经过净化处理的水同时通入定子绕组和转子励磁绕组的空心导体内进行冷却。定子绕组端头由特殊的水管接头，通过一段塑料管接至进水或出水总管。高速旋转的转子绕组冷却则相对复杂，由进水装置把冷却水注入发电机侧轴端转轴的中心孔，然后沿径向孔流到进水绝缘管，冷水吸热后再经过出水绝缘管，由出水总管引出。

汽轮发电机的容量不同，采用的冷却方式也不一样。50～100MW 的汽轮发电机一般采用空气冷却；200～300MW 的汽轮发电机，一般采用定子绕组氢外冷，转子绕组氢内冷，铁芯氢冷；300MW 以上的大型汽轮发电机，广泛采用定子绕组水内冷，转子绕组氢内冷，定子和转子铁芯氢冷，简称水氢氢冷却方式；还有定、转子绕组都采用水内冷，即双水内冷的发电机，其容量可提高到 600MW 以上。

为监视发电机定子绕组、铁芯、轴承及冷却器等各重要部位的运行温度，在这些部位埋置了测温元件，通过导线连接到温度巡检装置，在运行中进行监控，并通过微机进行显示和预警。

4. 励磁系统

励磁系统的主要作用是：①发电机正常运转时，按主机负荷情况供给和自动调节励磁电流，以维持一定的端电压和无功功率的输出。②发电机并列运行时，使无功功率分配合理。③当系统发生突然短路故障时，能对发电机进行强励，以提高系统运行的稳定性。短路故障切除后，使电压迅速恢复正常。④当发电机负荷突减时，能进行强行减磁，以防止电压过分升高。⑤发电机发生内部故障，如匝间短路或转子发生两点接地故障时，能够对发电机自动减磁或灭磁。常用的励磁方式有以下几种。

（1）直流励磁机励磁。直流励磁机励磁是中小型同步发电机采用的一种励磁方式。这种方式的特点是同步发电机的转子绕组由专用的直流励磁机供电，直流励磁机与同步发电机同轴，通过调节直流励磁机的电枢电动势从而调节送入发电机转子绕组的励磁电流，达到调节发电机机端电压和输出无功功率的目的。

随着机组容量的不断增大，直流励磁机励磁方式表现出了明显的缺陷，一是受换向器所限制其制造容量不可能太大；二是换向器、电刷及集电环磨损大，污染环境，运行维护麻烦；三是励磁调节速度慢，可靠性低。因此，同轴直流励磁机已无法适应大容量汽轮发电机的需要。

（2）交流励磁机带旋转整流器励磁。这种励磁系统将交流励磁机制成旋转电枢式，旋转电枢输出的多相交流电流经装在同轴的硅整流器整流后，直接送给同步发电机的转子绕组，这样就无需通过电刷及集电环装置，所以又称为无刷励磁系统。

同静止整流器励磁系统相比，由于旋转整流器励磁系统中没有集电环及电刷等装置，从而避免了大型汽轮发电机集电环及电刷易发生故障的难题，是最有前途的励磁方式之一。

（3）无励磁机的静止晶闸管励磁。无励磁机的静止晶闸管励磁系统，即自并励励磁系统，其晶闸管整流装置的整流电源，一种是采用汽轮发电机机端的整流变压器供电，另一种是由厂用母线引出的整流变压器供电。

用整流变压器作为励磁电源的静止励磁系统具有简单可靠、容量不受限制、设备费用低、缩短了发电机组的长度、整流设备安装地点不受限制、不需要经常监视和维护等优点，因而在大容量机组上得到广泛的应用。

2.2　汽轮发电机的状态监测

2.2.1　汽轮发电机的状态量

汽轮发电机组是一个非常复杂的发电系统，有很多状态量需要监测，根据状态监测数据，判断汽轮发电机组的工作情况。

1. 放电状态量

（1）绝缘内部放电。汽轮发电机绝缘内部放电可能发生在绝缘层中间、绝缘与线棒导体间、绝缘与防晕层间的气隙或气泡里。这些气隙、气泡或在制造过程中留下，或是在运行中由于热、机械力联合作用下，引起绝缘脱层、开裂而产生。特别是在绕组线棒导体的棱角部位，因电场更为集中，故放电电压更低。

（2）绕组端部放电。汽轮发电机线棒槽口处的电场类似于套管型结构，一般要采取防电晕放电的措施，即分段涂刷半导体防晕层。端部振动或机座振动引起的固定部件的松动，均会损伤防晕层，引起端部电晕。它比绝缘内部放电剧烈，破坏作用也大，甚至可能发展为更危险的滑闪放电。若发电机内湿度较大，则会加剧电晕放电。

绕组端部形成气隙的原因有：①端部连接处的绝缘通常在现场手工进行处理，质量难以保证；②当工艺控制不严或使用材料不合适时，运行中容易脱层；③在振动和热应力作用下，其他部分绝缘也会开裂磨损。由于这些原因形成的气隙，均会发生放电。放电时会侵蚀绝缘，使绝缘强度降低，另外水冷绕组的漏水进入气隙，也使绝缘强度进一步降低。

绕组端部并头套连接处的导线需要焊接，若焊接质量不好或固定不可靠，运行中会因振动而断裂。当绕组端部连接处断裂后，断头两端会由于振动而造成若接若离的现象，形成火花放电。并且由于开断额定电流不断燃弧熄弧，使绕组端部绝缘烧损、导线熔化、对地绝缘烧坏，甚至发展为相间短路和多处接地故障。

另外，可能导致相间短路事故的还有：端部不同相的线棒之间的距离较小，当发电机冷却气体的相对湿度过大、绝缘强度降低时，都有可能导致相间放电。不同相的线棒间的固定材料易被漏水、漏油污染，并引起滑闪放电现象。大型发电机端部是发生绝缘故障的高发区，在诸多导致汽轮发电机事故中，定子绕组端部放电性故障占有较高比例。

（3）定子槽部放电。汽轮发电机运行时，定子铁芯的振动能导致线棒固定部件（如槽楔、垫条）的松动而使防晕层损坏。定子线棒和铁芯接触点过热造成的应力作用，也会破坏线棒防晕层。这些原因使定子线棒表面和槽壁或槽底之间产生间隙，很容易产生高能量的电容性放电，放电形式可能是电晕、滑闪放电，甚至是火花或电弧放电。除了主绝缘表面和槽壁间的间隙处放电外，绕组靠近铁芯通风道口，由于电场集中，也易于发生放电。这些放电均会产生臭氧及氮的氧化物，氧化物与气隙内水分起化学作用，会引起防晕层、主绝缘、槽楔、垫条等的电化学腐蚀，因而会迅速损坏汽轮发电机绝缘，危害极大。

2. 转子绕组的绝缘电阻

汽轮发电机转子绕组在运行中，由于电、热和机械等应力的综合作用，转子接地故障时有发生。转子接地故障可分为一点接地和两点接地（包括多点接地）。

当汽轮发电机转子绕组绝缘发生一点接地时，允许发电机继续运行，但应该立即投入接地保护装置，以防一旦发生两点接地时，烧损转子绕组、铁芯和护环，并引起转子本体的磁化及附加振动。

转子绕组接地故障可分为稳定接地与不稳定接地；稳定接地与转子的转速、电压和温度等因素无关，不稳定接地与转子的转速等因素有关。若按接地电阻数值的大小不同，又可分为低电阻（接近金属性）接地和高电阻（非金属性）接地。

3. 发电机气隙磁通密度

测量发电机各磁极气隙磁通密度的绝对值以及各磁极气隙磁通密度平均值的相对变化，可以判断转子绕组是否有匝间短路现象。另外，磁极气隙磁通密度的不平衡，是导致机组振动、发电机过热和发电机定子、转子部件承受超常应力的重要原因。

4. 发电机气隙间距

发电机定转子的气隙间距在线监测具有实际工程应用的参考价值，其作用可归纳为以下几方面：

（1）检查气隙不均匀性，以检验机组的制造、安装和维修质量。

（2）监测不同工况下气隙的变化，以确定最佳运行工况。

（3）监视运行中发电机气隙的变化趋势，避免发生转子磁极松动等机械故障。

（4）因为气隙间距不均匀会产生单边的不平衡拉力，引起机组振动，因此气隙间距监测可作为机组振动监测的辅助分析手段。

5. 汽轮发电机轴电压

（1）轴电压产生的机理。设计和运行条件正常的发电机运行时，转轴两端只会有很小的电位差，这种电位差就是常说的轴电压。当发电机的设计、调整存在问题或发电机出现故障时，往往会出现较高的轴电压，轴电压升高到一定的数值，将会击穿轴承油膜，形成轴电流。轴电流不但破坏油膜的稳定，而且由于放电作用，会在轴颈和轴瓦表面产生很多蚀点，破坏轴颈和轴瓦的良好配合，进一步加剧轴瓦的损坏。

为了防止轴电流破坏轴承，长期以来采用的办法是将一端轴瓦基座对地绝缘，在轴瓦基座内侧装设接地电刷，将转轴接地。这样轴电流将通过接地电刷构成回路，而不致损坏轴承。但是，由于轴瓦基座绝缘不良或通过细小异物接地很难被发现，当接地电刷接触不良时，轴电流仍然会损坏轴承。较可靠的方法是实时监测轴电压，分析排除使轴电压升高的种种因素，这样才能使轴瓦安全运行。

1）磁通脉动。发电机内磁路不对称或磁场畸变都会引起磁通脉动。旋转的转轴切割这些脉动磁通，会在两端产生感应电压，这种原因产生的轴电压大小和频率完全与脉动磁通的幅值与频率有关。另外，由于绕组匝间短路而出现的不对称、电源电压不对称、转子断条、非全相运行等故障均会造成气隙空间谐波磁场分布的畸形，也会在轴上产生感应电动势。

2）单极效应。由于发电机中会形成环绕轴的各种闭合回路（如集电环、补偿绕组连接线、串激绕组连接线等），设计时应使通过它们的磁动势相互抵消。当设计不合理时，它们的磁动势不能相互抵消，就会产生一个环轴的剩余磁动势，使转轴磁化；当发电机旋转时，在转轴两端也产生一个感应电压，其原理和单极发电机一样，称为单极电动势。这种单极效应产生的轴电压在负载恒定时表现为直流分量，并随负荷电流而变化。

3）电容电流。转子绕组与铁芯之间存在分布电容，在采用晶闸管静止电源励磁供电时，电流的脉动分量在转子绕组和铁芯之间产生电容电流，从而在轴与地之间产生一个电位差。

这种轴电压的量值是由电源中脉动电压和各种分布电容所决定的，而频率是由电源中的脉动分量频率所决定的，往往是高频分量。因此，采用静止整流励磁电源时，发电机的轴电压更应引起注意。

（2）发电机轴电压的成分分析。轴电压信号源的成分比较复杂，测量时需要采用高输入阻抗的测量仪器，否则会产生很大的测量误差。表 2-1 为轴电压现场实测的试验数据。

表 2-1　　　　　　　　　　　　轴电压现场实测的幅值和频率分析

机组号	额定功率（MW）	极数	运行年数	轴电压幅值（峰-峰）（V）	频 率 分 析	
					频率（Hz）	峰-峰值（V）
1	6.6	2	22	5	60 180	1.6 3.3
2	150	2	12	28	60 180	9.5 18.0
3	150	2	9	9	60 180	1.8 7.0
4	150	2	7	10	60 180 300	0.9 2.8 6.0
5	300	2	3	13	300 900	12.0 0.5
6	300	2	10	18	180 540	13.0 4.2
7	600	2	13	68	60 180 300 780	41.0 14.0 5.0 4.1
8	600	2	10	26	60 420	16.2 8.8

6. 汽轮发电机励磁电刷火花

运行中的汽轮发电机由于励磁电刷和集电环之间接触不良，或压力调整不合适，会发生火花。火花会加速电刷和集电环之间的不良接触，使火花越来越严重，甚至发生环火，导致励磁回路短路，严重威胁发电机的正常运行。

7. 发电机热解微粒和气体成分

热劣化也是发电机绝缘损坏的重要原因。当绝缘的温度超过运行中最大允许值（例如 160℃）时，绝缘材料中的溶剂开始挥发。当温度升高达到分子量较大的合成树脂的沸点时，产生分子量较大的烃类气体，如乙烯类。

温度进一步升高超过时，树脂中化学成分开始分解。在冷却气体中，绝缘高温区附近形成较重的烃类分解物的过饱和蒸气，它随冷却气体离开热区很快凝聚，形成稳定的雾态状。当温升很高后，树脂材料、木质、纸质、云母或玻璃纤维也都相继开始劣化或炭化，并与冷却气体中的氧气或与树脂中复杂的烃类化合物分解产生的氧气相作用，产生各种气体微粒，这些微粒组合在一起从绝缘物质中释放出来形成烟雾。

因此，可通过监测冷却气体中有无微粒的存在或监测所含气体成分来判断绝缘是否劣化或是否存在局部过热。

8. 发电机氢气湿度

采用氢气作冷却介质的大型汽轮发电机，对氢气冷却介质的干湿度有严格要求，因为氢气湿度过低，会造成绝缘收缩、线棒干裂、绝缘垫产生裂纹等故障；而氢气湿度过大，则会引起发电机的绝缘电阻下降；并且水分还会与发电机内部因电晕产生的臭氧、氮化物等反应生成硝酸类物质，腐蚀发电机的金属结构件和转子护环。氢气中含有水分，会使流动性变差，冷却效率下降，最终影响发电机的出力。

9. 发电机振动

汽轮发电机振动是运行中常见故障之一。振动严重时，会威胁机组的安全运行。由于发电机的结构引起振动的原因为：①定子铁芯由硅钢片叠合而成，运行中铁芯紧固件容易松动；②定、转子绕组用绝缘材料固定在槽中，当发电机运行温度不同时，受热胀冷缩的影响，绕组也会松动；③发电机的整体刚度远低于其他大型旋转机械设备，容易引发振动；④发电机电磁力的脉动频率与发电机的固有振动频率十分接近，容易引起共振；⑤现代汽轮发电机的电磁负荷越来越大，转子越来越细长，电力系统也越来越复杂，当电力系统发生扰动时，形成机组轴系的各转子相互影响，会引起转动部分发生"共振"。

汽轮发电机中常见的振动故障分以下几种：

（1）定子铁芯振动。发电机转子励磁后，定子铁芯表面产生与气隙磁密的二次方成正比的磁拉力。转子旋转时，磁极中心磁拉力也旋转。当两极发电机旋转1周，定子铁芯受转子磁拉力发生2次变化，即定子铁芯会产生一倍于转子频率的振动。

如果铁芯未压紧，当定子叠片铁芯内有交变磁场通过时，铁芯就会产生强烈轴向振动。特别是定子铁芯齿部的边缘，由于局部漏磁分布复杂，受热不均匀，在长期振动力作用下，可使齿部叠片发生疲劳断裂。

（2）定子绕组振动。在发电机运行时，定子绕组中的电流与漏磁通相互作用，引起绕组以倍频（100Hz）进行振动。铁芯因转子磁拉力引起的倍频振动，也会使绕组承受倍频振动。另外，转子的转动不平衡引起的振动，也会引起定子绕组的振动。特别是定子端部绕组，由于固定方式不如槽部，更容易引起松动和变形，使端部绕组的振动加剧。

（3）轴系振动。轴系振动主要包括转轴的弯曲振动（即横振）和扭转振动（即扭振）。

转子系统的弯曲振动，是指转子长轴作垂直于轴线方向的振动，发生弯曲变形，称之为转子的横振。其振动与转子乃至整个机组轴系的振动特性有关。

汽轮发电机组轴系的扭振是由于电力系统的电磁暂态过程引起的。虽然每次扭振时转轴不一定有明显的破坏，但扭振的疲劳破坏具有累积效应，可导致转轴预期寿命的缩短。当这种破坏积累到一定程度时，若再发生强力扭振，会引起汽轮发电机转轴的严重事故。1970年和1971年，美国Mohave电厂有两台汽轮发电机发生转轴折断事故。Mohave电厂处于具有串联补偿的输电系统中，该系统存在低于额定频率的次同步振荡。当电气振荡与机械扭转振荡相互助振时，产生次同步谐振的后果是导致汽轮发电机组轴系的某脆弱部分发生断裂事故。

（4）机座振动。汽轮发电机机座振动的振源主要来自两个方面：一是由于定子铁芯的电磁振动通过铁芯与机座的连接传来，引起机座的倍频振动，这种倍频振动随着单机容量的增大而增大；二是来自转子振动的影响，该影响力因不同的转子轴承座的结构而异。

2.2.2　汽轮发电机的监测方法

汽轮发电机状态监测主要包括以下任务：

（1）为汽轮发电机的运行情况积累资料和数据，建立汽轮发电机运行的历史数据库和实时数据库。

（2）根据历史数据、运行状态等级和已出现的故障特征或征兆，对汽轮发电机运行状态处于正常还是异常做出初步判断，为故障诊断系统提供准确的实时数据。

（3）对汽轮发电机的运行状态进行评估，为状态检修的实施提供可靠的依据。

1. 放电量监测的方法

汽轮发电机内部放电有多种形式，但都伴随着电、磁、声、光、热等效应。这些放电量的监测方法可分为电气量监测和非电气量监测方法。

要特别注意汽轮发电机局部放电监测的灵敏度问题。由于发电厂干扰源密集，干扰信号严重影响放电量监测的准确度。为了更好地抑制干扰，提高监测系统的灵敏度，有必要对发电机局部放电测量中遇到的干扰源做如下分析：

（1）厂站母线或其他邻近电气设备内部的局部放电，其干扰信号是脉冲型的，与汽轮发电机内部局部放电的波形几乎一样。

（2）晶闸管整流设备引起的干扰。当晶闸管闭合或开断时会发出脉冲干扰信号。它在一个工频周期上出现的相位是固定的，属于脉冲型周期性干扰。

（3）电力系统的高频保护信号对局部放电监测的干扰。这是一种连续的周期性高频干扰信号，其频率为 300～500kHz。高频保护信号是一种十分严重的干扰源。

（4）无线通信信号的干扰。这类干扰的特点是频率高、频带窄，其频率在 500kHz 至数百兆赫。这种干扰也是连续的周期性干扰。

（5）其他随机性干扰。例如开关、电焊操作，雷电等的电磁干扰，以及旋转电机的电刷和集电环间的电弧引起的电磁干扰等，这是一些无规律的随机性脉冲干扰源。

抑制干扰最有效的办法是：根据具体的测量目标给测量系统选择一个合适的监测频带，以躲过大部分的干扰频带。发电机局部放电测量的主要手段是脉冲电流法，它根据检测频带的不同，可分为高频法（HF）和特高频法（UHF）两种。

（1）高频法。其优点是放电量测量结果以皮库（pC）作为单位，可比性强，可依据相关标准对发电机的绝缘状态做出明确判断。缺点是监测频带和大部分干扰频带重叠，故在线监测很难获得高的监测灵敏度。

（2）特高频法。其监测频段可达数百兆赫兹，可以躲过高频段的绝大部分干扰频带，从而在现场能获得很高的监测灵敏度。但由于特高频信号在传播过程中的衰减很快，而放电的位置是不确定的，故特高频法通常用毫伏（mV）表示放电信号的强度，反映的是发电机局部放电水平的相对值。

高频法和特高频法在线测量发电机的局部放电信号时，可选用穿心式高频和特高频电流互感器，这种传感器的接入方式由于不改变被测设备的一次接线方式，更容易得到电力部门的认可。

圆环式磁芯适用于固定式在线监测系统，开口式磁芯则适用于便携带电测量装置，后者可临时安装在待测脉冲电流的导线上，使用灵活、方便。但是，在线实时监测时，由于高频电流互感器同时会流过大小不等的工频电流，故要求高频电流互感器有较强的抗工频磁饱和的能力，以免影响脉冲电流的监测。

在线监测发电机的局部放电时电流互感器的安装方式，如图 2-5 所示。

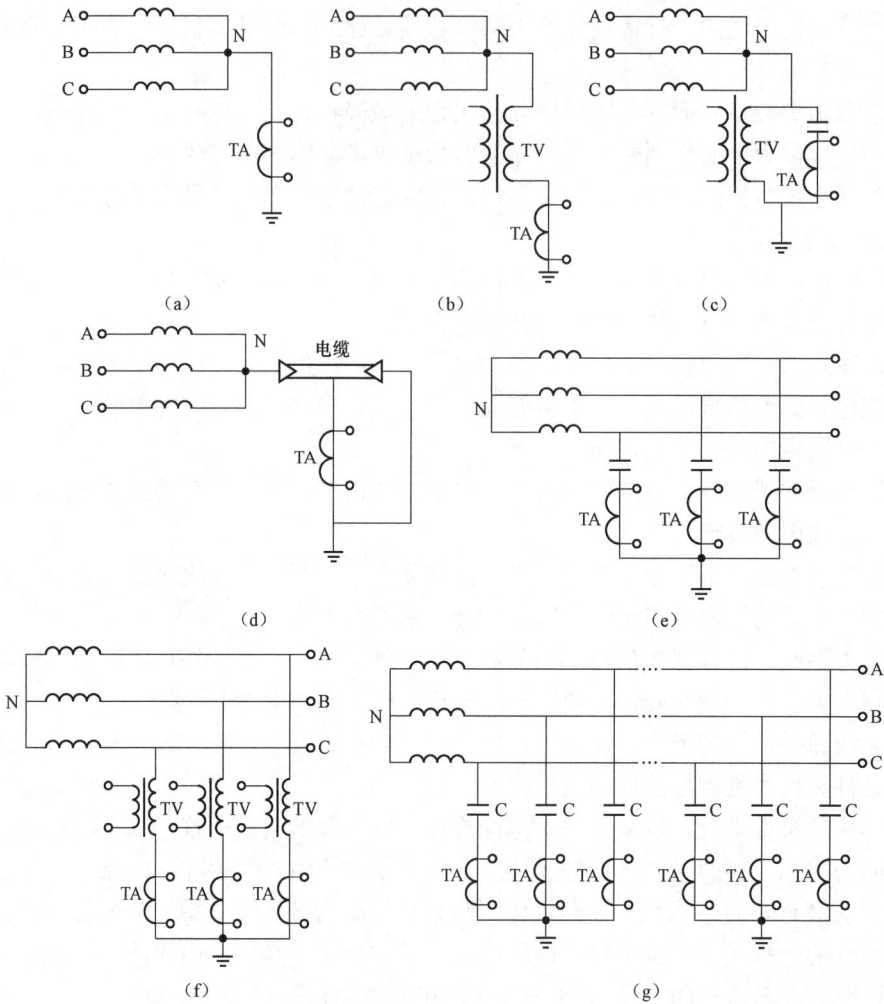

图 2-5　在线监测发电机的局部放电时电流互感器安装方式

（a）装在发电机中性接地线；（b）装在发电机中性点保护 TV 接地线；（c）通过耦合电容器装在发电机中性点；

（d）装在发电机中性点连接电缆外皮接地线；（e）通过耦合电容接在发电机高压母线；

（f）接在高压母线 TV 的接地线；（g）通过高压耦合接在高压母线上

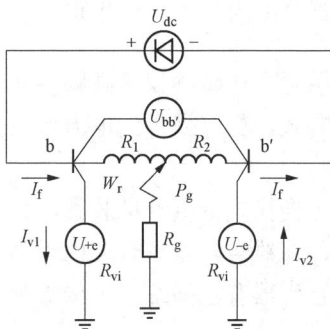

图 2-6　直流压降法试验接线

一个放电量监测系统究竟安装多少个高频电流互感器，需要根据每台发电机组的具体情况确定。在可能的条件下，应该在发电机中性点和三相母线上各设置一个高频电流互感器，以便尽可能获取更多的放电信息。

2. 转子绕组的绝缘电阻和平均温度监测的方法

（1）转子绕组绝缘电阻的测量。测量转子绕组接地电阻可用直流压降法测量，该方法不仅能测量出接地电阻值，而且通过计算还能确定接地点的具体位置，其原理如图 2-6 所示。

如图 2-6 所示，对转子绕组施加直流电压 U_{dc}，流过绕组的电流为 I_f，由于 I_f 远远大于 I_{v1}，因此，U_{+e} 和 U_{-e} 主要由电阻

R_1 和 R_2 决定。接地电阻 R_g 上有压降，故 U_{+e} 和 U_{-e} 之和必然会小于 $U_{bb'}$，有

$$U_{bb'} \approx I_f(R_1+R_1)=I_fR_1+I_fR_2 \tag{2-1}$$

$$I_fR_1=U_{+e}+I_{v1}R_g=U_{+e}+(U_{+e}/R_{vi})R_g \tag{2-2}$$

$$I_fR_2=U_{-e}+I_{v2}R_g=U_{-e}+(U_{-e}/R_{vi})R_g \tag{2-3}$$

式中　R_g——接地电阻；

$\quad\quad R_{vi}$——电压变送器内阻；

$\quad R_1$、R_2——转子绕组的分段电阻值（以接地点为分界点）；

$\quad\quad U_{+e}$——正集电环对地电阻；

$\quad\quad U_{-e}$——负集电环对地电阻。

将式（2-2）和式（2-3）代入式（2-1）解得接地电阻 R_g 为

$$R_g=R_{vi}U_{bb'}/(U_{+e}+U_{-e})-R_{vi} \tag{2-4}$$

由于接地电阻 R_g 不为 0，并考虑 R_g 上的电压降，计算接地点的步骤如下：

1）流经电压表的电流 I_{v2} 为

$$I_{v2}=U_{-e}/R_{vi} \tag{2-5}$$

2）R_g 上的电压降 U_g 为

$$U_g=I_{v2}R_g \tag{2-6}$$

3）负集电环到接地点的电压 $U_{b'K}$ 为

$$U_{b'K}=U_{-e}/U_{+g} \tag{2-7}$$

4）$U_{b'K}$ 占总电压的百分比为

$$k=U_{b'K}/U_{bb'} \tag{2-8}$$

5）通过线圈尺寸 l 可计算负集电环到接地点的距离 d

$$d=lk \tag{2-9}$$

（2）转子绕组平均温度的测量。

1）测量方法。大型发电机转子的体积庞大，结构复杂，要在线测量发电机转子各部分的绝对温度是极其困难的，所以一般发电机都没有测量转子温度的装置。而在监测转子绝缘的基础上，只增加少许投资，即可实现发电机转子平均温度的监测。平均温度可反映转子的整体温升情况。

测量转子绕组平均温度的关键是准确测量转子绕组的直流电阻。转子绕组的直流电阻一般远小于 1Ω，而转子电流可达千安级，故采用直流压降法测量小电阻时，电刷和集电环之间的压降不可忽视。可参照四端法测量小电阻的原理，专门设计一对电压信号取样电刷，可大大提高测量的准确度。

转子绕组直流电阻计算公式为

$$R_t=U_{dc}/I_f \tag{2-10}$$

$$R_t=R_{75}+R_{75}\alpha(T_t-75) \tag{2-11}$$

转子绕组的平均温度为

$$T_t=(R_t-R_{75}+75\alpha R_{75})/(\alpha R_{75}) \tag{2-12}$$

式中　R_t——经测量后计算得到的电阻值；

$\quad\ R_{75}$——转子绕组折合到 75℃时的直流电阻；

$\quad\quad \alpha$——铜导体的温度系数。

2）转子绝缘和转子温度监测装置。图 2-7 所示为实际应用的转子绝缘和转子平均温度监测原理框图，转子绝缘和转子平均温度的监测采用同一套测量装置。图中发电机励磁回路装置有两组电刷：一组为原有的励磁电刷，用来传导发电机转子的励磁电流；另一组为增设的测量电刷，为监测装置获取电压信号专用。

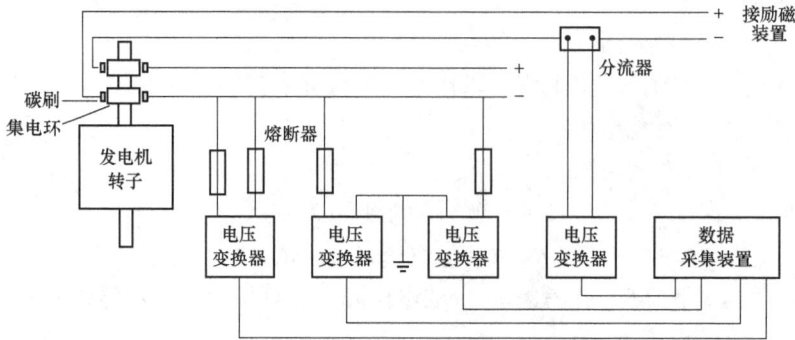

图 2-7　转子绝缘和转子平均温度监测原理框图

电压和电流信号均通过变送器转换成标准信号后送到数据采集装置，由计算机进行数据处理。电压变送器技术条件：输入直流 0～250V，输出 4～20mA（DC），准确度 0.2%。电流变送器技术条件：输入直流 0～75mV，输出 4～20mA（DC），准确度 0.2%。

3. 气隙磁通密度监测的方法

（1）磁通密度传感器。磁通密度监测可以采用 MFM-100 型磁通密度传感器。如图 2-8 所示，传感器由传感头和变送器两部分组成，传感头通常采用强力胶粘贴在发电机气隙处的定子铁芯表面。传感头的输出信号经 10m 长同轴电缆与变送器连接。变送器输出信号可用通用数据采集装置进行模数转换，然后由计算机进行数据处理，得到发电机磁通密度的变化信息。

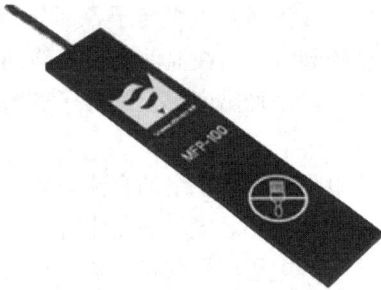

图 2-8　磁通密度传感器

（2）气隙磁通密度分析方法。由磁通密度传感器转换得到发电机气隙磁通密度电信号，通常采用两种分析方法：

1）幅值相对比较法。由于发电机的气隙磁通密度本身随着运行状态的变化而变化，用磁通密度的绝对值来衡量它的变化是不恰当的。用磁通密度的相对偏差来衡量，更能准确反映磁极在运行中的状态。设发电机有 N 个磁极，分别测出 N 个磁极的磁通密度幅值和 N 个磁极的气隙磁通密度的平均值，然后比较出各个磁极的气隙磁通密度和平均气隙磁通密度的偏差值。

2）气隙磁通密度微分法。对气隙磁通密度进行微分，可大幅度提高检测灵敏度。发电机的气隙磁通密度瞬时值表达式为

$$B(t)=a_m(t-A/2)^3+(b_mt-c_m)+a_n(t-A/2)^2\sin(\omega_nt+\pi)+b_n\sin(\omega_nt+\pi) \tag{2-13}$$

对式（2-13）微分可得

$$B'(t)\approx3a_n(t-A/2)^2+b_m+\omega_na_n(t-A/2)^2\cos(\omega_nt+\pi)+\omega_nb_n\cos(\omega_nt+\pi) \tag{2-14}$$

$$\omega_n=\pi d\omega/y \tag{2-15}$$

式中　　a_m，b_m，c_m，a_n，b_n，A——与发电机转子结构和定转子电流有关的常数；

　　　　　　　ω——角频率；

　　　　　　　ω_n——转子齿谐波角频率；

　　　　　　　d——转子直径；

　　　　　　　y——转子线槽槽距。

　　比较式（2-13）和式（2-14）可看出，磁通密度经微分后，其高频分量增大到 ω_n 倍，故用 $B'(t)$ 反映故障的灵敏度比微分前相应提高到之前的 ω_n 倍。

　　4. 气隙间距监测的方法

　　（1）气隙间距传感器。气隙间距传感器采用电容式传感器，其外形如图 2-9 所示。传感器采用强力胶粘贴在发电机定子铁芯的内壁上，使用时无碍于机组的运行。传感器具有高度的"免疫力"，其准确度不受表面油、炭粉等污垢的影响。传感器的温度系数小，具有很强的抗电磁干扰能力。

　　（2）气隙间距在线监测装置。在发电机气隙中安装了 8 个距离传感器，它们沿定子整个圆周相隔分布。8 通道数据采集单元将各个磁极对应的气隙传感器的模拟量转换成数字量，同步探头（传感器）

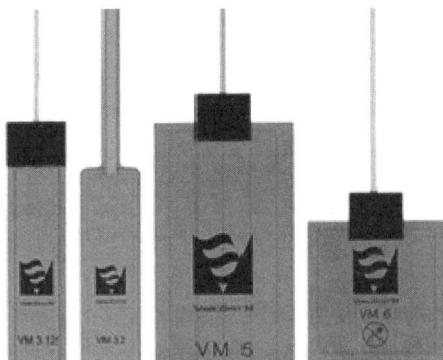

图 2-9　电容式传感器

的作用是给每个磁极"打上"编号。采集单元通过 RS-485 网络和主计算机通信，计算机中的监测程序对数据进行处理后，给出各磁极气隙间距的瞬时值、平均值以及瞬时值与平均值的偏差、最大与最小气隙间距的位置等基本参数，同时用图形直观地显示发电机定子和转子的椭圆度。

　　5. 轴电压监测的方法

　　为了测量发电机的轴电压，需要在发电机主轴两侧各安置 1 个测量用电刷，测量点的配置如图 2-10（a）所示。轴电压是转轴上两端轴承的内侧测量点之间的电动势。利用数据采集装置采集轴电压信号后，可利用分析软件对信号进行频谱分析处理。轴电压的电信号数据采集装置连接如图 2-10（b）所示。

　　6. 励磁电刷火花监测的方法

　　（1）电刷火花评定和监测方法。目前对电刷火花的评定一直都靠运行人员目测观察和判断。这种评定办法的最大问题是火花等级的确定，往往带有观察者的主观感觉。为了解决电刷火花客观评定问题，电刷火花的监测方法有以下 3 种：

　　1）检测火花放电电压。火花是一种电弧放电现象，测量它的电弧电压就能划分火花等级。研究表明，火花电压主要频谱是在可测范围之内，因此设计一个合适的带通滤波器，可以避开干扰信号，以检测火花的放电电压。但是这种滤波式火花监测装置存在一个问题，它检测的电压中同时包括了其他发电机的火花放电频率成分。

　　2）检测火花的电磁辐射能量。火花在放电时必然有电磁能量向四周辐射，如果能检测火花的电磁辐射能量，就可以测出火花的大小。这种测量装置通常包括一个射频接收天线、射频放大器和指示仪表。它也可以灵敏地指示火花大小，但是难以从数量上加以量计，这是由于接收天线和电刷之间的距离和方向都会对测量结果产生影响。该装置检测的信号中也包含其他发电机的火花放电频率成分。

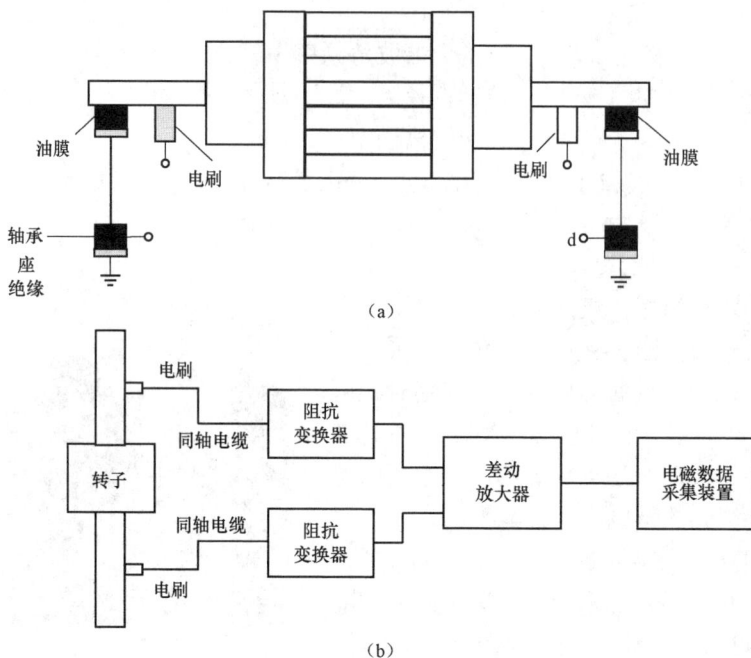

（a）

（b）

图 2-10　轴电压测量

（a）测量点配置；（b）轴电压和电磁数据采集装置的连接

3）检测火花的亮度。利用光电检测器件，检测火花的亮度，依次划分火花等级。但是光电器件大部分有一种特性，即对光的波长敏感度不同，所以往往只能检测限定波长的火花亮度。

（2）火花紫外光辐射强度监测装置。

1）检测原理。利用紫外光放电管来检测火花中紫外光强度，根据紫外光的强度确定火花等级。为了躲开太阳光谱中的紫外线频段，其监测紫外光的波长被限定在一定范围之内，因此这种装置的一个最大特点是能够防止可见光对测量的干扰，克服因火花不同颜色而造成的测量误差。

2）监测装置的组成。火花紫外光辐射强度的监测装置由火花检测器、测量放大器、指示仪表和报警装置等部分组成，如图 2-11 所示。

a）火花检测器。火花检测器的检测元件是一个紫外线放电管，在紫外线辐射时就能产生放电现象，通过检测放电脉冲就能测到火花中的紫外光辐射强度。除检测元件外，检测器前部有一个紫外光石英滤光片，其作用是只能让紫外光进入检测器。在紫色滤光片后是一个光学系统，由几块透镜组成，它的作用是将一定视野的火花紫外光聚焦在放电管上，以提高检测灵敏度。检测器由放电管直流电源供电，检测器外形是一个金属壳圆柱形探头，装设在端罩内，方向对准电刷边缘。为防止电磁干扰，探头和引出电缆必须屏蔽。

b）测量放大器。测量放大器的作用是将火花检测器的脉冲放电信号转换和放大成标准的直流电信号，其主要部分由整流回路、电流放大器、电平比较器和高阻抗放大器组成。电平比较器是将测量电压与设定电压比较，当测量值达到设定值时，立即进行预警。高阻抗放大器的输出量是与火花成正比的模拟量，可供显示器显示。

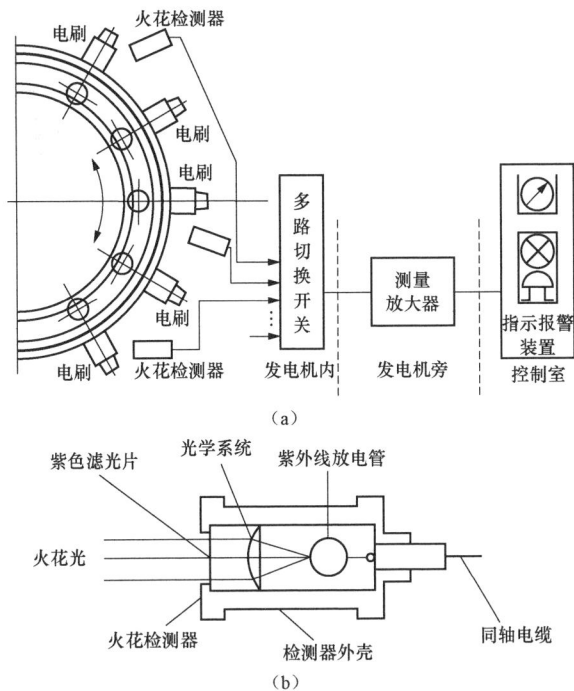

图 2-11　电刷火花紫外光辐射强度监测装置的组成及原理

（a）组成；（b）原理

c）多路开关和循环检测。由于发电机有多排电刷架，因此监测系统中往往有多个火花检测器。装置采用多路开关将所有的火花检测器检测量循环输入到测量放大器，每次循环指示器只显示最大读数的火花强度。

d）预警系统。预警系统由继电器和声、光报警元件组成。当测量放大器中电平比较器动作后，继电器动作，实现声、光报警。

7. 热解微粒和气体成分监测的方法

过热分解物的气体在冷却系统中滞留的时间较长，对其进行连续监测分析，可发现早期的过热故障。烟雾监测器结构如图 2-12 所示。

烟雾监测器用配管和发电机相连，利用发电机送风机的压差即可使气体产生循环，实现在线监测。当冷却气体（不含烟雾）进入离子室时，被放射线源电离。离子流通过加有电压的两个极板，气体中的自由电荷为电极所收集，构成电流。电流经外接的静电放大电路放大，放大器的输出电压正比于离子流。

当烟雾随冷却气体进入离子室时，烟雾粒子也被电离，但它们的质量比冷却气体分子的大，故移动速度慢。当被电离的烟雾粒子进入电极之间时，离子流就减小，就可从放大器输出电压的减小程度来监测烟雾的存在情况，从而判断绝缘材料的热劣化程度。

8. 氢气湿度监测的方法

水汽的露点定义为水汽结露时的温度，而气体的露点和气体中的绝对湿度和气压相关。因此，通过测量水汽的露点，可以将水汽湿度的测量转化为温度和气压的测量。由于温度和气压的测量技术成熟，测量准确度高，重复性好，国际上普遍用露点来表示氢气的干湿度。

以下介绍两种湿度检测仪常用的湿敏传感器（探头）。

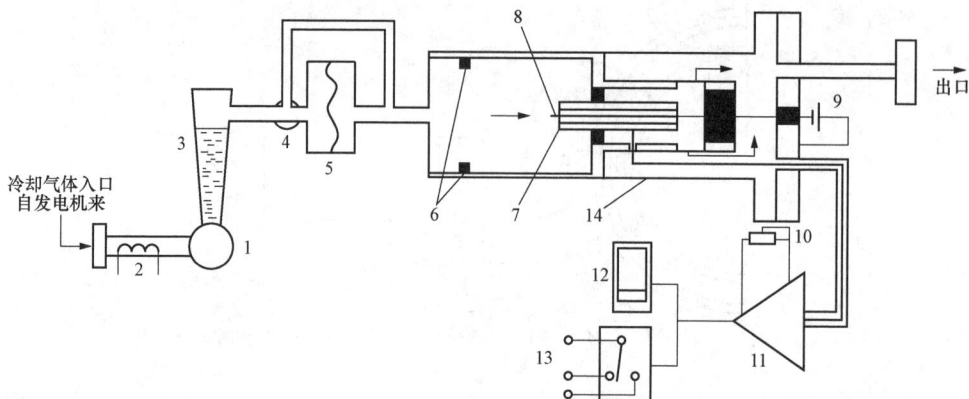

图 2-12　烟雾监测器结构示意图

1—流量控制阀；2—测试粒子源；3—流量计；4—电磁阀；5—粒子滤器；6—射线源；7—收集器；8—电极；

9—极化电压源；10—增益控制电位器；11—静电放大器；12—指示仪表或记录仪；13—报警继电器；14—离子室

（1）高分子膜电容式湿敏传感器。高分子膜电容式湿敏传感器是基于某些高分子材料具有感湿效应而制成的。研究表明，醋酸纤维素、苯乙烯、聚酸亚胺以及它们的衍生物，由于含有极性基团，可以与水分子相互作用形成氢键，因此具有吸湿效应。这些材料自身的介电系数并不大，但在吸附水汽后，由于水是强极性物质，在外电场的作用下会发生极化，使感湿膜的偶极矩增加，在宏观上表现为介电系数的变化。

高分子膜电容式湿敏传感器的结构如图 2-13 所示。传感器一般用石英玻璃做基片，用真空蒸发镀膜工艺，先在其表面镀上一层铝膜作为下极板。然后喷涂上一定厚度的感湿材料（如聚酰亚胺），固化后成为感湿膜。再在感湿膜的表面镀上一层金膜，用光刻法将其加工成梳状

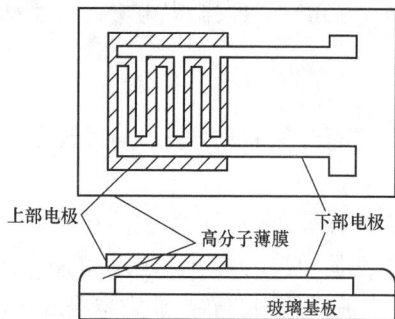

图 2-13　高分子膜电容式湿敏
传感器结构示意图

（或环状），成为上极板。上下极板做好引出线，封装后即成为薄膜电容式湿敏传感器成品。

（2）镜面光电露点传感器。镜面光电露点传感器的结构如图 2-14 所示。氢气以一定流速进入气室和镜面接触。开始时，由于镜面温度高于氢气温度，所以镜面是干燥的。发光二极管 1 发出的光被镜面全反射，光敏三极管 2 感受到的光强度最大，由发光二极管 1、3 和光敏三极管 2、4 组成的检测桥路的输出控制信号也最大。控制信号驱动半导体制冷堆制冷，使镜面温度降低。当达到氢气的露点温度时，镜面开始结露，使射到镜面的光发生漫反射，光敏三极管 2 感受到的光强度减弱。

通过控制回路，降低制冷堆的制冷功率，最后使镜面温度平衡在氢气的露点温度上，即可获得氢气的露点温度。

9. 振动监测的方法

（1）振动故障监测的内容。

1）发电机组轴系和机座振动的监测。汽轮发电机在安装或大修后，如果轴系对中不好，

或者发电机定子和转子的中心不重合，极易引起轴系的弯曲振动；机组运行中如果轴承受损，也会使转轴的横向振动加剧。指针式千分表是在线测量横向振动最原始的工具。一般在汽轮机、发电机、励磁机轴系的不同位置，包括它们的机座和轴承位置，分别用千分表测量轴系的轴向和径向的振动，运行人员通过定时巡视的方式，记录各监测点的振动数据，以此判断机组轴系的振动情况。

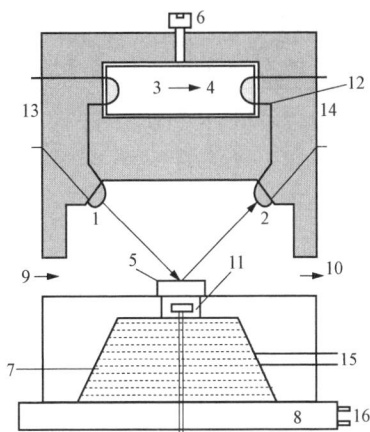

图 2-14　镜面光电露点传感器结构示意图

1、3—发光二极管；2、4—光敏三极管；5—镜面；6—调节螺钉；7—半导体制冷堆；8—水冷却器；9—进气口；10—出气口；11—测温热电阻；12—温度信号输出；13—恒流源输入；14—湿度信号输出；15—制冷控制输入；16—冷却水进出口

　　2）发电机转子扭振的监测。发电机发生扭振时，可观察到在转子的平均转速上叠加有扭振分量，二者的合成转速是瞬时变化的，所以，扭振的测量可以转化为测量转轴两端的瞬时转速，然后根据轴系扭振的数学物理模型，计算出扭振危害的累积效应。

　　3）定子端部绕组振动的监测。汽轮发电机的定子槽部绕组由槽契固定在定子槽内，受到的电磁力多为圆周切线方向，故定子槽部振动情况不会很严重。但是，定子端部绕组是用绑扎连接方式固定在端部的支架上，而且处于端部漏磁场中，因此会受到较大的电磁力作用，产生比较严重的振动。

　　（2）测振传感器。测振传感器是把振动信号转换成电信号的敏感元件，传感器按工作原理可分为无源式和有源式两大类。无源式测振传感器是将由于振动而引起的测量器件的电气参数（如电阻、电容、电感等）的变化转换成电信号，由于它本身不能直接产生电信号，因此必须接入电源才能正常工作。常用的无源式传感器有电感式、电容式、电涡流式、变阻式等。有源式测振传感器是将被测振动部件的参量直接变成电信号，由于它本身能产生电信号，因此无需外接电源。常用的有源式测振传感器有感应式、压电式、热式、光电式等。这里仅介绍几种常用的测振传感器。

　　1）压电式测振传感器。压电式测振传感器是利用晶体的压电效应将振动参数转变为电信号，其用来测量发电机振动的加速度。压电式测振传感器原理如图 2-15 所示。传感器主要由压电晶体、惯性质量块、底座和外壳等部分组成。将传感器固定在发电机上，随发电机一起振动，质量块的惯性力与振动加速度成正比，而惯性力作用在晶体片上，由于压电晶体的压电效应，在晶体表面便产生电信号输出。显然，此电信号的大小与受力大小成正比，而所受力的大小又与加速度成正比，因此电信号与发电机的振动加速度成正比。

　　2）电磁式测振传感器。电磁式测振传感器是利用电磁感应原理测量振动信号的。它的基本工作原理是固定在发电机上的传感器随着发电机一起振动，传感器内的可动部分相对于外壳产生相对运动，使线圈在工作气隙中切割磁力线产生感应电动势，此电动势的大小即正比于发电机的振动速度。图 2-16 所示为电磁式测振传感器的基本工作原理。在图 2-16 中，触销和线圈组成一个整体，被置于弹簧上，磁铁固定在外壳上。把此传感器装在发电机上，发电机振动时，线圈中就产生感应电动势，通过测量此电动势的大小，来测量被测物体的振动速度。

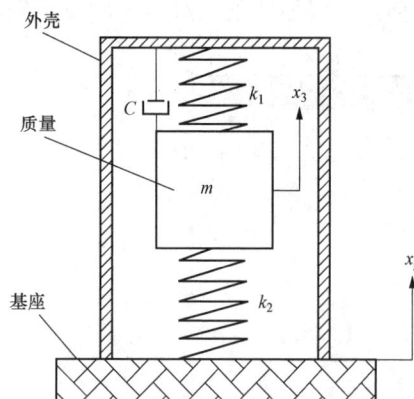

图 2-15　压电式测振传感器原理示意图

　　3）涡流式测振传感器。涡流式传感器是利用电涡流感应原理将发电机的振动位移转换成电信号。其工作原理如图 2-17 所示。

　　涡流式测振传感器主要由一个电感线圈 L 与电容并联构成 LC 谐振回路组成。当发电机振动时，涡流式传感器移近发电机，由于高频电流在线圈中产生的磁场感应，使被测发电机本体上产生涡流，此涡流又产生磁场，其方向与初始方向相反。当两磁场叠加后，电感线圈中的磁通总值发生变化，使电感线圈的电感值 L 发生变化，因此 LC 谐振回路的阻抗发生变化，从而使输出电压发生变化，其变化量的大小可以反映出发电机的振幅。

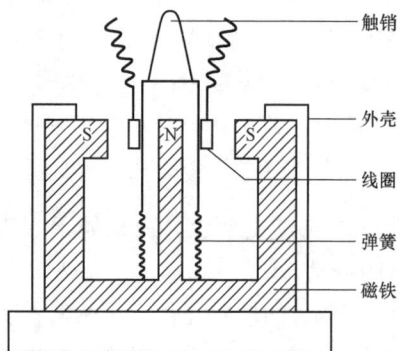

图 2-16　电磁式测振传感器原理示意图

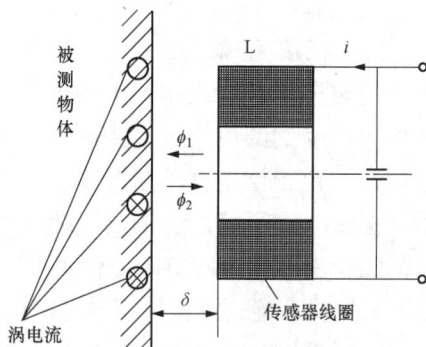

图 2-17　涡流式测振传感器原理示意图

　　在以上测振传感器基础上，通过放大器将检测信号放大后送往监测系统的信息处理中心，完成对振动信号的分析、显示、记录和预警。

2.3　汽轮发电机故障诊断

2.3.1　汽轮发电机的故障分类

　　发电机是电力系统的"心脏"，其能否安全运行，将直接关系到电力系统的稳定和电能的质量。汽轮发电机的绝缘材料长期处在高温和潮湿的恶劣环境下，并且承受着巨大的机械应力，极易发生绝缘故障。与变压器相比，发电机增加了旋转部分，除了电气绝缘故障外，还有各种机械故障。另外，发电机本身机械结构复杂，还有庞大的辅机设备，使得发电机系统的任一部件发生故障都可能导致整个系统停止运行。汽轮发电机的故障大致可归为以下几种典型故障：

　　（1）定子铁芯故障。铁芯故障通常发生在大型汽轮发电机上。由于制造或安装过程中损伤了定子铁芯，形成片间短路，流过短路处的环流随时间逐渐增大，致使硅钢片熔化，并流入定子槽,从而烧坏绕组绝缘,最后因定子绕组接地导致发电机定子铁芯烧毁。小型发电机则可能由于自身振动过于剧烈、轴承损坏等原因,造成定、转子间摩擦而使定子铁芯损坏。这类故障的早期征兆是大的短路电流、高温和绝缘材料的热解。

(2) 绕组主绝缘故障。

1) 绝缘老化。主要发生在大容量的汽轮发电机定子槽内。环氧云母绝缘因存在放电而受损,最后引发绝缘事故。

2) 绝缘的先天性缺陷。主绝缘中存在空洞或杂质而引起局部放电,局部放电进一步发展,从而引起绝缘故障。

(3) 定子绕组股线故障。绕组股线故障主要是股线短路故障,多发生在电负荷大,定子绕组承受较大的电、热以及机械应力的大型发电机中。定子线棒通常由多根股线组合而成,股间有绝缘,并需进行换位。在运行中,若发生严重的绕组振动,则可能损坏股线间的绝缘,导致股线间短路而产生电弧放电,进而侵蚀和熔化其他股线,破坏定子线棒的主绝缘,可能发生接地故障或相间短路故障。另外,当绕组振动过大时,也会引起槽口等处的定子线棒股线间的绝缘疲劳断裂,从而导致电弧放电。

(4) 定子端部绕组故障。发电机运行时,持续的机械应力或因暂态过程产生巨大的冲击力,可使定子端部绕组发生机械位移。大型汽轮发电机中,此类位移有时可达几毫米,从而使端部产生振动,引发疲劳磨损,使绝缘材料出现裂缝,从而发生局部放电。这类故障的先兆是振动和局部放电。

(5) 转子绕组故障。汽轮发电机转子绕组故障主要是由于电、热、机械应力引起的。譬如,转子离心力使转子绝缘损坏从而引起绕组匝间短路,造成局部过热,进而损坏主绝缘。匝间短路会使发电机转子出现磁通量不对称,转子受力不平衡,引起转子振动。可通过监测机组振动是否加大,气隙磁通波形畸变程度等现象来诊断该类故障。

(6) 转子本体故障。强大的离心力同样也可能引起转子本体故障。例如:转子自重力的作用导致刚体疲劳,使转子本体及与之相连的部件的表面发生裂纹;进一步发展,将导致转子发生灾难性的故障。转子过热也会引起严重的疲劳断裂;电力系统突发暂态过程时,会对转子产生冲击应力,若发电机和系统之间存在共振条件时,转子会激发扭振现象。转子或联轴器发生机械故障时,会导致转子偏心引起振动,引发转子本体故障。

(7) 冷却水系统故障。因冷却水质不洁等原因会引起部分冷却水管道堵塞,导致汽轮发电机局部过热,并最后烧坏发电机绝缘。其先兆是定子线棒或冷却水的温度偏高,材料热解使冷却介质中产生杂质微粒,使发电机的放电量增加。

2.3.2　汽轮发电机的故障机理

(1) 内部原因。

1) 在设计制造过程中,要根据发电机容量、工作环境和运行要求进行电磁设计,科学合理地加工部件和正确选择电机材料。譬如,发电机绝缘材料选用不当、材料不符合规定,都会造成绝缘材料磨损、腐蚀、变形、破裂和老化等。

2) 汽轮发电机组自身的结构特点。例如,由于发电机冷却水系统的故障,引起部分冷却水管道堵塞或漏水,导致汽轮发电机局部过热或绕组受潮,并最后烧坏发电机绝缘。

3) 汽轮发电机组自身的工作特点。汽轮发电机的绝缘材料长期处在高温和潮湿的恶劣环境下,并且承受着巨大的机电应力,极易发生绝缘故障。由于汽轮发电机与大电网相连,当电力系统突发暂态过程时，会对转子产生冲击。机电系统之间存在共振条件时，会引发破坏性的转子扭振现象。

（2）外部原因。

1）安装调试不到位。汽轮发电机组在运输、安装、调试的环节中出现问题，造成设备故障缺陷。譬如，汽轮发电机在安装或大修后，如果轴系对中不好，或者发电机定子和转子的中心不重合，极易引起轴系的弯曲振动，破坏机组转子本体及转子绝缘。

2）运行操作管理问题。运行人员没有按照操作规程正确调控发电机组，或者采取了错误的操作方法，造成人为故障等。譬如，使发电机组长期超负荷运行，会引起发电机过热，使发电机绝缘过早老化。

3）维护管理问题。维护人员没有严格按照维护规定的技术要求完成各项工作。在维修过程中，如果维修不当，没有达到修理技术要求，修理质量不高，很容易造成发电机组内部绝缘被人为损伤。

2.4　汽轮发电机状态监测与故障诊断系统

汽轮发电机状态监测与故障诊断系统主要由传感器系统、信号处理系统和计算机系统组成。该系统通过安装于汽轮机组各测点的传感器获取机组运行状态信号，由信号处理系统进行预处理，然后将处理后的稳定可靠的采集信号输入计算机系统进行处理。汽轮发电机监控系统采用信号处理系统的硬件电路和计算机系统的软件相结合的方法，以提高状态监测与故障诊断的可靠性，防止干扰引起误报警。下面以汽轮发电机绝缘监测与故障诊断为例，描述汽轮发电机状态监测与故障诊断系统的组成、功能及工作流程。

2.4.1　局部放电传感器系统

1. 监测参数选取

（1）视在放电量。局部放电会使发电机绝缘逐步被侵蚀和损伤，视在放电量是判断局部放电强弱及其危害性的重要参数。

（2）放电次数。只采集放电量不能准确、全面反映绝缘劣化过程，同时监测放电次数（放电重复率）才能更好地反映局部放电的发展状况。

2. 传感器和接线方式的选择

高频法在线测量发电机的局部放电信号，可选用穿芯式高频和特高频电流传感器。这种传感器的接入方式由于不改变被测电气设备的一次接线方式，更容易得到电力部门的认可。圆环式磁芯适用于固定式在线监测系统，开口式磁芯则适用于便携式带电测量装置，后者可临时安装在待测脉冲电流的导线上，使用灵活、方便。

定子槽耦合器由于需要在发电机制造或大修时安装，其安装工艺也比较复杂，耦合器可能会直接影响发电机本身的安全。但是，由于定子槽耦合器安装位置更接近发电机内部放电点，可提高监测灵敏度。

在线监测时，高频电流传感器同时会流过大小不等的工频电流，故要求高频电流传感器有较强的抗工频磁饱和的能力，否则会影响脉冲电流的监测。由于铁氧体磁芯对工频电流不灵敏，因此一般通过耦合电容器接入的传感器的工频饱和问题不大，但如果直接将高频电流传感器接入一次回路中［见图 2-5（a）］，则需要注意工频饱和问题，所以可以选择通过耦合电容器接入的传感器，如图 2-18 所示。

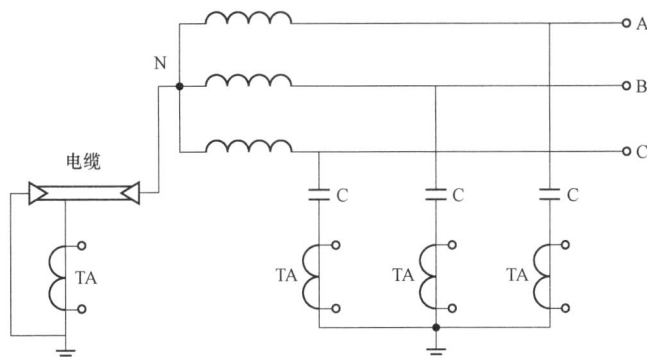

图 2-18 局部放电在线监测时传感器的安装

2.4.2 发电机局部放电监测系统

汽轮发电机局部放电监测系统按检测频带分类，可分为高频（HF）监测系统和超高频（UHF）监测系统两大类。这里介绍汽轮发电机局部放电的 HF 监测系统。

1. 系统主要功能

（1）检测放电脉冲电流信号波形，采用快速傅里叶变换（FFT）分析放电特征或干扰特性。

（2）针对干扰特点，采用硬件或数字处理技术抑制干扰。

（3）对监测到的信号进行分析处理，提取故障特征量。

（4）利用人工神经网络诊断技术进行故障类型识别。

（5）对局部放电进行预警。

2. 监测系统组成

汽轮发电机局部放电监测系统原理，如图 2-19 所示。

在图 2-19 中，汽轮发电机局部放电监测系统采用 4 个电流传感器，分别安装在发电机三相高压出线端和中性点位置。具体安装：汽轮发电机机端高压侧的 3 个脉冲电流传感器，分别串接在三相并联电容的接地线上；中性点脉冲电流传感器则安装在中性点引出电缆的接地线上。

监测系统硬件包括传感器、信号采集箱和主计算机。主计算机和信号采集箱中的下位机之间采用以太网卡组成的网络通信，并采用光缆传输信息。信号采集箱装有四路独立的滤波器、衰减器、放大器和 A/D 转换电路，信号传输采用 10M 以太网、集线器（HUB）及光缆，信号采集箱电源可由上位机程序控制通断，且光端机显示放电量越限报警。

3. 系统软件流程

汽轮发电机局部放电监测系统软件流程如图 2-20 所示，具有完善的数据处理和显示功能。

（1）数据处理方法。

1）幅频特性分析子程序。用频谱分析技术分析放电或干扰的频谱特征，进而用数字滤波技术来抑制窄带干扰。

2）频域谱线删除子程序（FFT 滤波）。在频谱分析的基础上，找出干扰严重的若干频率成分，然后在频域中开窗消除。

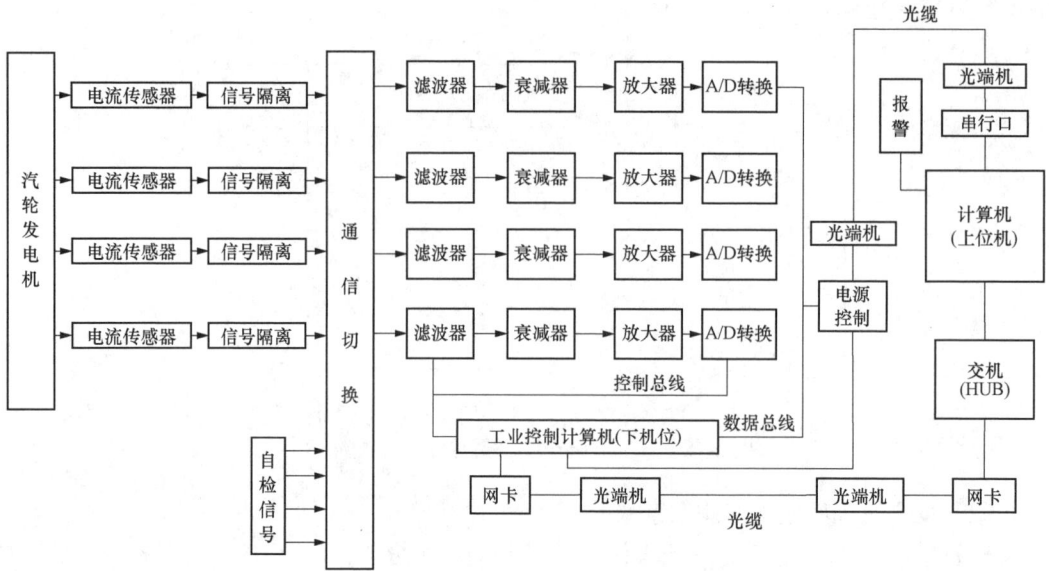

图 2-19　发电机放电监测系统原理框图

3）多带通滤波子程序。在频谱分析的基础上，找出干扰较轻的若干频段，然后在时域中设置相应的多个带通滤波器，使通过信号的干扰成分得到抑制。

4）脉冲性干扰抑制子程序等。周期性脉冲干扰由于相位相对固定，通常用时域开窗法去除。发电厂的周期性脉冲干扰主要由发电机励磁系统产生，发电机的励磁电压是随无功负荷变化而自动调节的，故软件开窗的相位也应自动跟踪换向脉冲相位的变化。脉冲性干扰抑制子程序设计思路是：首先在采样数据序列中寻找可疑的脉冲，建立此脉冲波形的样板，然后在整个数据序列中比较是否在等间隔的位置有若干近似的脉冲出现（对确定的发电机脉冲数量是一定的），如符合规律，则视为干扰，可开窗去除。按此原则编制的脉冲性干扰抑制子程序，可有效抑制脉冲性干扰。

（2）故障诊断。除可给出基本的放电量 q、放电重复率 n 和放电相位 φ 等表征参数外，还可对放电的模式进行识别。模式识别具有统计特性，需要连续采集几十乃至几百个工频周期的数据信息。为了减少计算量，系统采用软件峰值保持算法对高速采样数据进行压缩，得到降低采样率后的时域波形，并进一步取得放电的统计信息。

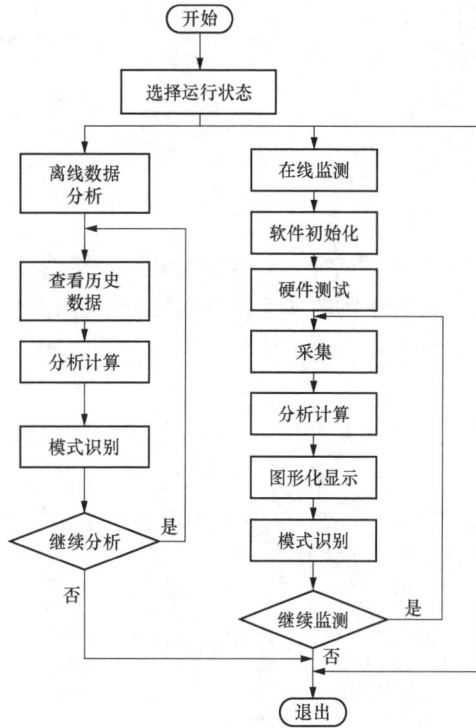

图 2-20　汽轮发电机局部放电监测系统软件流程

据此可以得到三维放电谱图和二维放电谱图。在三维放电谱图和二维放电谱图的基础上，可进一步提取放电的指纹特征，利用人工神经网络对放电的模式进行识别，用来区分放电的部位和放电的严重程度。

（3）图形显示。不仅能够进行完善的二维图形显示，采用自动分度、数据提示、图形缩放等技术来提供直观详尽的局部放电信息，还可以通过斜二侧投影和正轴侧投影两种方式显示三维数据，并采用优化的峰值线法绘制三维局部放电图形。

思考题与练习题

1．汽轮发电机的主要组成部分及结构特点是什么？

2．汽轮发电机的故障类型有哪几种？故障特征是什么？

3．叙述汽轮发电机状态监测的主要内容。

4．汽轮发电机状态监测与故障诊断系统中各单元的功能是什么？

5．汽轮发电机局部放电监测系统的功能特点是什么？

第3章 水轮发电机状态监测与故障诊断

随着发电设备制造技术的不断进步，水轮发电机正朝着大型化或巨型化发展，越来越多的大机组投入到大电网运行之中。随着电网的不断发展，水轮发电机额定电压和额定容量的随之提高，但是机组复杂性加剧，维修量增大，维修费用提高，并且出现事故时损失加大。在水轮发电机的单机容量越来越大的情况下，对大型水轮发电机的运行状态进行监测，及时准确地发现故障征兆，做到防患于未然是大型水轮发电机检修的发展方向。

水轮发电机是水电厂最关键的主电气设备，它是否安全正常运行将直接关系到电厂能否安全、经济、可靠地运作。随着信息化的不断发展，实现电厂的无人值班或少人值班是必然趋势，如何在智能发电生产模式下，还能安全、经济和可靠地生产运行，这对故障诊断技术的要求就越来越高。解决这些问题的有效措施就是实时准确了解机组的运行状态，及时准确诊断机组的故障，迅速可靠针对故障进行维修，以减少机组的突发故障，避免造成大面积事故。

3.1 水轮发电机的原理与结构

3.1.1 水轮发电机的原理

水轮发电机是同步发电机的一种，它是以水轮机作原动机拖动转子旋转，利用电磁感应原理把机械能转换成电能。水流经过水轮机时，将水能转换成机械能，水轮机的转轴又带动发电机的转子，将机械能转换成电能而输出。通过在河流上筑坝，抬高上游水位，形成一定的落差，并通过引水管将水流引入水利机械，驱动水力机械旋转，这样水流的能量就转换成了旋转的机械能。在水电站中，上游水库中的水经引水管引向水轮机，推动水轮机转轮旋转，带动发电机发电。做完功的水则通过尾水管道排向下游，如图3-1所示。水头越高、流量越大，水轮机的输出功率也就越大。

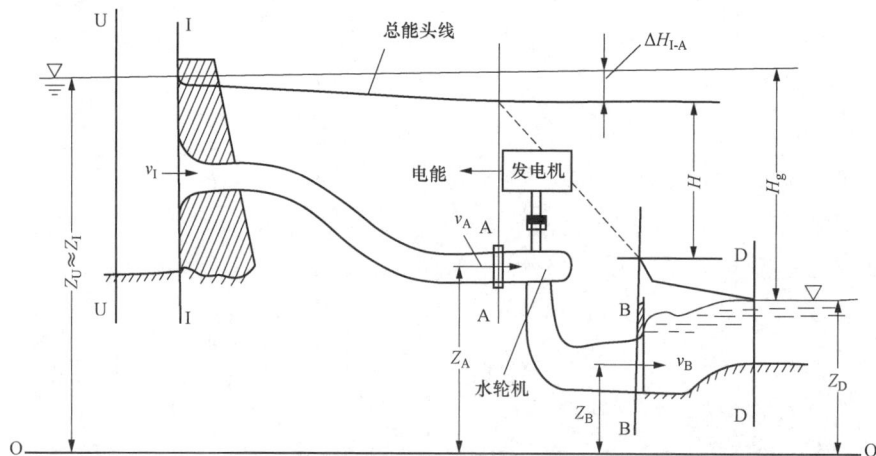

图3-1 水轮发电机发电原理图

水轮发电机通常有发电、调相和进相三种运行方式。发电运行时可输出有功功率及无功功率；调相运行时吸收少量有功功率，输出无功功率；进相运行时吸收系统中空载长线所产生的无功功率，同时又向系统送出有功功率。水电站一般远离负荷中心，通过长距离高压输电线路接入电力系统，因此水轮发电机参数要考虑电力系统静态和动态稳定的要求。

3.1.2　水轮发电机的安装布置

按照水轮发电机组的安装布置方式，可将水轮发电机分为立式、卧式两种。

1. 卧式水轮发电机

卧式水轮发电机的主轴为水平方向，即转轴与地面平行布置，其结构如图 3-2 所示。

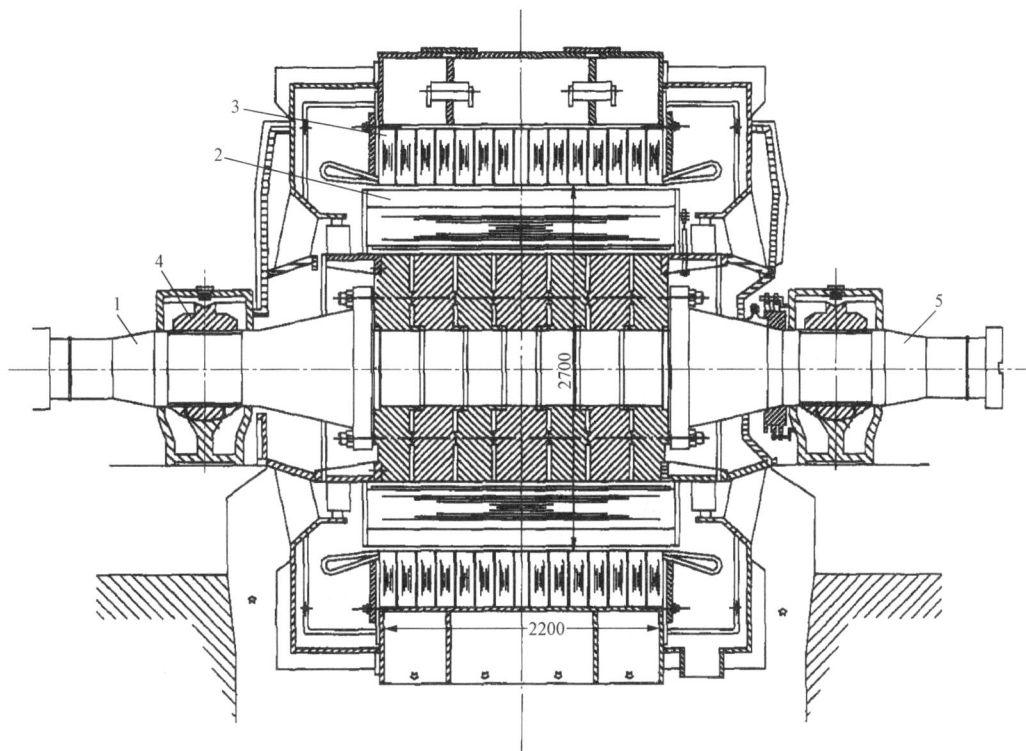

图 3-2　卧式水轮发电机结构

1—左端轴；2—转子；3—定子；4—座式轴承；5—右端轴

卧式水轮发电机的特点是水轮机与水轮发电机布置在同一水平面上，因而占地面积比较大，同时其结构上要考虑转子轴的刚度要求。卧式水轮发电机的优点在于可以降低厂房的高度，节约工程的开挖量。卧式水轮发电机大多数用于小型水轮发电机组及部分贯流式机组，图 3-3 所示为灯泡贯流式机组结构。

卧式水轮发电机的轴承承受转动部件的质量，推力轴承承受转动部件的轴向力，通常要设置两个或三个轴承。两个轴承结构的机组轴向长度短，结构紧凑，安装调整方便。当轴承负荷较大时，则采用三轴承结构。轴系临界转速应大于机组飞速转速的 1.2 倍。轴承型式多采用座式滑动轴承，对于大、中容量的贯流式机组采用具有推力轴承的复合式轴承。

小容量卧式水轮发电机定子多为整体结构。大、中容量卧式水轮发电机由于外形尺寸较大，为适应吊运及拆装工艺要求，定子分成上、下两部分，合缝处用销钉定位并用螺栓紧固。

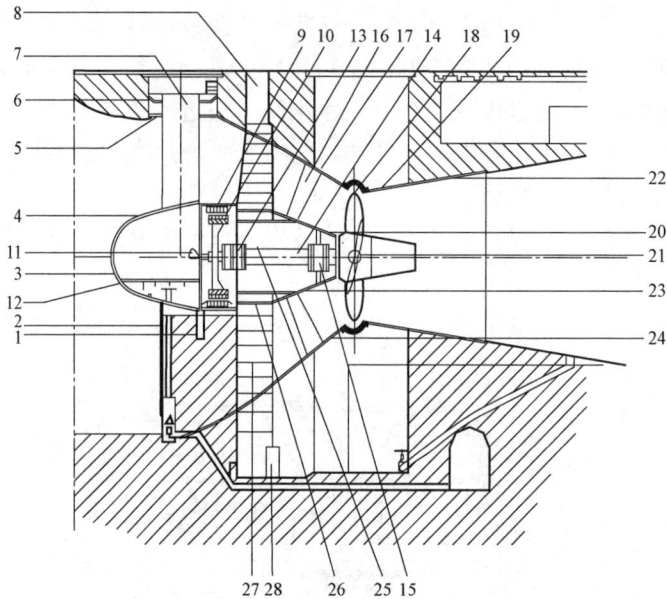

图 3-3　灯泡贯流式机组结构

1—基础支撑；2—机墩盖板；3—灯泡头；4—冷却套；5—导流板；6—盖板；7—风道；8—入孔；9—定子；10—转子；11—受油器；12—台板；13—径向推力组合轴承；14—主轴；15—导轴承；16—活动导叶；17—导叶传动机构；18—转轮室；19—伸缩节；20—导水锥；21—转轮；22—尾水管；23—内配水环；24—外配水环；25—前锥体；26—座环内壳；27—座环外壳；28—座环下部支柱

卧式水轮发电机常用的冷却方式有表面冷却式、通风冷却式、管道通风冷却式和循环冷却式。表面冷却式完全靠机壳表面散热，适用于容量较小的封闭式发电机。通风冷却式适用于开启式发电机，冷却介质为空气，空气进入发电机内部吸收热量后又向周围散热，冷却效果较好。管道通风冷却式是通过管道将冷却空气送入发电机，吸收热量后再经管道排出，同样具有较好的冷却效果。循环冷却式的冷却系统自成闭合回路循环，一次冷却介质吸收的热量通过闭合回路中的冷却器传递给二次冷却介质（一般为水），因此冷却效果较好，常用于大、中型卧式水轮发电机。

2. 立式水轮发电机

立式水轮发电机的主轴为垂直方向，即转轴与地面垂直布置。立式水轮发电机也有其独特的之处，可以制成大容量机组：由于转子直径大，飞轮力矩较大；推力轴承为立式，运行的稳定性好；安装维修方便。因此中、低速大、中型水轮发电机绝大多数采用立式水轮发电机。按推力轴承的安装位置不同，立式水轮发电机分为悬式和伞式两大类。

推力轴承位于转子上方的立式水轮发电机称为悬式水轮发电机。图 3-4 所示悬式水轮发电机结构，机组整个旋转部分的质量通过推力轴承悬挂起来。悬式水轮发电机组，包括水轮机导轴承在内，有三导悬式与二导悬式水轮发电机之分。

推力轴承位于转子下方的立式水轮发电机称为伞式水轮发电机。图 3-5 所示为半伞式水轮发电机结构。有上导和下导的称为普通伞式；有上导无下导的称为半伞式；有下导无上导的称为全伞式。伞式水轮发电机组，包括水轮机导轴承在内，有二导半伞式与二导全伞式水轮发电机之分。

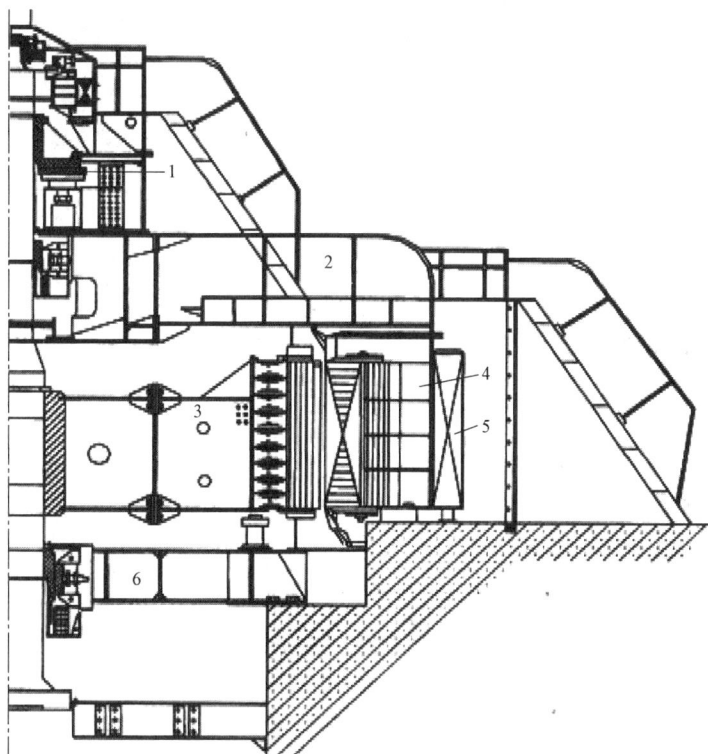

图 3-4　悬吊式水轮发电机结构

1—推力轴承；2—上机架；3—转子；4—定子；5—空气冷却器；6—下机架

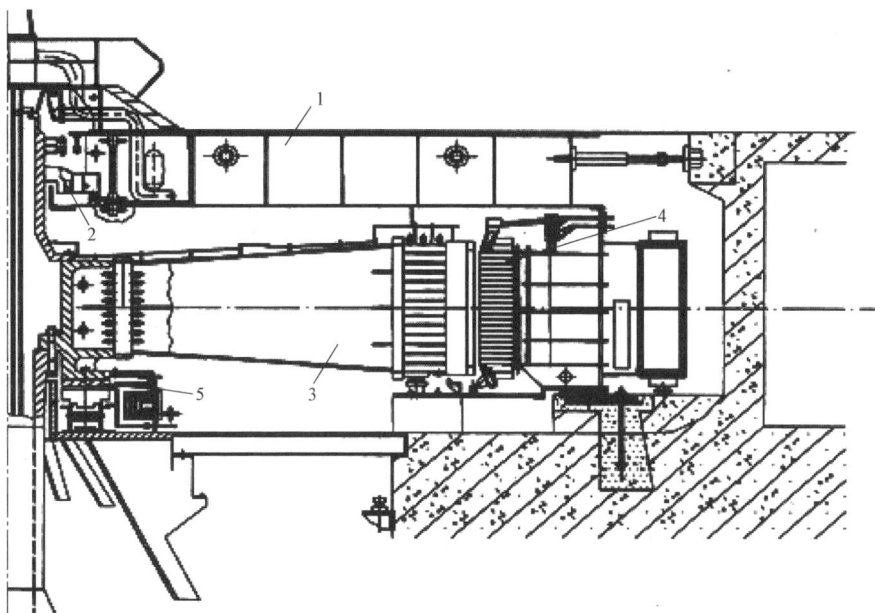

图 3-5　半伞式水轮发电机结构

1—上机架；2—上导轴承；3—转子；4—定子；5—推力轴承

悬式与伞式水轮发电机的比较见表 3-1。

表 3-1　　　　　　　　　　　　　　悬式与伞式水轮发电机的比较

型式	悬　式	伞　式
结构特性	水轮机机坑以及发电机定子直径较小，推力轴承支架布置在上机架内	水轮机机坑以及发电机定子直径较大，推力轴承支架布置在下机架内
传力方式	轴向推力通过定子机座传至基础	轴向推力通过发电机机墩传至基础
优点	推力轴承直径较小，损耗小，安装维修方便；上机架钢性好；运行稳定性好	机组高度较小；质量较轻，材耗较小；造价较低
缺点	机组高度较大；材耗较大；造价较高	运行稳定性较差；推力轴承损耗较大；安装维修不方便

　　由于伞式水轮发电机有以上的缺点，我国早期制造的水轮发电机很少采用伞式，尤其一些转速较高的机组，基于稳定性考虑更是很少选用。随着发电机组单机容量的逐渐增大，机组的尺寸和质量随之增大，伞式结构的优点越来越突出。随着伞式水轮发电机的缺点逐渐得到改善，伞式水轮发电机发展很快。水轮发电机转子极数多，采用凸极式，直径大，轴向长度短，通常采用立式装配方式。

3.1.3　水轮发电机的冷却方式

1. 空冷式

　　空冷式的冷却方式，是利用转子旋转强迫空气流动，以冷空气作为冷却介质由绝缘外表面对定子绕组、转子绕组以及定子铁芯表面进行冷却。定子、转子绕组绝缘内导体的发热量经过绝缘外表面向空气散热，或经过铁芯传导后向空气散热，吸收了热量的热空气通过空气冷却器，冷却后再进入发电机内吸热，形成循环。这种方式结构简单，维护方便，但冷却效率较低。

2. 水冷式

　　水冷式又称水内冷式，在转子绕组和定子绕组内部通水进行冷却。水冷式水轮发电机要求转子绕组和定子绕组采用空芯导线，还要单独设置一套水系统，直接用于冷却绕组。这种冷却方式满足了大容量机组和绕组导线电流提高的要求。但是，空心绕组密封结构复杂，而且对水质的要求很高，运行维护的工作量也很大。另外，据国际大电网会议组织调查，水冷却的运行可靠性较空气冷却低 4%～5%。

3. 蒸发冷却

　　蒸发冷却是将低沸点的介质（如氟利昂）通入绕组中，利用介质迅速蒸发吸收热量进行冷却。这种冷却方式效率高，冷却介质绝缘性好、不电解、不燃烧、不腐蚀，能克服水冷式的弊端。冷却介质在发电机冷却过程中从液态变成气态，由于比重差而形成自循环。这种冷却方式的可靠性、可维护性以及综合技术经济指标都较好。因此，蒸发冷却是一种具有发展潜力的发电机冷却方式，但对绕组的密封结构要求较高。

3.1.4　水轮发电机的结构

　　水轮发电机一般由定子、转子、机架、推力轴承、导轴承、制动系统、励磁系统等部件组成，如图 3-6 所示。

1. 定子

　　定子由机座、铁芯、三相绕组、铜环及基础件等组成，是水轮发电机的静止部件。定子铁芯和定子绕组是定子内部产生旋转磁场以及保证磁通及电流通路必备的电磁部分。定子绕组由许多线棒按一定规律排列而成，线棒通常分两层嵌入定子铁芯的槽内，并以一定的接线方式连接成回路，通过铜环引线汇流后输出电功率。

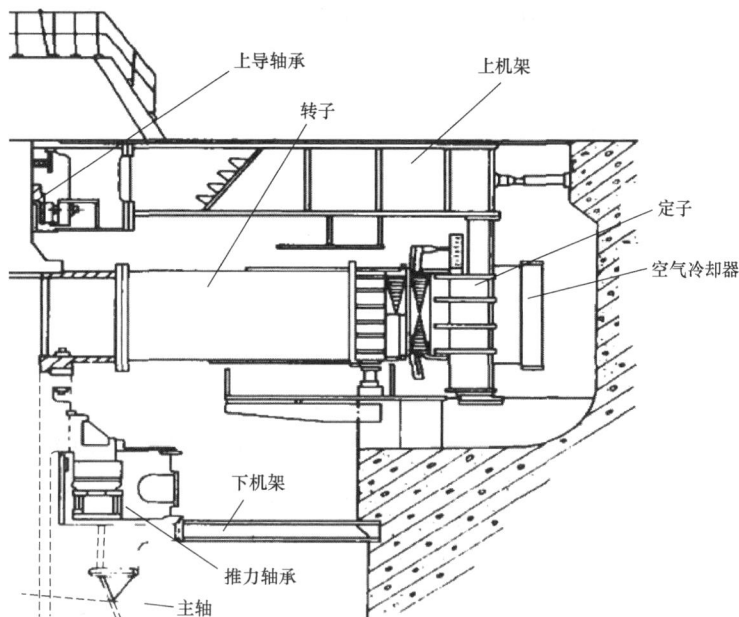

图 3-6　水轮发电机的主要结构部件示意图

机座一般采用钢板焊接结构，小型机座也用铸钢结构。水轮发电机组的机座的作用：主要用来固定定子铁芯；承受定子的自重；承受上部机架及装置在其上的其他部件的重力；承受电磁扭矩及不平衡磁拉力；承受定子绕组短路时的切向剪力；如机组是悬式结构，还可以承受机组的推力负荷，并把它传递给机坑地基。因此，机座必须有一定的刚度，以避免定子铁芯的变形和振动，并能承受定子短路时扭矩产生的切向力和转子绕组两点短路时引起的单边磁拉力。对悬式水轮发电机，机座还要承受上机架和机组转动部分（包括水推力）等重力引起的轴向力，对大直径机座还应考虑防止铁芯热膨胀引起变形的措施。

定子铁芯是构成发电机磁路的主要通路，并用以安放固定定子绕组。定子铁芯由扇形片、通风槽片、定位筋、齿压板、拉紧螺杆及固定片等零部件装压而成。定子铁芯应满足磁负载的要求，同时还要考虑减少涡流损耗，以免铁芯发热，通常用 0.35~0.5mm 厚硅钢片冲制成扇形片，两面涂刷绝缘漆后叠压而成。叠压铁芯时要分成若干段，段间装有通风槽钢，供通风散热用。

定子绕组由许多线圈组或是线棒组成，均匀地分布于定子铁芯内齿槽中，是发电机的导电元件，也是发电必不可少的一部分。定子绕组作用是，当交变磁场切割绕组时，在绕组中产生交变电动势和交变电流，即实现机械能转化成电能。为了确保水轮发电机的安全运行和延长绕组的寿命，绕组必须固定牢靠。根据电机容量的大小和电压的高低适当选择绕组型式，绕组主要有叠绕组和波绕组两种形式。

叠绕组是用扁铜线绕成的环形绕组。这种绕组的每一个线圈边内可以包含若干匝，而每一匝又可由多股绝缘铜线组成。这种叠绕组大都用于汽轮发电机，也有在大型水轮发电机上采用。

波绕组的形状呈波浪形伸展。目前大、中型水轮发电机都采用单匝波形绕组，槽内上、下层导线可用两线棒分别制造，然后按波形连接起来。为了消除或减少环流所引起的附加损耗，线圈在槽内直线部位进行编织换位，即不同方向的换位。波绕组安装维护较方便，可靠性也较高。

绕组绝缘结构要综合考虑其耐热等级、电气强度、热老化、介质损失、机械性能、耐电晕等因素，目前在大、中型水轮发电机上均采用 F 级绝缘。为了使定子绕组能承受正常条件下电磁力和振动力的作用，短路条件下不致产生有害的位移和变形，避免造成绝缘损伤或匝间短路等故障，定子绕组在槽部和端部都应固定牢靠。

2. 转子

水轮发电机的转子是转换能量和传递转矩的主要部件，一般水轮发电机的转子由转轴、转子支架、磁轭、磁极等部件组成，用以产生磁场、变换能量和传递转矩。水轮发电机转子结构如图 3-7 所示。

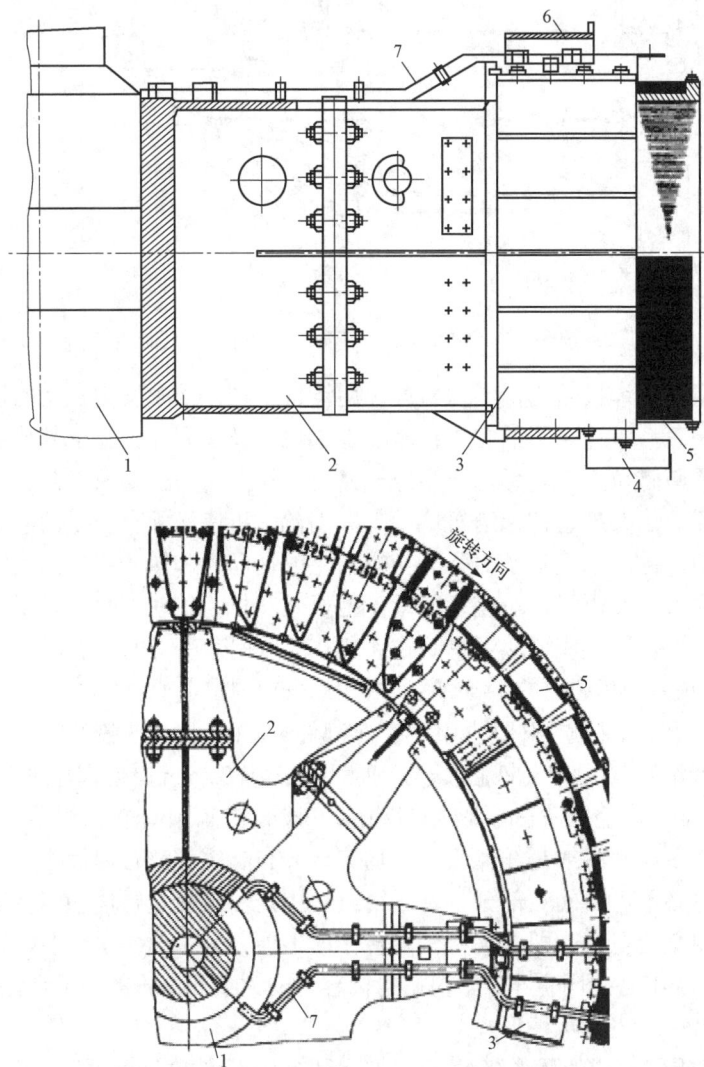

图 3-7　水轮发电机转子结构

1—转轴；2—转子支架；3—磁轭；4—下风扇；5—磁极；6—上风扇；7—转子引线

转轴一端与水轮机主轴连接，用于传递扭矩，应具有一定的强度和刚度。立式水轮发电机转轴受力较复杂，正常运行时，主要负荷有：额定转矩；机组转动部分重力和水推力产生的轴向力；定、转子气隙不均匀引起的单边磁拉力以及转子机械不平衡力等。通常中、小型容量悬式水轮发电机都采用一根轴结构，该种结构优点是结构简单、制造方便、调整轴系容易。中、低速大容量伞式发电机广泛采用分段轴结构。分段轴通常由上端轴、转子支架中心体和下端轴组成。这种结构的中间一段是转子支架中心体，没有轴，因而又称无轴结构。无轴结构的最大优点是可以解决由于机组大带来的大型铸锻件质量问题，另一方面可以减轻转子起吊质量和降低起吊高度，从而降低电站厂房高度，减少电站建设经济投资。一般水轮发电机大轴都采用锻钢，大型发电机的轴做成空心的，既可减轻质量又便于检查锻件质量。

转子支架由中心体和支臂两部分组成，是连接主轴和磁轭的中间部件，还起到固定磁轭和传递转矩的作用。中心体在一般悬式水轮发电机中常由轮毂与钢板焊接而成。轮毂热套于轴上，或用键固定在轴上，以传递扭矩。在伞（半伞）式发电机中，常用转子支架中心体代替中间一段轴与下端轴或水轮机轴相连，组成一种所谓无轴结构。该中心体一般用钢板焊接，连同支臂组成了转子支架。目前大型水轮发电机为了适应通风的需要和增加支架的轴向刚度，已经采用了圆盘式支架结构。

水轮发电机磁轭，作为固定磁极的结构部件，是磁路的一部分，也会产生转的惯性。磁轭结构设计时是根据磁轭在运转时承受磁极装配及其自身质量的离心力所引起的应力来选择尺寸和材料。此外，还需要具备一定的转动惯量来满足水轮机调节保证的要求。磁轭外缘开有 T 尾或鸽尾槽以固定磁极，磁轭与支架之间常用径向键和切向键楔紧固定。对小型或小直径高速水轮发电机，常用锻钢或铸钢件做成整体磁轭。大型水轮发电机由于磁轭长度长，安装时不易压装磁轭，易引起事故。近年来，在大型水轮发电机上采用分段磁轭结构，可以避免这类问题的发生，而且能保证安装质量，确保机组安全可靠运行。

水轮发电机转子磁极是产生磁场的部件，其由磁极铁芯、线圈、托板、阻尼绕组等零部件组成。磁极铁芯分实心和叠片两种结构。磁极在磁轭上的固定方式常用螺钉、T 尾、鸽尾或梳齿状结构的方式。实心磁极一般采用锻钢或铸钢制成；叠片磁极常用 1.5mm 厚钢板冲成冲片叠成，用铆钉铆合或用拉紧螺杆紧固成整体。为了满足机械强度的要求和改善发电机的特性，高速水轮发电机的转子，常采用实心磁极结构。

磁极线圈也叫转子绕组或励磁绕组，常采用裸扁紫铜排绕成，匝间垫以多层环氧玻璃坯布与铜排热压成一体，用于承受线圈的对地绝缘。高速水轮发电机磁极线圈为防止在运行中由于线圈离心力侧向分力引起的线圈弯曲变形，常用撑块或围带固定结构。阻尼绕组由阻尼条、阻尼环和连接片组成，阻尼条多采用软质紫铜棒制成，镶嵌在磁极铁芯的阻尼条孔内，两端伸出与阻尼环连接。阻尼绕组能够削弱负序气隙旋转磁场的作用，有助于抑制转子自由振荡，以提高电力系统运行的稳定性。

3．机架

机架是发电机安置轴承的主要支撑部件，是水轮发电机的重要结构部件。机架一般为钢板焊接结构，主要由中心体和数个支臂组成。中心体是由上、下圆板和立板组装成的圆盘形焊接结构；支臂是由上、下翼板和腹板组成工字形或盒形截面的焊接结构。根据承载的性质，机架可分为承重机架和不承重机架两类。

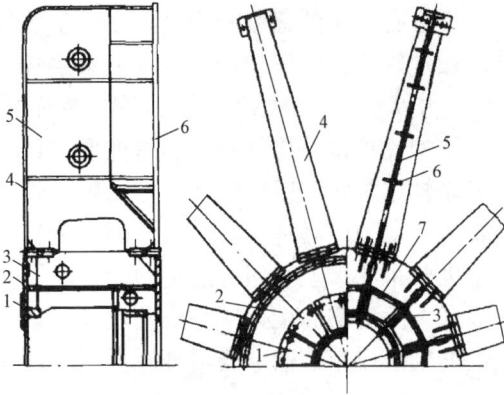

图 3-8　悬式水轮发电机上机架

1—加强圈；2—上圆圈；3—立筋；4—上翼板；

5—腹板；6—下翼板；7—横梁

非承重机架主要承受通过导轴承传递的径向力，有的下机架还承受制动器顶起转子时的轴向力和制动时的制动力矩。放置推力轴承的机架统称为承重机架，它承受机组转动部分全部质量、水轮机转轮的轴向水推力、机架和轴承自身的质量以及作用在机架上的其他负荷。悬式水轮发电机组的上机架（如图 3-8 所示）或伞式水轮发电机的下机架即属于承重机架，这类机架多采用受力均匀的辐射形结构。

4. 推力轴承

推力轴承是应用油液体润滑承载原理承载水轮发电机组转动部分的全部重力及水推力的机械结构部件。推力轴承承受整个水轮发电机转动部分的重力和水轮发电机的轴向水推力，经推力轴承将这些力传递给水轮发电机的负荷机架。推力轴承结构如图 3-9 所示。

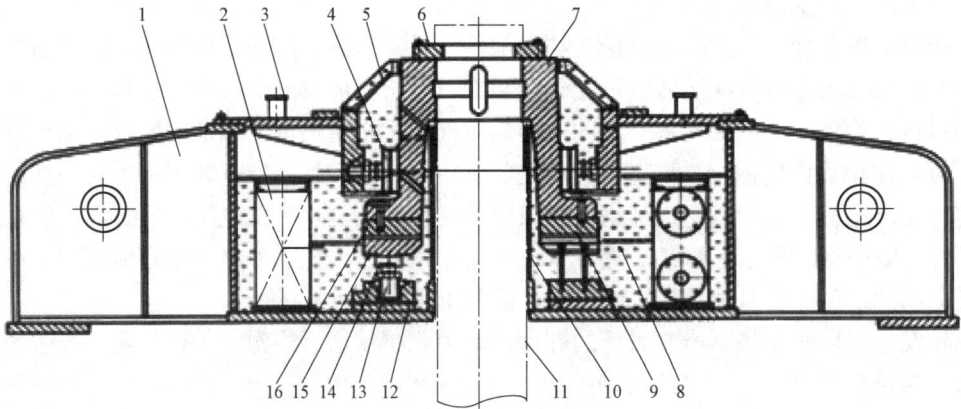

图 3-9　推力轴承结构

1—上机架；2—冷却器；3—气窗；4—导轴承装配；5—密封盖；6—卡环；7—推力头；8—隔油板；9—镜板；

10—挡油管；11—主轴；12—轴承座；13—抗重螺栓；14—托盘；15—推力瓦；16—绝缘垫

推力瓦是由头部为球面的抗重螺栓支承，抗重螺栓垂直拧入装有螺纹套筒的轴承座上。调整抗重螺栓的高度，可使瓦块保持在同一水平面上，使瓦块受力均匀。推力瓦是推力轴承中的关键部件，它是整个机组转动部分和固定部分的摩擦面，并且承受整个机组转动部分的重力和轴向水推力。推力头是承受并传递机组轴向负荷及扭矩的部件，推力头应有足够的刚度和强度，以承受机组轴向推力产生的弯矩作用，不致产生有害的变形和损坏。托盘的作用是减小推力瓦的变形，另外托盘的轴向柔度在运行中有一定的均衡负荷作用。通常在轴承座下面或推力头与镜板结合面之间装设绝缘垫，切断轴电流回路，保护推力瓦工作面，并起到绝缘和调整轴线的双重作用。推力瓦由弹性垫支承，依靠垫的弹性变形吸收推力瓦的不均匀负荷，如图 3-10 所示。轴承的油循环冷却方式有内循环和外循环两种。

推力轴承工作性能的好坏直接影响到水轮发电机能否长期、安全、可靠运行。随着单机容量的不断增大，推力轴承的负荷也随之增大。因此，大容量机组对推力轴承的技术要求就更高：要求在机组启动过程中，能迅速建立油膜；在各种负荷工况下运行时，能保持轴承的油膜厚度，以确保润滑良好；确保各块推力瓦受力均匀；各块推力瓦的最大温升和平均温升满足运行要求，并且各瓦之间的温差较小；循环油路畅通且气泡小；冷却效果均衡且效果高；密封装置合理且效果良好；推力瓦的变形量在允许范围内；在满足上述技术条件下，推力损耗较低等。

5. 导轴承

导轴承是用来承受水轮发电机组转动部分的径向机械不平衡力和电磁不平衡力，并约束轴线径向位移和防止轴的摆动，使机组轴线在规定数值范围内旋转的结构，维持机组主轴在轴承间隙范围内稳定运行。导轴承由导轴承瓦、支柱螺栓、套筒、滑转子和油冷却器等主要部件组成，如图 3-11 所示。

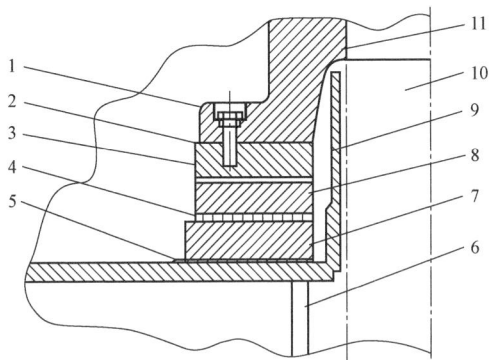

图 3-10　弹性垫支承推力轴承示意图

1—螺钉；2—调整垫，3—镜板；4—弹性垫；

5—绝缘垫；6—机架；7—轴承座；8—推力瓦；

9—挡油管；10—主轴；11—推力头

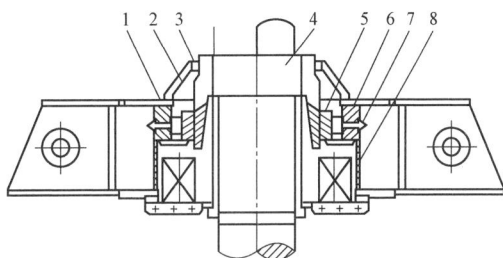

图 3-11　导轴承结构

1—轴承座；2—密封罩；3—滑转子；4—主轴；

5—导轴承瓦；6—套筒；7—支柱螺栓；8—油冷却器

在滑转子下缘设置径向供油孔，在离心力作用下向轴瓦供油，并经油冷却器形成油路循环。这种结构适用于大中容量悬式水轮发电机或半伞式水轮发电机的上导轴承。为了加强导轴承瓦的润滑冷却，通常在镜板或推力头上开若干个径向孔，此种结构适用于全伞式水轮发电机的下导轴承和中小容量悬式水轮发电机的上导轴承。通常导轴承用支柱螺栓进行调整轴瓦间隙，也可以采用楔子板代替支柱螺栓，简化结构和制造工艺。调节螺母和锁定零件装设在轴承油面上部靠近轴承盖处，便于调节轴承瓦面与滑转子的间隙。

当水轮发电机磁路不对称，励磁绕组发生两点接地，轴附近存在漏磁等情况时，轴两端间将出现感应交变电动势。如果轴承油膜被击穿，并形成电流通路时，镜板和轴瓦将因流过轴电流而受损。这种故障将直接危及水轮发电机组的运行安全，因此必须采取轴绝缘措施，通常是对上导轴承和推力轴承均用绝缘垫与轴承座绝缘。

6. 制动系统

大中型水轮发电机组在停机过程中，为了缩短机组低速惯性时间和防止在低速下推力轴承轴瓦加大和因油膜破坏而被烧损，应对水轮发电机组在低速区进行连续制动。一般当机组转速降低到额定转速 25%～35%，自动投入制动器。对没有配备高压油顶起装置的机组，当经历较长时间的停机之后，再次启动前，用油泵将压力油打入制动器顶起转子，使推力瓦重新建立油膜，为推力瓦创造良好的工作条件。

制动系统有机械制动、电气制动与混合制动三种方式。

（1）机械制动系统。当机组转速降到额定转速的 20%～30% 时启动。机械制动系统由低压供气管路、排气管路、制动器、机旁制动控制柜和油压顶转子部分组成。20 世纪 90 年代以来设计的发电机制动系统又增加了一套粉尘收集装置。

发电机的制动气源一般是由电站的 0.5～0.8MPa 的低压空气，通过管路输送到机坑内的制动器上，当机组转速降到额定转速的 15%～30% 时，投入压缩空气，顶起制动器的制动块，使之与发电机转动部分的制动环接触，形成摩擦力制动；当机组全停后，在制动器活塞缸通入反向压缩空气 （或利用弹簧的拉力），使活塞下移，制动器复位；当需要顶起发电机转子时，将制动器进气管切换到高压油泵上，利用高压油顶起转子。

转动部分制动环的布置有两种方式：一种是布置在转子磁轭底部，另一种是布置在转子支架下部。机械制动对各类机组均比较适用，目前在国内外的大型机组的制动方式中，仍占主导地位。

（2）电气制动系统。电气制动的工作原理是在发电机出线端设置三相短路断路器，当发电机从电力系统解列后，停机过程转速降至 50% 额定转速时，在无励磁状态下将三相引出线短路，再利用外加直流电源向转子绕组供给励磁电流，使定子短路电流达额定值，利用定子绕组的电阻损耗 （有时外接附加电阻）及减速过程中的机械损耗（包括水轮机转轮在水中的摩阻损耗、转子风摩损耗及轴承损耗）来吸收转动能量。

电气制动的具体方式有多种，如定子三相绕组直接短路方式、定子三相绕组外接附加电阻方式、定子绕组不对称短路方式等。对于可逆式发电/电动机组，如果采用静止变频装置（SFC）作为水泵工况的启动手段，可采用变频器逆变方式对机组进行电气制动。当出现机组电气事故时，电气制动被闭锁，仍用机械制动。

水轮发电机组制动方式比较见表 3-2。

表 3-2 水轮发电机组制动方式比较

制动方式	机械制动	电气制动
优点	结构简单，通用性强	制动力矩大，停机时间短，无磨损、无污染，维护工作量小
缺点	动作灵敏度差、停机时间长、制动块磨损快、制动环龟裂、维护量大、噪声与粉尘大、修复时工作量大、工期长、费用高、电能损失大	增加设备投资及布置场地，当采取定子绕组不对称短路方式时，制动力矩波动较大
使用范围	通用	用于启动频繁的调峰机组和发电或电动机组

（3）混合制动系统。由于机械制动和电气制动的差异，在采用一种制动方式不能满足机组的制动要求时，就要采用机械制动和电气制动两种制动方式组合的混合制动方式。例如在较高转速下（如 50% 的额定转速）先投入电制动，然后在低速状态（如 10% 额定转速）下，投入机械制动。

实际使用中绝大部分采用混合制动，在电制动投入后，机组转速降至 10% 额定转速并投入机械制动，加速停机。电气制动技术在国内许多大型电站中应用，如龙羊峡、刘家峡、漫湾、广州抽水蓄能等水电站都采用电气机械混合制动装置，特别是三峡左岸电厂 700MW 水轮发电机，也采用了混合制动方式。水轮发电机组的混合制动进一步缩短了机组的停机时间，但增加了操作回路的复杂性。

7. 励磁系统

励磁系统是水轮发电机组的重要组成部分之一，其主要任务是向发电机的励磁绕组提供一个可调的直流电流，以满足发电机稳定运行，对同步发电机的励磁进行控制，是对发电机运行控制的主要手段之一。另外，大机组励磁系统的调节特性还对电力系统的稳定运行有着十分重要的影响。

励磁系统是为同步发电机提供可调励磁电流装置的组合单元，它包括励磁电源（励磁变压器及整流器等）、自动电压调节器、灭磁、保护、监控装置和仪表等单元。

励磁系统经历了从旋转励磁到静止励磁的发展过程，随着微机和大功率晶闸管技术的发展，现代水轮发电机励磁系统多采用自并励微机控制静止晶闸管励磁系统。静止整流励磁系统，由于省去了旋转励磁机这样一个响应时间较长、惯性较大的中间环节，具有速度调节快的特点，因此迅速得以广泛应用。目前，我国与电网连接的大中型水电机组的励磁方式，已普遍采用晶闸管静止整流的自并励励磁系统。因为它的电压响应速度快，可以用毫秒级时延从最大正电压转变到最大负电压，满足大电网稳定运行的需要，而且结构简单、体积小，制造和安装方便。

3.2　水轮发电机的状态监测

水轮发电机组的运行状态直接影响机组的安全和机组的寿命，大容量机组尤为突出。通过对表征机组运行状态的参数量实行监测，以便于运行人员及时了解机组的运行状况，及时发现事故隐患，采取必要的措施，从而减少事故的发生，避免事故扩大，保证机组安全经济运行。另外，通过对机组运行状态的监测，还可以为机组检修计划和方案的制订提供参考。

水轮发电机组是一个非常复杂的系统，有很多状态量需要进行监测。可以根据状态量的监测数据，判断水轮发电机组的运行状态。水轮发电机组的状态量就是能够表征水轮发电机组运行状况的实时参数，而水轮发电机组状态监测便是对机组运行过程中的这些状态参数进行监测。在水轮发电机组状态监测中所涉及的实时参数可分为电气量参数和非电气量参数。

水轮发电机组作为一种大型旋转的机电设备，表征其运行状况的实时参数很多，按其物理性质可分为电流、电压、电功率、电频率、电绝缘、温度、转速、压力、流量、液位、振动、摆度、位移、噪声等。根据国内外水轮发电机组的运行经验，其状态监测的主要监测内容有：发电机发电量监测、发电机定子绝缘监测、发电机转子绝缘监测、发电机轴电压监测、机组温度监测、机组振动监测、发电机气隙监测、水轮机水压脉动监测、水轮机流量监测等。

水轮发电机状态监测主要包括以下任务：

（1）为水轮发电机的运行状况积累资料和数据，建立水轮发电机运行的历史档案。

（2）对水轮发电机运行状态处于正常还是异常做出判断。根据历史档案、运行状态等级和已出现的故障特征或征兆，判断故障的性质和程度。

（3）对水轮发电机的运行状态进行评估，并对这种评估进行分类。当一定的标准形成后，为状态检修的实施提供依据。

　　由于水轮发电机的状态监测内容和汽轮发电机的状态监测内容十分相同，其电气量参数和非电气量参数的监测方法可参照第 2 章 2.2 节介绍的内容，譬如发电机放电量监测、发电机气隙磁通密度监测、发电机轴电压监测、发电机励磁电刷火花监测、发电机氢气湿度监测、发电机振动监测等。

3.3　水轮发电机故障分析

　　水轮发电机的绝缘材料长期处在潮湿和高温的恶劣环境下，并且承受着巨大的机械应力，极易发生电气绝缘故障。与电力变压器相比，水轮发电机增加了旋转部分，故其影响安全的因素，除了绝缘故障外，还增加了各种机械故障。另外，水轮发电机本身机械结构复杂，还有庞大的辅机设备，使得发电机组系统的任一部件发生故障都可能导致整个机组停止运行。根据国内外对水轮发电机的故障统计和分析，大致可归纳为以下几种典型故障。

　　1. 绕组主绝缘故障

　　绕组绝缘发生故障主要原因有：

　　（1）绝缘老化。主要发生在空冷的大容量水轮发电机定子槽内。绕组线棒绝缘材料环氧云母绝缘因存在放电而受损伤，最后引发主绝缘事故。

　　（2）绝缘的先天性缺陷。主绝缘中存在的空洞或杂质引起局部放电，进一步发展，从而引起绝缘故障。

　　2. 定子绕组股线故障

　　绕组股线故障主要是股线短路故障，多发生在电负荷大、定子绕组承受较大的电、热以及机械应力的大型发电机。定子线棒通常由多根股线组合而成，股间有绝缘，并需进行换位。现代电机运用先进换位技术，股线间的电位差已很小。但老式电机因换位是在定子绕组端部的接头上实现的，股线间电位差可达 50V。运行中，若发生严重的绕组机械位移，则可能损坏股线间的绝缘，导致股线间产生电弧放电，进而侵蚀和熔化其他股线，热解定子线棒的主绝缘，可能发生接地故障或相间短路故障。当绕组振动过大时，也会引起槽口等处的定子线棒股线间的绝缘疲劳断裂，从而导致电弧放电。

　　3. 定子端部绕组故障

　　发电机运行时，持续的机械应力或因暂态过程产生巨大的冲击力，可使定子端部绕组发生机械位移。大型水轮发电机中，此类位移有时可达几毫米，从而使端部产生振动，引发疲劳磨损，使绝缘材料出现裂缝，从而发生局部放电。这类故障的先兆是振动和局部放电。

　　4. 定子绕组运行温度过高

　　定子绕组运行温度过高主要是受端部漏磁和通风沟通风不畅的影响，由此产生的温度会比平均温度高 8～15℃。端部漏磁会导致线棒的电流分布不均，进而导致股线出现温度异常，其温度差可达 25～30℃。

　　5. 定子绕组绝缘老化污秽

　　为保证定子绕组的安全性，其内外都有多层绝缘，但是定子在运行过程中要承受来自于热、电和机械三个方面的老化影响，并且这三个方面是相互促进转化的。热老化的主要原因是运行温度高于绝缘层的可承受温度；电老化的主要原因是防晕结构出现故障或是绝缘内部存有空气隙；机械老化的主要原因是由于电磁振动导致的绝缘松散和磨损。另外，通过调查发现目前大部分水轮发电机组内部油污和灰尘都很严重，这严重影响了定子绕组的散热，因而可能引起端部过热，出现爬电或是着火的现象。对于这类故障，检修中除用压缩空气吹扫外，还要用毛刷和白布沾溶剂进行清查，杜绝灰尘和油对发电机的污染。

6. 定子绕组单相接地故障

由于水轮发电机组在运行过程中发生机内或是机外故障时，会导致单相接地故障的发生，如果故障不能及时排除，故障会迅速发展成为相间或是匝间短路，进而对发电机造成严重的损毁。导致定子绕组单相接地故障的主要原因有绕组接头开焊、铁芯断裂和绝缘内部电老化严重等因素。

7. 转子绕组故障

水轮发电机转子绕组故障的主要原因有励磁电流引起的过热和转子旋转的离心力。这些原因都会造成绝缘损坏从而引起绕组匝间短路，引起绕组局部过热，进而损坏绝缘。严重时，可导致匝间短路，如果形成恶性循环，引起两点接地短路，这会扩大事故对机组的损坏范围。另外，匝间短路会使发电机出现磁通量不对称，转子受力不平衡，引起转子振动加剧。因此，可通过监测机组振动是否加强，气隙磁通波形畸变程度，以及与之相关的发电机四周的漏磁通是否发生变化来诊断该类故障。

8. 转子本体故障

水轮发电机转子旋转的离心力同样也可能引起转子本体故障，例如转子自重力的作用导致高频疲劳，使转子本体及与之相连的部件的表面发生裂纹。如果进一步发展，将导致转子发生灾难性的故障。另外，转子过热也会引起严重的疲劳断裂。电力系统突发暂态过程时，会对转子产生冲击应力，若水轮发电机和电网之间存在共振条件，转子会激发扭振现象，导致转子或联轴器发生机械故障，转子偏心也会引起振动，引发转子本体故障。这类故障的早期征兆仍是轴承处过量的振动。

9. 励磁回路多点接地

水轮发电机组在运行过程中由于磁极线圈振动、线圈内绝缘污秽、接头变形以及机组内部积灰等影响，都会导致励磁回路的绝缘能力下降，使得灭磁开关在过电压情况下被击穿，也有可能发生飞弧接地，烧毁整个励磁控制柜，扩大事故的损坏范围。

10. 冷却水系统的故障

水轮发电机的冷却水质因不洁等原因会引起部分冷却水管道堵塞，导致水轮发电机局部过热，并最后烧坏绝缘。其先兆是定子线棒或冷却水的温度偏高，材料热解使冷却介质中产生杂质微粒，使发电机的放电量增加。

3.4　水轮发电机状态监测与故障诊断系统

要实时准确了解水轮发电机组的运行状态，就必须对机组进行全时监测，获得机组各个运行状态量。通过准确可靠的监测方法，采集机组状态信息，再由可行的故障诊断方法对采集来的机组信息进行分类处理，反映出机组的工作状态，为机组安全、经济和可靠的运行提供保障。

3.4.1　监测与故障诊断系统硬件结构

水轮发电机组状态监测与故障诊断系统的硬件结构如图 3-12 所示，主要的硬件有监测系统单元、前置数据采集处理单元、上位机系统单元和远方专家系统单元等。

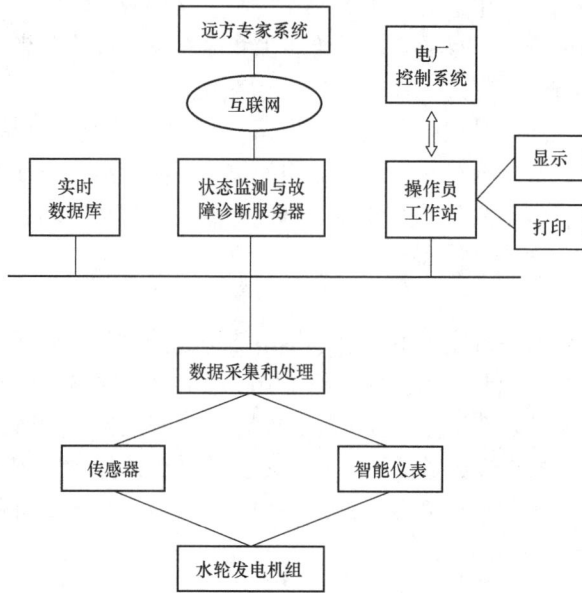

图 3-12　水轮发电机组状态监测与故障诊断系统的硬件结构

（1）监测系统单元。要实现水轮发电机组的状态监测，系统必须配置相应的监测系统，用于测量对应的状态量。监测系统主要用到传感器和智能仪表，对应的传感器和专用的智能仪表对机组的状态进行实时监测，获得相应的状态量，反映机组的运行状态。

通过对状态量的监测对机组的运行状况及故障程度进行评估，因此所用的传感器和智能仪表就应该与这些状态量相对应，进行一对一地测量。传感器性能指标的好坏直接影响整个监测过程的进行及其结果的正确性。正确选择合适的传感器是状态监测中的重要工作之一。

（2）前置数据采集处理单元。通过监测系统单元采集的信号，还不能直接送入上位机，需要在本单元进行处理。要求数据采集处理单元能够独立完成多通道模拟以及数字信号的采集，且有控制和数据处理的能力，还要能实时地向上位机系统传送实时采集的信号。

（3）上位机系统单元。上位机系统由高性能计算机以及相应的各种人机接口设备（显示器、打印机、远程通信设备等）构成。上位机是在线监测与故障诊断系统的核心设备，在线监测与故障诊断软件系统就在上位机内核运行。上位机的实时数据库要接收前置数据采集处理单元传输来的海量数据进行储存、分析处理。状态监测与故障诊断服务器负责根据数据对机组的状态进行分析和对故障的诊断依据的查询，为操作人员提供直观而醒目的数据、图形和故障诊断结果等，以供运维人员参考。操作员工作站为工程师值班界面，有大容量存储器、大显示屏、打印机等外接设备，用以完成对机组状态的在线监测、机组运行状态分析、数据的存储与管理、故障诊断等工作。

（4）远方专家系统单元。对于大型或巨型水电站，实现电气设备远程开放式故障诊断，可以将数据传送到远方专家，进行异地故障的诊断，确保电站运行安全。

3.4.2　监测与故障诊断系统功能及特点

一个可靠的状态监测与故障诊断系统应该能对水轮发电机组的工作状态进行实时监测，

给出正确的状态信息，对潜在的故障进行早期分析。事故发生时能够保存事故发生前后的数据，并能自动诊断，得出故障的原因和部位。同时，能够根据保存的数据，由运维人员进行分析，根据经验或知识得出更为详尽的故障原因和推断故障部位。例如，水轮发电机定子绕组状态监测与故障诊断系统的功能模块如图 3-13 所示。

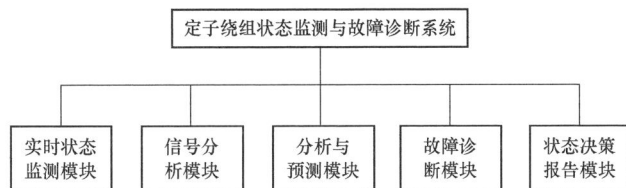

图 3-13　水轮发电机定子绕组状态监测与故障诊断系统功能模块

1. 实时状态监测模块

图 3-14 所示为发电机定子绕组实时状态监测模块的结构。对定子绕组电流、定子绕组电压、定子绕组端部放电、定子槽部放电、定子绕组温度、定子铁芯温度、定子绕组振动、定子铁芯振动、定子冷却水温等这些状态量进行实时监测，并给出定子绕组的运行的综合监测，同时通过模块分别给出各个状态监测。实时状态监测模块可以对定子绕组监测点的参量预警、报警以及物理量上下限超限警示。

定子绕组状态实时监测的全过程可归纳为信号输入—数据采集和处理—信号分析—与限定值比较—状态分析与数据存储 5 个主要环节。其基本原理是：针对定子绕组的不同状态监测量的特征，通过不同型式的传感元件，将状态信息转换为电信号或其他物理信号，输入专门的数据采集器中进行数据处理，以多种形式传送到数据服务器，获得能反映定子绕组状态的参数量，从而实现对定子绕组的监测和进行下一步的诊断工作。定子绕组状态监测结构如图 3-15 所示。

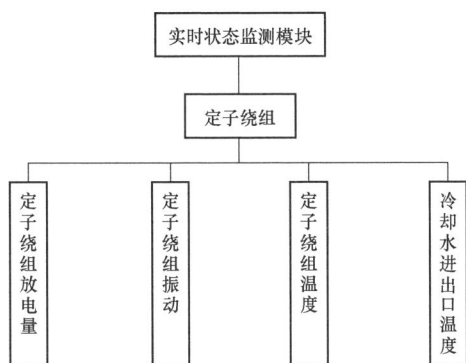

图 3-14　实时状态监测模块结构

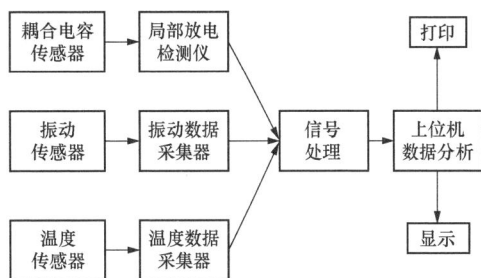

图 3-15　定子绕组状态监测结构

（1）定子绕组放电量。定子绕组局部放电类型主要是：定子绕组绝缘内部放电、定子端部绕组放电和定子绕组槽部放电。

局部放电量的在线监测通常采用脉冲电流法。采用脉冲电流去测量局部放电，即是根据放电时在放电处会产生电荷交换，在与之相连的回路中产生脉冲电流，通过测量此脉冲电流来测量局部放电。针对大型水轮发电机定子绕组中性点接地的结构特点以及局放脉冲在绕组中传播的特性，将宽频带电流传感器安装在发电机定子绕组中性点接地线上，通过监测获得局部放电信号，从而判断发电机内部绝缘的局部放电情况，如图 3-16 所示。

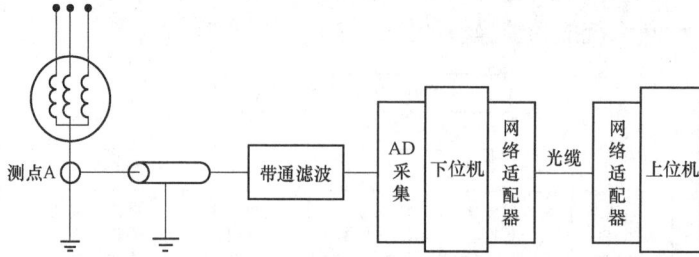

图 3-16　大型水轮发电机局部放电的在线监测

（2）定子绕组振动。发电机定子绕组振动会造成定子槽楔松动，损伤定子槽绝缘。随着定子绕组在槽内固定程度的减弱，将导致定子槽内放电程度增加，振动幅度呈指数式增大，则电侵蚀增强，绕组绝缘的电气强度就会削弱。

定子绕组振动监测方法：定子绕组振动监测的测点布置在定子内壁的上端或上下两部分的定子绕组槽内埋入多个电容传感器或加速度传感器。在监测发电机定子绕组振动时，绕组的径向运动使传感器与监测目标之间的距离发生变化，通过这一变化量可以监测绕组与定子铁芯的相对运动。

由于振动在定子铁芯的端部比较明显，监测定子绕组振动的传感器，多安装在发电机端部槽口处。采集信号通过一条三轴电缆输入信号调节器，然后将监测的信号输入到发电机高速数据采集装置，送至工作站进行分析诊断。

（3）定子绕组温度。定子绕组端部外表面温度可采用埋设热电偶测温元件或光纤测温元件进行测量。测温元件应埋设在发电机定子槽内相邻定子齿底部的位置上。定子绕组汇流排温度也可采用埋设测温元件进行测量，埋设部位在定子线圈中性点汇流排部位。绕组铜线温度分布可采用直接将测温元件与线棒包扎绝缘，制成直接测量铜温的线棒，测温元件的引线可沿着铜导体从两端接头处引出。

（4）冷却水进出口温度。冷却水温度的监测采用监测进出口水温的方法，在进出口各安装一个温度传感器，分别监测进口和出口的水温。

2. 信号分析模块

用传感器对水轮发电机进行状态监测，测量获取的信号中包含对定子绕组状态识别的各种信息。有效地分析处理这些信息，获取其特征量，建立它们与水轮发电机定子绕组状态之间的关系，这是水轮发电机故障诊断的基础。然而，信号中常伴有各种噪声和干扰，要消除或是减少噪声和干扰的影响，需对信号进行预处理，再对信号进行加工处理，抽取相应的特征值。信号分析模块结构如图 3-17 所示。

图 3-17　信号分析模块结构

（1）幅域分析。对信号幅值进行分析的各种处理。常见的特征参数包括均值、最大值、最小值、均方根值等。

1）均值：反映信号中不随时间而变化的静态分量或是直流分量。该值越大，表示信号越强。均值表示公式为

$$\overline{X} = \frac{1}{N}\sum_{i=1}^{N} x_i \tag{3-1}$$

式中　x_i——信号数据；

　　　N——数据长度。

2）方差。描述信号中动态分量，信号幅值偏离其均值的平方均值，即分散程度。该值越大，表示信号幅值的离散程度越大，线性度差。方差可表示为

$$\sigma_{\mathrm{x}}^2 = \frac{1}{N}\sum_{i=1}^{N} (x_i - \overline{X})^2 \tag{3-2}$$

3）均方值。信号幅值二次方的均值，表征信号的强度。均方值可表示为

$$X_{\mathrm{rms}}^2 = \frac{1}{N}\sum_{i=1}^{N} x_i^2 \tag{3-3}$$

（2）时域分析。时域分析是最基本的数据分析法，例如可分析放电信号的幅值，以及分析幅值与时间、放电次数的关系，并且可以显示时域信号波形。

（3）频域分析：分析信号的某些特征在频域上的变化，如幅度谱、相位谱、能量谱、功率谱等。谱分析是处理信号的重要手段，在线监测使用较多的是幅频特性。基本方法是将时域波形经采样、模/数变换后，变成一组有相同时间间隔的离散值，再经离散傅里叶变换成一组有相同频率间隔、频域内的离散值。设时域内连续的周期函数为 $g(t)=g(t+T)$，当用一组相同时间间隔的离散值来描述连续的时间信号时，可表示为 $g(t_n)$，它是在 t_n 各个瞬间对信号时域的抽样。显然，$g(t_n)=g(t)p(t)$，$p(t)$ 为抽样脉冲序列。将 $g(t_n)$ 作离散傅里叶变换为频域时，则

$$G(f_k) = \frac{1}{N}\sum_{n=0}^{N-1} g(t_n)\mathrm{e}^{-\mathrm{j}2\pi nk/N} \tag{3-4}$$

其反变换为

$$g(t_n) = \sum_{n=0}^{N-1} G(f_k)\mathrm{e}^{-\mathrm{j}2\pi nk/N} \tag{3-5}$$

（4）统计分析。对监测到的随机信号可以进行统计分析。统计分析的主要内容有：

1）均值计算。均值计算不仅可了解信号取值的集中程度，而且可提高其信噪比。

2）二维谱图（直方图）。以局部放电的监测为例，有统计放电量 q 随放电相位 φ 分布的直方图，即 $q-\varphi$ 二维谱图；统计放电次数 n 随放电量 q 分布的直方图，即 $q-n$ 二维谱图。

3）三维谱图。有局部放电监测中常用的 $\varphi-q-n$ 三维谱图。

对电流、电压、振动、温度等信号，在幅域、时域、频域、统计分析中提取特征值。对信号进行相关域分析的流程如图 3-18 所示。

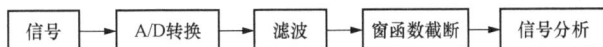

信号 → A/D转换 → 滤波 → 窗函数截断 → 信号分析

图 3-18　信号分析流程

通过信号采集和信号分析，可以得到相关的特征信号和征兆。根据这些特征量和征兆对

定子绕组的放电量、振动、温度的状态进行分析，可以识别定子绕组的状态。如果在不正常的工作状态下，根据异常征兆可以提前预测可能发生的故障及其发展趋势，为水轮发电机的故障预警以及后续的状态维修提供依据。

3. 分析与预测模块

根据水轮发电机状态量的信号采集与分析所获得的数据，发电机状态监测与故障诊断系统能够在故障未发生前完成对水轮发电机的状态分析与故障预测，实现对机组故障趋势或潜伏性故障的正确分析预测。因此，运维人员可以根据分析结果，有目的地进行水轮发电机的检修，减少严重故障突发的概率，譬如预防大型水轮发电机转轴断裂故障，从而提高发电机组运行的可靠性。

4. 故障诊断模块

故障诊断模糊专家系统由知识库、数据库、推理机、解释系统、征兆信息提取与转换系统和人机接口等单元组成，如图 3-19 所示。征兆提取是将实时监测到的信息，通过分析和处理，找出对故障反应最敏感的特征信息作为征兆信息。

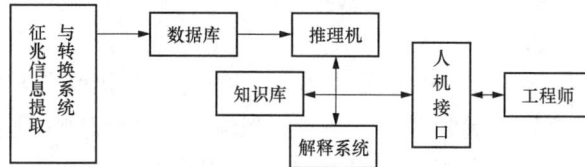

图 3-19　故障诊断模糊专家系统结构

以定子绕组温度异常故障为例，选取的征兆为：定子绕组放电量（A），冷却水进出口温差（B），定子绕组温度（C），定子绕组振动（D）。征兆量转化就是采用模糊数学的思想，确定其隶属度函数，将征兆信息转换成相应的隶属度函数表示，为专家诊断的推理做准备。

$$\boldsymbol{Y}^T = \boldsymbol{R}\boldsymbol{X}^T \tag{3-6}$$

$$\boldsymbol{Y} = (\xi_A,\ \xi_B,\ \xi_C,\ \xi_D) \tag{3-7}$$

$$\boldsymbol{X} = (\boldsymbol{\mu}_A,\ \boldsymbol{\mu}_B,\ \boldsymbol{\mu}_C,\ \boldsymbol{\mu}_D) \tag{3-8}$$

$$\boldsymbol{R} = \begin{vmatrix} r_{11} & r_{12} & \cdots & r_{1m} \\ r_{21} & r_{22} & \cdots & r_{2m} \\ \cdots & \cdots & \cdots & \cdots \\ r_{n1} & r_{n2} & \cdots & r_{nm} \end{vmatrix} \tag{3-9}$$

式中，$\boldsymbol{Y}$ 为诊断矩阵，$\xi_A,\ \xi_B,\ \xi_C,\ \xi_D$ 为故障的隶属度，$\boldsymbol{X}$ 为征兆矩阵，为 $\boldsymbol{\mu}_A,\ \boldsymbol{\mu}_B,\ \boldsymbol{\mu}_C,\ \boldsymbol{\mu}_D$ 为所选取征兆的隶属度矩阵，$\boldsymbol{R}$ 为征兆权值矩阵，描述了故障征兆与故障之间的关系。$\sum_{}^{n}\sum_{}^{m} r_{ij} = 1$（$0 \leq r_{ij} \leq 1;\ 1 \leq i \leq n;\ 1 \leq j \leq m$）。图 3-20 表征了造成定子绕组温度异常的推理过程。

5. 状态决策报告模块

状态决策报告分两部分：①由定子绕组基本情况和设备状态评价组成的基本状态报告；②由其状态的趋势分析和诊断结果构成的高级状态报告，即诊断决策报告。专家系统推理机制采用正反向混合推理，其推理过程如图 3-21 所示。电厂运维技术人员可利用分析数据和分析图，对定子绕组的状态进行全面深入的分析研究，同时通过数据分析评判出故障类型、故障机理及故障部位。

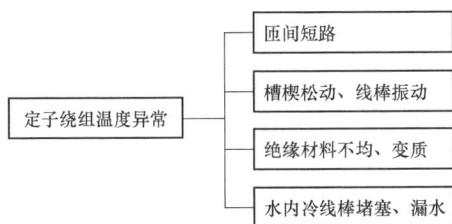

图 3-20　定子绕组温度异常推理

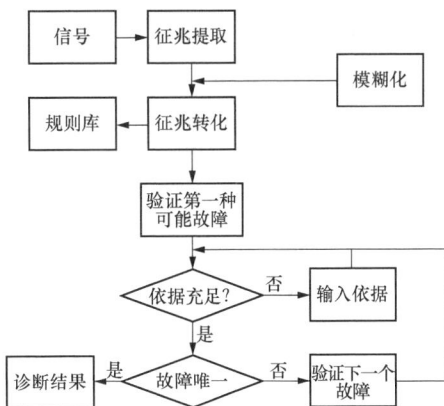

图 3-21　专家系统推理过程示意图

思考题与练习题

1. 叙述水轮发电机的主要组成部分及结构特点。
2. 立式水轮发电机主要由哪几部分组成？水轮发电机冷却方式有哪些？
3. 水轮发电机转子由哪几部分组成？转子支架有哪几种形式？转子支架的作用是什么？
4. 水轮发电机的故障类型有哪几种？故障特征是什么？
5. 叙述水轮发电机状态监测的主要内容。
6. 水轮发电机状态监测与故障诊断系统中各单元的功能是什么？

第4章　风力发电机组状态监测与故障诊断

风力发电与火力发电和水力发电比较，具有单机容量小、可分散建设等特点。目前，风力发电单机额定功率覆盖范围从 2、2.3、3.6、4.2、4.5MW 到 5MW，叶轮直径从 80、82.4、100、110、114、116m 到 126m。随着国家对能源需求和环保要求力度的不断加大，风力发电的优势和经济性、实用性等优点也必将显现出来。

4.1　风力发电动力学

风力发电机的工作原理比较简单，最简单的风力发电机可由风轮和发电机两部分构成，风轮在风力的作用下旋转，把风的动能转变为风轮轴的机械能。如果将风轮的转轴和发电机的转轴相连，发电机在风轮轴的带动下旋转发电。

4.1.1　贝茨理论

世界上第一个关于风力机风轮叶片接受风能的完整理论是 1919 年由德国的贝茨提出的。贝茨理论假定风轮是理想的。理想风轮是指风轮全部接受风能，假设叶片无限多，气流通过风轮时没有阻力，空气流是连续的、均匀的、不可压缩的，气流速度的方向不论在叶片前或流经叶片后都是垂直叶片扫掠面的，具体条件如下：

（1）风轮没有锥角、倾角和偏角，全部接受风能，叶片无限多，对空气流没有阻力。

（2）风轮叶片旋转时没有摩擦力；风轮前没有受扰动的气流静压和风轮的气流静压相等，即 $p_1=p_2$。

（3）作用在风轮的推力是均匀的。分析一个放置在移动的空气中的理想风轮叶片所受到的力及移动空气对风轮叶片所做的功。设风轮前方的风速为 V_1，V 是实际通过风轮的风速，V_2 是叶片扫掠后的风速，通过风轮叶片前风速面积为 S_1，叶片扫掠的风速面积为 S，扫掠后风速面积为 S_2。风吹到叶片所做的功等于将风的动能转化为叶片转动的机械能，则必有 $V_1>V_2$，$S_1>S_2$。

假设空气是不可压缩的，于是由连续条件可得

$$S_1V_1=S_2V_2=SV \tag{4-1}$$

由欧拉定理得风作用在叶片上的力

$$F=\rho SV（V_1-V_2） \tag{4-2}$$

式中　ρ——空气当时密度，kg/m³；

　　S——叶片扫掠的风速面积，m²；

　　V——实际通过风轮的风速，m/s²；

　　V_1——风轮前方的风速，m/s²；

　　V_2——风轮后方的风速，m/s²。

故风轮吸收的功率为

$$P=FV=\rho SV^2(V_1-V_2) \tag{4-3}$$

从上游至下游动能的变化为

$$\Delta W = \frac{1}{2}mV_1^2 - \frac{1}{2}mV_2^2 \tag{4-4}$$

由于从上游至下游空气质量不变，故

$$m = \rho_1 S_1 V_1 = \rho S V = \rho_2 S_2 V_2 \tag{4-5}$$

所以

$$\Delta W = \frac{1}{2}\rho S V(V_1^2 - V_2^2)$$

由于风轮吸收的功率是由动能转换而来的，所以

$$P = \Delta W \text{ 即 } \rho S V^2(V_1^2 - V_2^2) = \frac{1}{2}\rho S V(V_1^2 - V_2^2) \tag{4-6}$$

得到

$$V = \frac{V_1 + V_2}{2} \tag{4-7}$$

将式（4-7）带入式（4-2）、式（4-3），得到

$$F = \frac{1}{2}\rho S(V_1^2 - V_2^2) \tag{4-8}$$

$$P = \frac{1}{4}\rho S(V_1^2 - V_2^2)(V_1 + V_2) \tag{4-9}$$

风速 V_1 是在风轮前方，可测得并给定，可写出 P 和 V_2 的函数关系式，并对 P 微分求最大值得

$$\frac{\mathrm{d}P}{\mathrm{d}V_2} = \frac{1}{4}\rho S(V_1^2 - 2V_1 V_2 - 3V_2^2) \tag{4-10}$$

令 $\frac{\mathrm{d}P}{\mathrm{d}V_2} = 0$ 有两个解：一个是 $V_2 = -V_1$，这是没有意义的；另一个是 $V_2 = \frac{1}{3}V_1$。

将 $V_2 = \frac{1}{3}V_1$ 代入式（4-9），得到最大功率为

$$P_{\max} = \frac{8}{27}\rho S V_1^3 \tag{4-11}$$

将式（4-11）除以气流通过扫掠面 S 时风所具有的动能，可推得到风力机的理论最大效率为

$$\eta_{\max} = \frac{P_{\max}}{\frac{1}{2}\rho S V_1^3} = \frac{16}{27} \approx 0.593 \tag{4-12}$$

式（4-12）即为贝茨理论的极限值。表明风力机从自然中所能索取的能力是有限的，这个有限效率值就称为理论风能利用系数 $C_P = 0.593$。这样风力机实际能得到的有用功率输出是

$$P_s = \frac{1}{2}\rho S V_1^3 C_P \tag{4-13}$$

贝茨理论描述了作用在风轮上的力和流速度之间的物理关系，分析了风轮究竟能从风动能中转换成多少机械能。

4.1.2　叶素理论

叶素理论是从叶素附近流动来分析叶片上的受力和功能交换。叶素为风轮叶片在风轮任意半径 r 处的一个基本单元，它是由 r 处翼型剖面延伸一小段厚度 $\mathrm{d}r$ 而形成的。把叶片假想分割成无限多个叶素，每个叶素都是叶片的一部分，每个叶素的厚度无限小，且假定所有叶

素都是独立的，叶素之间不存在相互作用，通过各叶素的气流不相互干扰。在分析叶素的空气动力学特征时就可以忽略叶片长度的影响。这种理论就是叶素理论。

　　作用在每个叶片上的力仅由叶素的翼型升阻特性来决定，叶素本身可以看成一个二元翼型，作用在每个叶素上的力和力矩沿展向积分，就可以求得作用在风轮上的力和力矩。其中：

升力元
$$dL = \frac{1}{2}\rho W^2 C C_L dr \qquad (4-14)$$

阻力元
$$dD = \frac{1}{2}\rho W^2 C C_D dr \qquad (4-15)$$

$$W = \frac{V}{\sin\varphi} \qquad (4-16)$$

式中　L——升力，N 或 kN；

　C——弦长，m；

　C_L——升力系数；

　C_D——阻力系数。

$$dF_x = dL\cos\varphi + dD\sin\varphi = \frac{1}{2}\rho W^2 C dr C_x \qquad (4-17)$$

$$dF_x = dL\sin\varphi + dD\cos\varphi = \frac{1}{2}\rho W^2 C dr C_r \qquad (4-18)$$

$$C_x = C_L\cos\varphi + C_D\sin\varphi, C_r = C_L\sin\varphi - C_D\cos\varphi \qquad (4-19)$$

风轮半径 r 处环素上周推力为

$$dT = BdF_x = \frac{1}{2}\rho W^2 BC dr C_x \qquad (4-20)$$

转矩为

$$dM = BdF_r = \frac{1}{2}\rho W^2 BC C_r r dr \qquad (4-21)$$

式中　B——叶片数。

4.2　风力发电机组的结构

4.2.1　风力发电机的分类

　　风力发电机可以根据风力发电机的功率分为：微型风力发电机，其额定功率为 50～100W；小型风力发电机，其额定功率为 1～10kW；中型风力发电机，其额定功率为 10～1000kW；大型风力发电机，其额定功率为 1000kW 以上；还有的电气公司在进行 10MW 的超大型风力发电机研发。

　　水平轴风力发电机是目前国内外最常见的一种风力机，也是技术最成熟的一种风力机，如图 4-1 所示。由于水平轴风力发电机的叶轮旋转平面与风向垂直，水平轴风力机具有较高的风能利用率，在大容量风力发电行业中应用广泛。垂直轴风力发电机（见图 4-2）是指叶轮旋转方向与风向平行，其叶尖速度比较低，同时整机效率较低。

　　风力发电机可以分为独立型和并网型两类。其中独立型风力发电机指的是单台机独立运行工作的中、小型机，而并网型风力发电机指的是以机群布阵的、可以在一定程度上组成风电场运行的中、大型风力机。

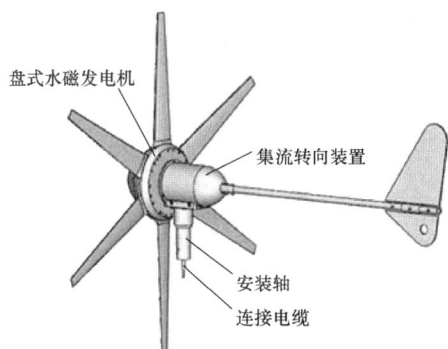

图 4-1　水平轴风力发电机

图 4-2　垂直轴风力发电机

风力发电机可分为恒速风力发电机、有限变速风力发电机和变速风力发电机。

风力发电机按风轮在正常状态下的转速划分，可以分为高速风力机和低速风力机两类。

4.2.2　风力发电机组的结构

一套完整的风力发电机组是由塔架基础、机舱、风轮、传动系统、偏航系统、制动系统、发电机、变频器（变流器）、变压器等电气控制系统组成。该机组通过风力推动叶轮旋转，再通过传动系统增速来达到发电机的转速后来驱动发电机发电，有效的将风能转化成电能，再经变频器及变压器将其并入电网。目前实际运行的大型风电场是由上百台风力发电机组构成。风力发电机组结构示意图如图 4-3 所示。

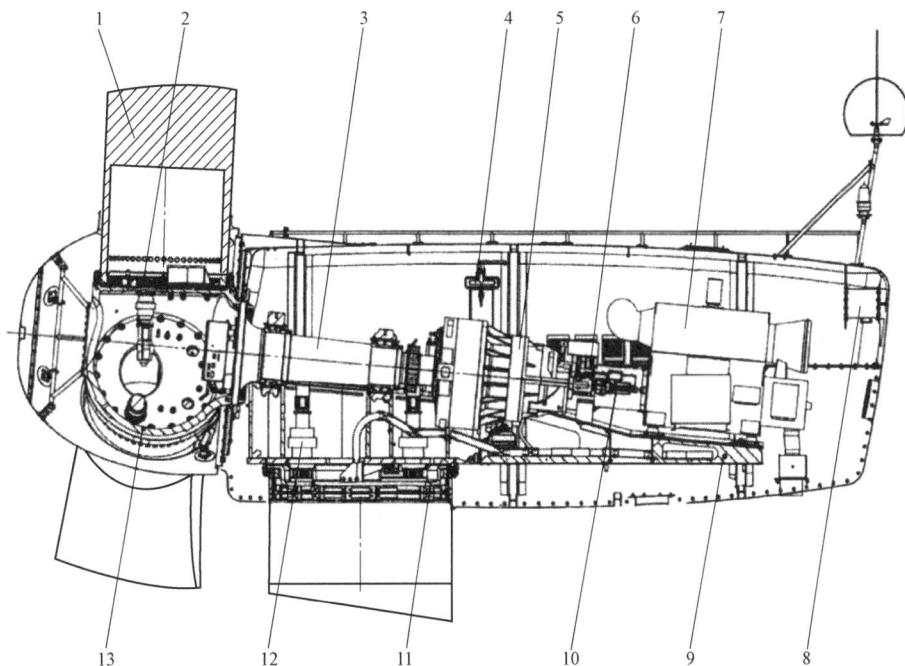

图 4-3　风力发电机组结构示意图

1—叶片；2—变桨轴承；3—主轴；4—机舱吊；5—齿轮箱；6—高速轴制动器；7—发电机；

8—轴流风机；9—机座；10—集电环；11—偏航轴承；12—偏航驱动；13—轮毂系统

1. 叶片

叶片是风力发电机组中最基础和最关键的部件，也是风力发电机接受风能的最主要部件。其良好的设计、可靠的质量和优越的性能是保障机组正常稳定运行的决定因素。由于叶片长期在恶劣的环境下运转，对其基本要求有如下几个方面：

（1）有高效接受风能的翼型。

（2）叶片有合理的结构，密度轻且具有最佳的结构强度和力学性能。

（3）叶片的弹性、旋转时的惯性及其振动频率都要正常，传递给整个发电系　统的负载稳定性良好，不得在失控的情况下在离心力的作用下拉断并飞出。

（4）不允许产生过大的噪声；不得产生强烈的电磁波干扰和光反射，以防给通信邻域和途径飞行物带来干扰。

（5）制造容易，安装及维修方便。

风力发电机组的风轮叶片有如下几个类型：

1）根据叶片数量可分为单叶片、双叶片、三叶片以及多叶片。叶片少的风力机可以实现高转速，所以又称为高速风力机，适用于发电。

2）叶片根据翼型形状可以分为变截面叶片和等截面叶片。变截面叶片在叶片全长上各处的截面形状和面积都是不同的，等截面叶片则在其全长上各处的截面形状和面积都是相同的。

3）根据叶片的材料和结构形式可以分为木制叶片、钢梁玻璃纤维蒙皮叶片和铝合金挤压成型叶片等。

图 4-4　风力发电机轮毂

2. 轮毂

风力发电机轮毂（见图 4-4）是连接叶片和风轮主轴的重要部件，多用于传递风轮的力和力矩到后面的机构，由此叶片上的载荷可以传递到机舱或者塔架上。多数轮毂通常由高强度球墨铸铁制成。一般有三种轮毂形式：固定式轮毂、叶片之间相对固定的铰链式轮毂、各叶片自由的铰链式轮毂。

3. 塔架

塔架属于风力发电机组的基础装备，塔架是主要承载部件，用来支撑整个风力发电机组的重量。按结构分为桁架型塔架和圆锥型塔架。

（1）桁架型塔架通过角材组装而成，并用螺栓将斜撑体连接到腿上，将腿都连接在一起。其主要优点是制造简单、成本低、运输方便、塔身稳定；主要缺点是不美观，通向塔顶的上下梯子不好安排，上下时安全性差。

（2）圆锥型塔架可分为钢管型和钢筋混凝土型。其优点是美观大方，上下塔架安全可靠，故在当前风力发电机组中被大量使用。

4. 机舱

机舱一般安装了大部分机械和电气部件。位于塔架上面的水平轴风力机机舱，在装配时需要注意的是：从风轮到负载各部件之间的联轴节要精确对中。

5. 齿轮箱

齿轮箱是风力发电机组中的一个重要机械部件。由于叶尖切向速度的限制，风轮的运转速度较低，达不到发电机发电时的转速要求。水平轴风力机特别是大型风力机用于发电时，因为发电机不能太重，要求发电机极对数少、转速尽可能高。基于这两个原因，必须要在风轮与发电机之间连接一个齿轮箱，通过齿轮箱齿轮的增速作用来实现发电机所需要的转速，故也将齿轮箱称为增速箱，如图 4-5 所示。增速箱的增速比为发电机的额定转速和风轮额定转速之比。

6. 偏航系统

偏航系统一般分为主动偏航系统和被动偏航系统。被动偏航是指依靠风力通过相关机构完成机组风轮对风作用的偏航方式；主动偏航指采用电动机系统来完成对风作用的偏航方式对于并网的大型风力发电机组来说，通常采用主动偏航形式。

图 4-5　风力发电机齿轮箱

7. 发电机

风力发电系统有恒速恒频发电系统和变速恒频发电系统。恒速恒频发电系统主要采用同步发电机和笼型感应发电机；变速恒频发电系统可以采用发电机主要有同步发电机、笼型感应发电机、绕线转子异步发电机、双馈式发电机等。

8. 电气系统

电气系统包括塔筒内电气系统和塔筒外电气系统。塔筒内电气系统包括塔筒内各种电缆接线，譬如电气照明系统；塔筒外电气系统主要包括风力发电机送出线缆、变频器、变压器、高压送出线路。现在大部分采用集成箱式结构，将高、低压开关、变频器、变压器、保护系统集成一体。

4.3　风力发电机组状态监测

4.3.1　监测参数

风力发电机组在运行时必须监控其运行状态，一般要求对如下状态量进行监测：

（1）电压与电流。监测风力发电机组在运行时发出的电压、电流、有功和无功等电气量。

（2）转速。风力发电机组转速的监测量有两个：发电机转速和风轮转速。转速测量信号用于控制风力发电机组并网和脱网，还可用于启动超速保护系统。当风轮转速超过设定值时，超速保护动作。

（3）温度。风力发电机组温度监测一般有 7 个点的温度监测量，这些温度监测量用于反映风力发电机组系统的工作状况。这 7 个点包括：①齿轮箱油温；②高速轴承温度；③发电机温度；④前主轴承温度；⑤后主轴承温度；⑥控制盘温度（主要是晶闸管的温度）；⑦控制器环境温度。当温度过高时，风力发电机组会退出运行，在温度降至允许值时，风力发电机组可自动起动运行。

（4）机舱振动。为了检测机组的异常振动，在机舱上应安装振动传感器。传感器由一个与微动开关相连的振动传感器组成。当异常振动严重时，振动传感器上的微动开关动作，引起安全停机。

（5）电缆扭转。由于发电机电缆及所有电气、通信电缆均从机舱直接引入塔筒，直到地面控制柜。如果机舱经常向一个方向偏航，会引起电缆严重扭转，因此偏航系统还应具备扭缆保护的功能。偏航齿轮上安有一个独立的计记数传感器，以记录相对初始方位所转过的齿数。当风力机向一个方向持续偏航达到设定值时，表示电缆已被扭转到危险的程度，控制器将发出停机指令并显示故障。

（6）油位。风力发电机的油位包括润滑油位、液压系统油位。

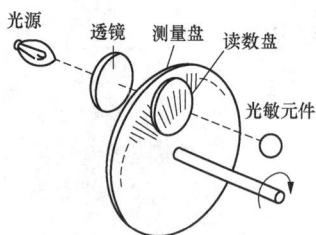

图 4-6　投射式光电转速传感器的测速原理

4.3.2　监测方法

在实际运行中，监测风力发电机组的状态量是比较多的，但是对于风力发电，对风机转速监测尤为重要。在风力发电机组中常采用光电数字测速的方法完成风机转速监测任务。

光电式转速传感器可分为投射式和反射式，风力发电机组中主要采用投射式。投射式光电转速传感器的测速原理如图 4-6 所示。

将一个圆周均匀分布着很多小圆孔或齿槽的圆盘固定在被测轴上，齿盘两侧分别设置红外线光源和光敏晶体管，当红外光束通过小孔或槽部投射到光敏晶体管时，光敏晶体管导通；当光束被齿盘的无孔部分或齿部遮挡时，光敏晶体管截止。因此每当齿盘随转轴转过一个孔距，光敏晶体管就会送出一个脉冲信号。

（1）数字测频法。所谓测频法测速，就是在给定标准时间内累计传感器发出的脉冲数，即以测量计数脉冲频率的方法来测量转速。图 4-7 所示是测频法测速的原理框图。

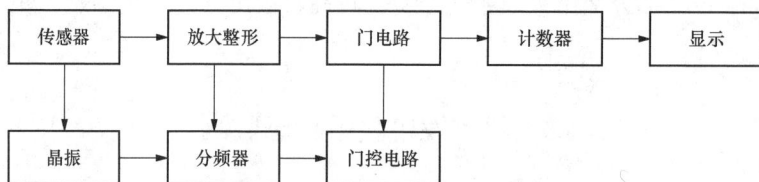

图 4-7　测频法测速的原理框图

由光电转速传感器输出的脉冲信号经放大整形后，通过门电路送到计数器进行脉冲计数。为了选择一个标准时间来控制门电路的开和闭，一般使用晶体振荡器产生基准时间脉冲信号，经分频器分频后得到 0.1、1s 等标准时间信号，通过门控电路发出指令来控制门电路的开和闭。若被测轴转速为 n（r/min），被测轴每旋转一周，光电传感器所发出的脉冲数为测量的标准时间 t(s)，则计数器的脉冲数 N 为

$$N = \frac{n}{60}Zt \qquad\qquad (4\text{-}22)$$

（2）数字测周法。所谓测周法测速，就是通过测取转过给定角位移的时间来测取转速。当被测轴转过给定角位移 $\Delta\theta$，传感器就输出一个电脉冲周期，用晶体振荡器产生的时钟脉冲来度量这一周期的时间，即可测得转速。

若时钟脉冲周期为 T_0，计数值为 N，则被测角位移为 $T_x=NT_0$。若被测轴每转一周传感器输出的脉冲数为 Z，则被测轴每转一周所需要的时间为。$T=ZT_x=ZNT_0$。因此，被测轴的每分钟转速为

$$n = 60f = \frac{60}{T} = \frac{60}{ZNT_0} \tag{4-23}$$

风力发电中普遍采用数字测频的方法。数字测频是一种借助于数字电子电路，测量在标准时间内被测频率信号的脉冲数目的方法。数字测频具有采样速度快、准确度高、测量范围广及直接数字显示等优点。

4.4　风力发电机组故障分类

风力发电机常见故障一般发生在以下几个部位：叶片、齿轮箱、发电机以及发电控制装置。

（1）叶片常见故障。

1）结冰。结冰对风力机叶片造成的影响是巨大的。不但改变叶片的气动外形，降低效率，而且会造成转动不平衡甚至无法启动。空气中的水汽会在气温低于 0℃ 时结冰。冰的形式、数量受气象条件、设备的尺寸和状态（运动或者静止）共同影响。

为了减轻结冰带来的影响，首先要对结冰做出正确的检测。检测方法：一是通过安装在现场的电子摄像机，观察是否结冰，这种方法比较昂贵，而且在夜晚视野不好的情况下效果不好；二是安装传感器，例如通过噪声传感器，当叶片前缘结冰以后，气动噪声会大大升高，可以判断出是否结冰。

2）断裂。叶片断裂是致命性的，可以导致整个机组的停止运行，断裂主要是由于振动引起的。摆振是造成叶片断裂的主要原因，叶片在气动力、重力和离心力的作用下产生振动，振动形式有挥舞、摆振和扭转三种。挥舞是指叶片在垂直于旋转平面方向上的弯曲振动；摆振是叶片在旋转平面内的弯曲振动；扭转是指叶片绕其变距轴的扭转振动。其中，挥舞和摆振是振动的主要形式。

3）疲劳失效。叶片在旋转过程中，受到变化的离心力的作用，还有就是可能由于安装等造成的不平衡，受到交变的载荷作用，这种交变载荷的频率和风机转速相等。

（2）齿轮箱常见故障。风机的齿轮箱传动比比较大，一般为 80～100，所以一般采用行星齿轮加上两级平行齿轮传动。传递的功率达到兆瓦级，在这样的重载情况下，齿轮箱的可靠性受到很大的考验，故障的发生也不可避免。

1）齿面点蚀。齿面点蚀是闭式齿轮传动的主要失效方式。由于在变化的接触应力、齿面摩擦力和润滑剂的综合作用下，齿轮表层下一定深度产生裂纹，裂纹逐渐发展导致齿轮表面小片脱落，形成凹坑。点蚀如果继续发展，会使齿轮产生强烈振动和噪声，使风力机无法正常工作。为避免这种情况出现，可以采用正变位齿轮、提高齿面强度、降低表面粗糙度、增加润滑油黏度等方法。

2）轮齿折断。由于风速不稳定，轮齿经常受到冲击载荷的影响。这种载荷，一方面会造成轮齿比较严重的磨损，另一方面，也使轮齿根部受到脉冲的弯曲应力，齿根产生疲劳裂纹，裂纹扩展会导致轮齿的弯曲疲劳折断。

（3）发电机故障。发电机常见的故障是绕组绝缘故障、铁芯故障、轴承故障等。譬如，轴承油温过高，如果持续时间长，则会造成发电机损坏。

（4）发电控制装置故障。风力发电机在发电过程中需要实时控制。由于工作环境的原因，电控装置也容易发生故障，如变频器发生故障。

4.5　风力发电机组故障原因

有关人员对风力发电机组的重要部位故障发生率进行了统计，结果为：电控系统 13%、齿轮箱 12%、偏航系统 8%、发电机 5%、驱动系统 5%、并网部分 5%。下面主要针对风力发电机组的齿轮箱和变频器部分，对发生的故障原因进行分析。

4.5.1　齿轮箱故障原因

风力发电机组的齿轮箱是一个重要机械部件。其主要功能是将风轮在风力作用下产生的动力传递给发电机并使其得到相应的转速。在风轮上除水平来流外还有径向气流分量，气流的阵风影响使风电机组机械传动部分经常出现负荷过大的情况。

由于气流的不稳定性，导致齿轮箱长期处于交变载荷下工作，使得齿轮箱发生故障；另外气温较低时，长时间在低温下运行，齿轮箱容易损坏，而且油温过低会导致齿轮或轴承短时缺乏润滑。阵风以及电网故障引起的发电机过速会引起冲击超载；在过高的交变应力重复作用下齿轮会发生疲劳折断；由于润滑条件不好也会引起齿轮箱故障。

轴承是齿轮箱中最为重要的零件，在过载或交变应力的作用下，超出了材料的疲劳极限会发生断轴。当工作条件没有变，而温度突然上升，通常就说明轴承损坏。齿轮箱油温高，还可能是由于风力发电机组长时间输出功率过高或者是风力发电机组本身散热系统工作不正常等因素造成。低温条件下，齿轮箱润滑油变得很稠，部件不能得到充分润滑，从而导致齿轮箱损害。当温度较高时会导致油在高温下分解，黏度降低，可能造成齿面润滑不良并导致齿面局部过热而引起胶合。

对于风力发电机组的齿轮箱而言，其振动原因除了轴承以外，还要考虑齿形误差、齿轮磨损、轴不对中、断齿、轴弯曲、轴向窜动、轴不平衡等因素的影响。一般情况下，在齿轮箱振动信号处理上，可采用时域、频域、幅值、时-频域结合分析等方法。不同的情况可使用不同的分析方法，但怎样把故障信号从所采集的众多复杂信息中提取出来是齿轮箱故障诊断的关键性问题。

4.5.2　变频器故障原因

风力发电机组的变频器故障主要由变频器误动作、过电压、过电流、过热、欠电压等引起。变频器过电压主要是指其中间直流回路过电压，对中间直流回路滤波电容器寿命有直接影响。冲击过电压，如雷电引起的过电压是引起变频器过电压的原因。

对于变速风电机组，无论是双馈风力发电机组还是直驱永磁机组，目前基本都是采用交-直-交变频器。风力发电机组并网后也会受到来自电网大干扰冲击引起的过电流和直流环节过电压的影响。在电网故障时，如果没有对风电机组采取保护措施，并且没有及时脱网，就很容易损害变频器。

另外，向变频器中间直流回路回馈能量时，短时间内能量的集中回馈，可能会使中间直流回路及其能量处理单元的承受能力超限而引发过电压故障。

4.6　风力发电机组状态监测与故障诊断系统

风力发电机组的设计寿命通常为 20 年，但根据目前国内的上网电价，风力发电机组一般需要稳定运行 8 年以上才能收回成本。对机组实际运行的状态进行监测有助于延长风力机组的运行寿命，通过对机组运行状态的分析，实现故障预警，节省维护成本。

在风力发电机组的各个部位上，可以安装许多传感器监测其运行状态。譬如，振动传感器主要被用于监测齿轮箱的齿轮和轴承、发电机轴承和主轴承运行状态；光纤应力传感器可以用来监测风力发电机组的结构载荷和低速轴转矩，它具有耐环境性能优越、抗电磁干扰、体积小和灵敏度高等优点；温度传感器通常用来监测发电机、变流器和齿轮箱等设备内部温度。作为发电机组，电气参数是重要的运行指标。在风力发电机组与电网连接点的各项电气参数表征了风力发电机组的发电性能和对电网的适应能力，因此监测电气参数也尤为重要。另外，叶轮转速、风速、桨距角、液压压力等都是风力发电机组的基本参数，它们表征了风力发电机组的基本运行状态。

桨叶载荷监测由每个轴向四个应力传感器、两个温度传感器、传输光纤和数据采集盒完成。光纤应力传感器预先埋入桨叶根部，通过信号线将信号引入数据采集盒。光纤应力传感器具有抗电磁干扰的性能，且可以实现多路信号的无干扰并行，当传感器感应到力时，将改变反射光波的波长。系统内通常还包括温度传感器，它被用来补偿由于温度变化而造成的应力传感器信号变化。

传动轴系是风力发电机组实现能量转换的关键部件，其运行状态直接影响风力发电机组的安全、寿命与发电品质。扭振对轴及轴上的零件危害在振动初期表现得不太明显，但扭振引起的扭转应力变化的积累往往会造成突发性的事故，通过扭振信号来监测主轴的运行状态可以防止事故的发生。如果传动轴系部件发生了严重故障需要更换，必然需要将机舱吊至地面才能处理，而且备件的订货周期都比较长，这将导致很大的经济损失。传动系统包括三个部分：低速转动的主轴、主轴承以及轴承座；增速齿轮箱及其弹性支撑；高速轴联轴器、发电机转轴及其弹性支撑。测量扭振的方法有接触法和非接触法两类：接触测量主要是将传感器安装在轴上，测量信号可以通过集流环或有线、无线电发信等方式传输到仪器上；非接触测量主要有红外法和激光法等，这些方法无须在轴上安装传感器，利用非接触方式感测轴的扭振。

塔架在不均衡的叶轮载荷作用下将形成前后和左右方向的振动，当其振动过强或其振动频率与塔架本身的自动频率接近而引起共振时将产生严重的破坏作用，所以控制系统一方面以控制变桨操作作为手段，可以参与对不均衡的叶轮载荷控制；另一方面也必须监测塔架的振动情况。由于机舱的偏航影响，塔架振动的监测经常在机舱进行。通常塔架的振动监测系统由多轴向的振动传感器和一个数据分析模块构成。传感器的信号被实时传送到数据分析模块，经过分析计算后将结果经过数据总线传送给风力发电机组的总控制系统。

风力发电机组的状态监测分为机械状态监测和电气状态监测。下面以电气状态监测与故障诊断为例，描述风力发电机组的状态监测与故障诊断系统的工作流程。电气状态监测子系统由发电机运行参数、发电机电磁参数、定子绕组局部放电、发电机各部分温度等单元组成，其原理框图如图 4-8 所示。

定子电流是风力发电机的一个重要的电参数，通过对风力发电机的定子电流信号进行采样与变换，从变换后的信号中提取故障特征量。定子电流监测子系统框图如图 4-9 所示，它由电流传感器、数据采集器和计算机等部分构成。定子电流监测信号通过电流传感器获取，并且只取三相定子电流的任意相电流信号。电流传感器再把定子电流信号送到数据采集器，通常定子电流信号要经过滤波与放大处理，然后进行数据采集，即经过模/数转换器把数据传递给计算机。再由计算机的软件进行频谱分析。

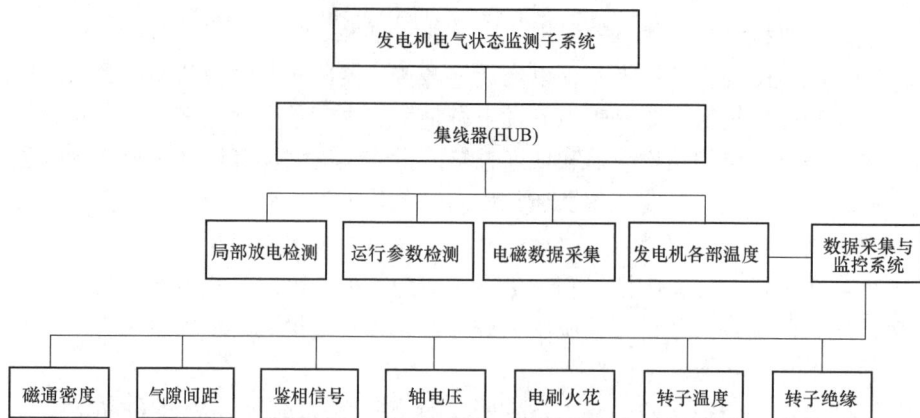

图 4-8　风力发电机组的电气状态监测系统

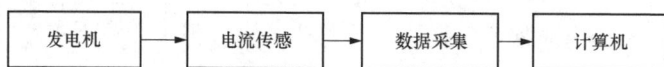

图 4-9　定子电流监测子系统框图

基于定子电流监测的故障诊断系统选用小波算法和 BP 神经网络结合的方法。从小波变换后的子带信号中选取特征域，提取特征量作为 BP 神经网络的输入。在此基础上，结合 BP 神经网络的输入输出非线性映射能力，完成对故障的诊断和定位，故障诊断系统如图 4-10 所示。

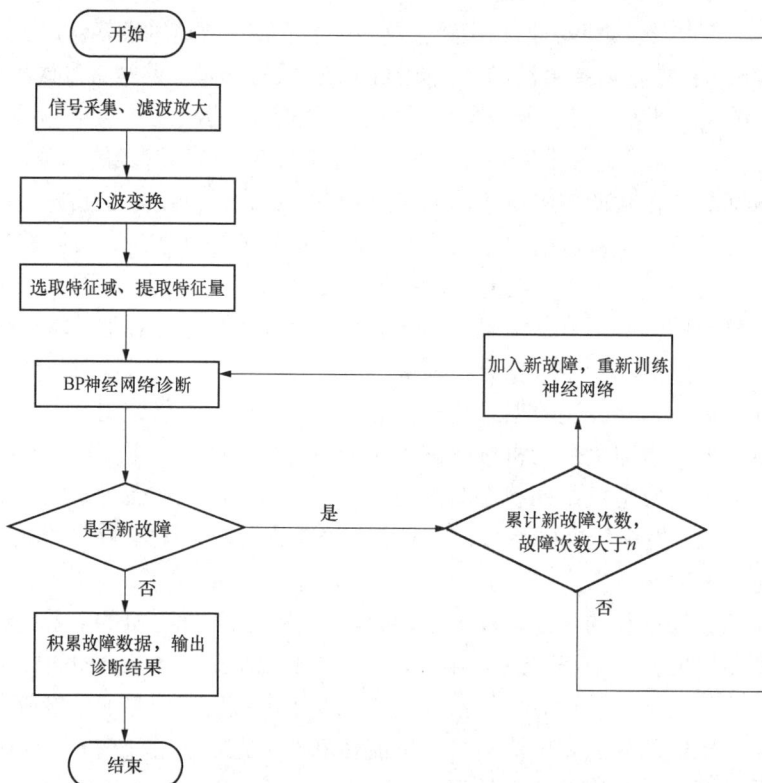

图 4-10　基于定子电流测量的故障诊断系统

　　BP 神经网络由输入层、隐含层和输出层组成。单隐含层的 BP 神经网络具备任意精度的函数逼近能力。应用中，选用具有一个隐含层的 BP 神经网络即可。设有 m 个输入节点 x_1，x_2，…，x_m，i 个输出节点 y_1，y_2，…，y_l，网络隐含层共有 q 个神经元。采用 3 层 BP 神经网络对故障进行最后定位，将定子电流信号进行小波分析，选取特征域，对各特征域分别计算其特征量：峰值系数、脉冲系数、裕度系数、偏态系数和峭度系数作为 BP 输入。

思考题与练习题

1. 影响风力发电量的主要因素有哪些？
2. 简述风力发电机组的主要组成部分及结构特点。
3. 风力发电机组的故障类型有哪几种？故障特征是什么？
4. 简述风力发电机组状态监测的主要内容。
5. 如何实现风力发电机组的在线监测与故障诊断？

第5章　交流电动机状态监测与故障诊断

通过现代技术手段可以对交流电动机运行状态实现状态监测和故障诊断，能够及早发现电动机的异常运行和预防故障的发生，减少突发事故造成的损失，具有明显的经济效益及诸多优点。交流电动机的状态监测与故障诊断的关键是从故障信号中提取出故障特征，提取故障特征信号的主要方法是信号处理和分析。由于交流电机故障信号一般为非线性信号，因此有必要选择适合于非平稳信号分析的信号处理方法。

5.1　交流电动机的原理与结构

电动机是一种可以将电能转换为机械能的电动设备，能够带动多种机械工作。它主要由定子、转子以及它们之间的气隙构成，将交流电源接入定子绕组之后，就会产生旋转磁场，并且切割转子，获得电磁转矩以此实现电力拖动作用，交流电动机由此就可实现机电能量转换。

5.1.1　异步电动机原理

单相异步电动机的定子铁芯上按照一定的规律均匀布置着两组绕组，一组绕组串联电容器后接单相电源，另一组绕组直接接入单相电源。由于两组绕组电流相位不同，接通单相交流电源时就在电动机内也产生旋转磁场，如图5-1所示。

三相异步电动机的定子铁芯上按照一定的规律布置三相绕组，当三绕组接通三相交流电源时在电动机内产生旋转磁场。异步电动机的工作原理如图5-2所示。

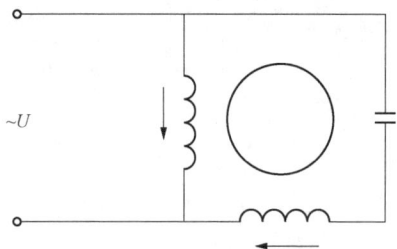

图 5-1　单相异步电动机接线　　　　图 5-2　异步电动机的工作原理

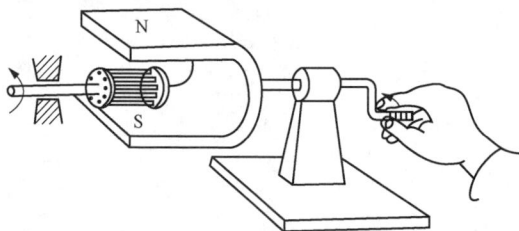

异步电动机产生旋转磁场后，转子绕组中即产生感应电流和感应电动势。感应电流和感应电动势的方向符合右手定则。感应电流在磁场中受到力的作用，该作用力由左手定则确定。旋转磁场方向与转子电流受力方向相同，在电磁转矩的拖动下，电动机转子将顺着旋转磁场的方向转动。

当异步电动机的定子绕组接入三相电源后，转子将开始转动，在刚启动的一瞬间，旋转磁场以最大的速度切割电动机转子绕组，在转子绕组中产生了较大的感应电动势，由于电动机转子绕组的阻值很小，所以通过的电流很大。因此，电动机定子绕组中出现的启动电流也很大，其值为额定电流的4～7倍，这样大的启动电流将造成异步电动机本体受到强烈的电磁冲击。特别是启动频繁时，造成电动机内部热量积累，加剧电动机绕组的绝缘老化过程，会缩短电动机的使用寿命。

　　因此，大中型异步电动机启动时，要限制启动电流在一定数值的范围内，一般情况下取额定电流的 2~2.5 倍。所以三相异步电动机最常用的启动方法是降压启动，利用启动设备将电压适当降低后加到电动机的定子绕组上启动，以限制电动机的启动电流，等待电动机转速升高后，再使电动机定子绕组上的电压恢复至额定值。图 5-3 所示为电动机启动、停机的简易控制回路：启动时，按启动按钮 SB1，则接触器 KM 线圈得电，使 KM 主触头闭合而电动机运转，与 SB1 并联的 KM 动合触点闭合，实现自保作用；按停止按钮 SB2，则接触器 KM 线圈断电，KM 主触头断开，电动机停止转动。

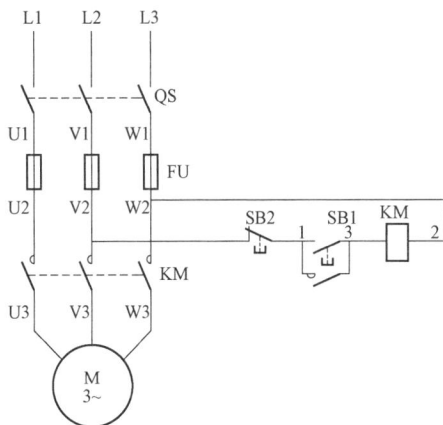

图 5-3　电动机控制运转电路

5.1.2　异步电动机结构

　　三相异步电动机也叫三相感应电动机，主要由静止的定子和旋转的转子两个基本组成部分。定子主要由机座、定子铁芯和定子绕组构成。定子和转子之间存在气隙，此外还有端盖、轴承、外壳、风扇等部件。转子绕组可分为笼型和线绕型两种。异步电动机的结构如图 5-4 所示。

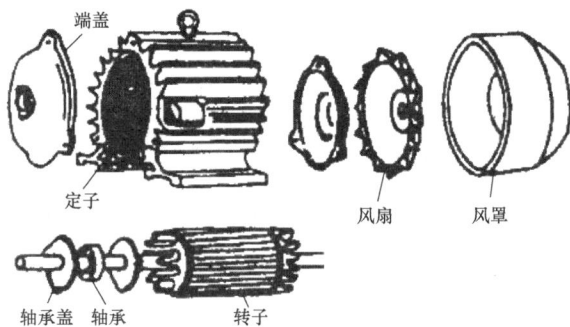

图 5-4　异步电动机结构

　　定子铁芯是异步电动机的磁路部分，一般由 0.35mm 或 0.5mm 厚硅钢片叠成，并且固定在机座内。为了减少铁芯的涡流损耗，硅钢片的表面应涂有绝缘漆，定子铁芯圆内有均匀分布的槽，槽内有嵌放三相定子绕组，铁芯与绕组之间有良好的绝缘。定子绕组是电路部分，是由三相对称绕组组成，三个绕组按照一定的空间角度依次嵌放在定子槽内。

　　异步电动机转子主要由转子绕组、转子铁芯和转轴组成，转子绕组有线绕型和笼型两种。笼型转子绕组用裸铜条插入转子槽内，两端分别用端环把槽里的铜条连接起来形成一个短接的回路。中小型电动机的笼型转子用熔化的铝浇入转子铁芯的槽内，并将两个端环与冷却用的风扇浇铸在一起。绕线型转子绕组和定子绕组相似，也是三相对称绕组。转子三相绕组接成星型，三个出线头通过转轴内孔分别接到转轴固定的三个铜制集电环上。集电环之间以及转轴与集电环之间彼此都要绝缘。在两个集电环上装有一组电刷，通过电刷使静止的电控器与转子绕组接通，以调控电动机的转速或改善异步电动机的启动性能。转轴的作用是传递转矩，支撑转子绕组，并保证转子与定子之间各处有均匀的空气隙。

异步电动机定子与转子之间有一小的间隙，称之为气隙。气隙的大小对异步电动机运行性能有重要影响。异步电动机的气隙磁场是由定子侧的交流电流产生，为了提高功率因数，气隙较窄。由于气隙过小，不仅使装配维修困难，而且电动机运行时定、转子之间可能发生振动摩擦。

5.1.3　同步电动机原理

同步电动机的定子三相绕组中通入对称三相交流电时，对称的三相绕组中产生旋转磁场，当转子的励磁绕组加入励磁电流时，转子好像一个"滑动磁铁"，在定子旋转磁场的带动下旋转，转子转速会与定子旋转磁场相对同步转速。由于同步电动机的转子电磁转矩是旋转磁场与转子磁场相互作用所产生的，所以转子的转速始终等于旋转磁场转速。由同步电动机的 V 形曲线可知：在保持电压 U 和负载 T_L 不变的条件下，电枢电流 I_1 与励磁电流 I_f 之间的关系曲线，即 $I_1=f(I_f)$。

从图 5-5 中可见，不同的负载对应一条 V 形曲线，对于每条 V 形曲线，电枢电流 I_1 都有一最小值，曲线最低点的功率因数 $\cos\varphi=1$，是正常励磁点，以此点为界，左边是欠励，右边是过励；V 形曲线的左上半部分，其功率因数已超出对应于稳定极限的数值，所以是不稳定区。

同步电动机的励磁电流如何调节，则要视电动机运行时电网的实际情况而定。若电网功率因数未达到要求，需要同步电动机提供无功，则电动机应工作在过励状态，以提电网的功率因数；若电网功率因数已达到要求，则同步电动机应工作在正常励磁状态。

同步电动机的启动主要利用装设在电动机主磁极极靴上的笼型启动绕组。启动时，先使励磁绕组通过电阻短接，而后将定子绕组接入电网。依靠启动绕组的异步电磁转矩使电动机升速到接近同步转速，再将励磁电流通入励磁绕组，建立主极磁场，即可依靠同步电磁转矩，将电动机转子牵入同步转速。同步电动机异步启动法启动时原理接线如图 5-6 所示。

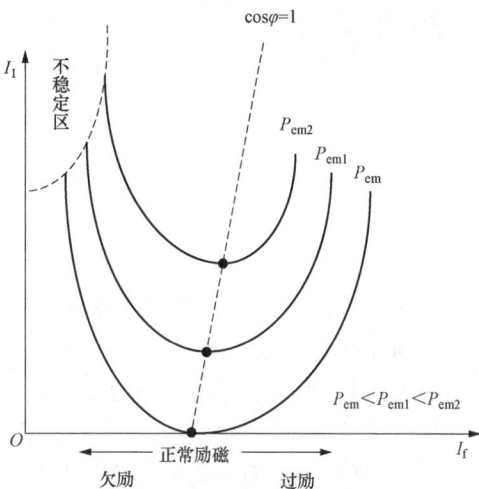

图 5-5　同步电动机 V 形曲线

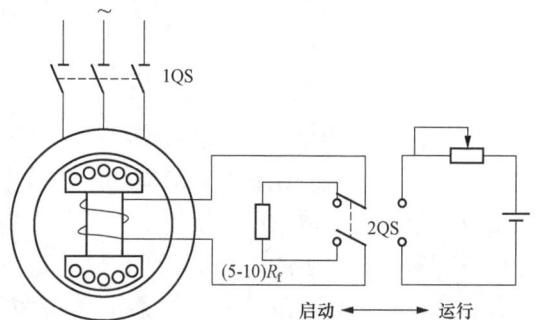

图 5-6　同步电动机异步启动法启动时的原理接线图

5.1.4　同步电动机结构

与三相异步电动机一样，同步电动机也是由定子和转子两大部分组成。定子主要由机座、定子铁芯和定子绕组构成，同步电动机由于尺寸大，硅钢片常制成扇形，然后叠装成圆形。

转子由磁极、转轴、阻尼绕组、集电环、电刷等组成，在电刷和集电环通入直流电励磁，产生固定磁极。同步电动机的结构和同步发电机基本相同，转子也分凸极和隐极。根据容量大小和转速高低转子结构分别采用凸极和隐极两种形式，如图 5-7 所示。

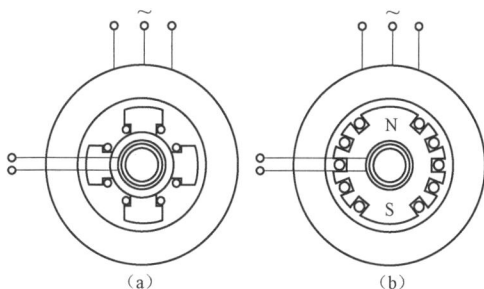

图 5-7　同步电动机的转子结构

（a）凸极式；（b）隐极式

　　同步电动机多采用为凸极式，如图 5-8 所示。为了解决同步电动机的启动问题，在其转子上一般装有启动绕组，如图 5-9 所示。启动绕组还可以在运行中抑制振荡，故又称阻尼绕组。

图 5-8　凸极式转子的外形

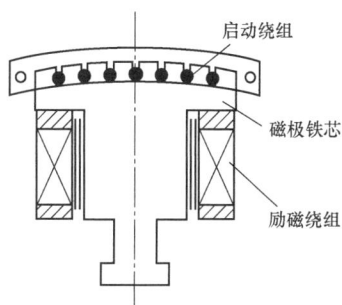

图 5-9　转子磁极的结构

　　与异步电动机相比，同步电动机的主要特点有：①转子转速恒定，不受负载大小变化的影响，其转子转速 n 与磁极对数 p、电源频率 f 之间始终保持 $n=60f/p$ 不变；②同步电动机的功率因数可以任意调节，由于是双边励磁，可以调节转子励磁电流，将功率因数从滞后到超前范围内平滑地改变，有利于电网运行；③为了改善电网的功率因数，有时将同步电动机做空载运行，专门用来调节电网的无功功率，这种运行方式的同步电动机，称为同步调相机；④同步电动机的气隙比异步电动机大，同步电抗小，因而过载能力强，静态稳定性好，考虑凸极效应时电磁转矩加大。同步电动机的主要缺点是：启动比较复杂，而且需要专门的直流励磁电源，结构也更复杂，制造成本和维护成本都较高。交流同步电动机的结构如图 5-10 所示。

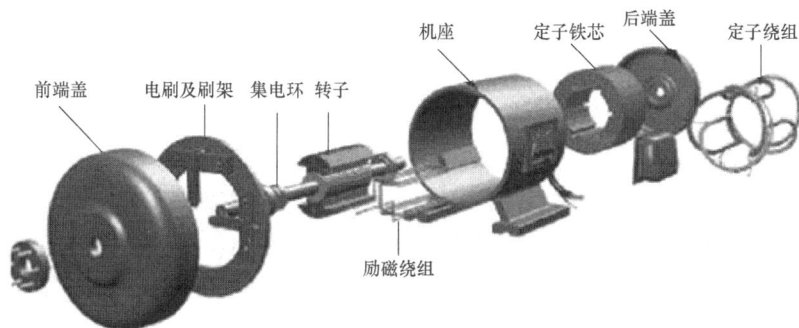

图 5-10　交流同步电动机结构

由于同步电动机可以通过调节励磁电流在超前功率因数下运行，有利于改善电网的功率因数，因此在大型机电设备的生产过程中得到应用，如大型送风机、大型球磨机、大型压缩机等。

5.2　交流电动机状态监测

交流电动机状态监测及故障诊断就是对运行中的交流电动机运行状态进行实时监控，根据温度、噪声、振动、压力、磨损等表征的电动机状态特征参数，发现电动机状态的异常现象，并识别和判断电机故障类型和故障部位。

交流电动机的故障诊断过程如图 5-11 所示。

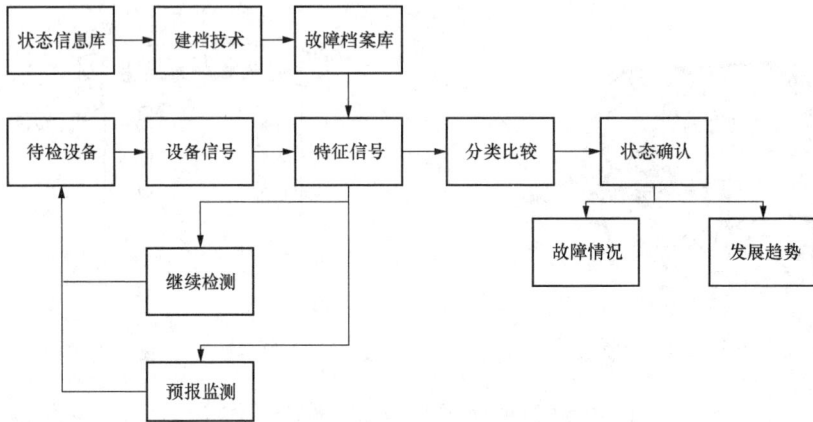

图 5-11　交流电动机的故障诊断过程

由图 5-11 可知，交流电动机故障诊断过程主要由四个部分组成：

（1）信号检测：按照交流电动机不同的诊断部位，选择最便于获取诊断的状态信号，使用传感器、数据采集器等技术手段，对包含设备状态原始信息的信号进行采集，并传输给信号分析设备。

（2）特征提取：根据不同信号的不同处理方法，将采集到的原信号通过信号分析与处理，提取出故障特征信息。

（3）故障诊断：根据信号分析与处理所提取的故障特征信息，识别是否具有故障特征的分量存在，对交流电动机故障进行诊断。

（4）决策预报：经过故障诊断后，若电动机是正常状态则继续监测；对于异常情况，发出预警，做出发展趋势分析，根据异常情况提出控制措施和维修方案。

状态监测与故障诊断是交流电动机诊断技术的两个部分，状态监测主要对运行状态进行监测，获取运行状态信息，而故障诊断则是对取得的信息做进一步分析处理。监测为诊断提供必要信息，是诊断的基础和前提，诊断是监测的目的。故障特征的提取与分析技术适应故障诊断的具体需要，随着信号分析处理技术的发展，经历了从时域分析到以傅里叶分析为基础的频域分析，从线性平稳信号分析到非线性非平稳信号分析，从频域分析到时频分析的发展过程。

　　按照状态信号的物理特征，交流电动机状态信号见表 5-1。

表 5-1　　　　　　　　　　　　　交流电动机状态信号

序号	物理特征	检测信号目标
1	振动	稳态振动、瞬态振动模态参数等
2	温度	温度、温差、温度场等
3	油液	油品的理化性能及油液的波谱分析
4	声学	噪声、声阻、声发射场等
5	强度	载荷、扭矩、应力、应变、刚度等
6	压力	压力、压差、压力联动等
7	电气参数	电流、电压、电阻、电抗、电功率、电磁场、涡流、放电等
8	表面状态	裂纹、变形、点蚀、变色等

　　由于交流电动机故障诊断的复杂性及电动机故障与征兆之间关系的复杂性，诊断方法不能只使用单一方法，有时必须使用多种方法。

5.3　交流电动机故障信号处理方法

　　交流电动机工况监视与故障诊断的信号有振动、噪声、温度、压力、电流、电压等状态信号。状态信号中蕴含了反映电动机运行状态的重要信息，但一般情况下很难直接观察出故障信号的特征，必须采用合适的方法对原始信号进行处理以提取敏感的反映故障征兆的特征量。故障信号处理就是对这些状态信号进行加工、变换，提取出对诊断有用的特征量。交流电动机故障信号处理常用的方法有信号时域分析方法、信号频域分析方法和时频分析方法。

　　1. 信号时域分析方法

　　自适应滤波、时域平均与自相关分析是常用的时域消噪方法，这些方法在消噪的同时保留了信号的时域特征，可用于分析信号特征。时间序列模型参数与统计分析参数（如方差、自相关系数等）是常用的信号时域特征参数提取方法，这些参数可用于交流电动机故障信号处理。

　　2. 信号频域分析方法

　　以快速傅里叶变换（FFT）为核心的经典信号处理方法在工况监视与故障诊断中发挥了巨大的作用，它包括：频谱分析、相关分析、传递函数分析、细化谱分析、时间序列分析、倒谱分析、包络分析等。常用的特征参数就是 FFT 谱参数，FFT 谱参数的幅值和相位充分反映了故障信号的各个组成频率成分。

　　3. 信号时频分析方法

　　（1）短时功率谱方法。短时功率谱分析的基本思想是用一个固定的滑动窗沿时间轴将信号截取，划分为短片段，允许前后片段之间有部分数据重叠，计算每一段短信号的功率谱，将计算结果按时间顺序排列就可以观察出信号频谱结构的时变特征。短时分析方法突出了信号的局部特征，已在交流电动机工况监视与故障诊断中得到一定的应用。

　　（2）时频分布分析方法。量子物理学家 Wigner 和 Ville 首次提出了 Wigner-Ville 时频分布，Classen 等人系统地研究了这种方法在信号时频分析中的应用，L.Choen 提出的 Choen 类时频分布统一了在此之前所提出的各种时频分布，即各种时频分布都可以表示成原信号的时频分布与一核函数的时频分布的二维卷积（已经证明短时功率谱也是一种时频分布），时频分布的性能是由核函数所决定的。信号的时频分布具有很高的时频分辨率，但它不是待分析信号的线性函数，所以多频率成分信号的时频分布中包含有严重的交叉干涉项，交叉干涉项的存在使时频分布容易受到噪声的干扰，如何减少时频分布中的交叉干涉项也是目前研究的热点。

（3）小波分析方法。小波分析是近年来出现的一种新的信号时频分析方法，它通过一个变尺度滑动窗沿时间轴对信号进行分段截取和分析，与短时傅里叶分析很相似，但小波分析中的滑动窗特性不是固定的，而是随着尺度因子而改变。在时间-频率相关平面的高频段，滑动窗的时窗宽度变窄而频窗宽度变宽，具有较高的时间分辨率和低的频率分辨率；在时间-频率相关平面的低频段，滑动窗的时窗宽度变宽而频窗宽度变窄，具有较低的时间分辨率和高的频率分辨率。由于良好的时频局部化特征，小波变换可以准确地抓住瞬变信号的特征，对信号中短时高频成分进行准确定位，也能对信号中的低频缓变趋势进行估计，这一点正是小波分析的精华所在。在离散小波变换的基础上，Wickerhauser 进一步提出了小波包分析方法，可以根据信号特征灵活地调整分析结果在各频段的时间分辨率和频率分辨率。

如果对交流电动机的采集信号在分析处理后仍然难以识别故障特征量，这就需要在信号处理的基础上进一步研究特征量的分析和识别技术，如采用专家系统、模糊数学、粗糙集理论、神经网络理论、混沌理论等。

5.4　交流电动机的故障分析

5.4.1　交流电动机故障分类

交流电动机可能发生的故障与电机种类、结构类型、工作运行方式等因素密切相关。依照不同的结构类型，交流电动机可以被分成笼型异步电动机、绕线转子异步电动机和同步电动机，其中以笼型异步电动机应用最为广泛。

国内外曾对笼型异步电动机的故障做了大量的调查和统计分析工作。我国东北电网曾对 8 个发电厂由某制造商生产的 165 台高压电动机进行了故障统计，结果表明：对定子部分，主绝缘烧损，占 23.3%；定子绕组连接线烧损，占 13.3%；定子绕组匝间短路，占 3.3%；定子引线短路，占 3.3%；对转子部分，转子导条断裂、开焊，占 36.7%；扫膛，占 8.3%；轴承损坏，占 11.7%。在这些故障中，主绝缘烧损在大多数情况下是由匝间短路发展而来的，而扫膛则与轴承损坏和偏心有关。因此，笼型异步电动机主要故障有定子绕组匝间短路、转子断条和偏心三种形式。

图 5-12 所示交流电动机常见故障分类。

5.4.2　转子绕组断路故障机理分析

笼型异步电动机发生转子断条故障时，$(1\pm2ks)f_s$（其中，$k=1$，2，3…）频率的附加特征电流分量将会出现在定子电流中，式中，s 为滑差，f_s 为转子频率。当 $k=1$ 时，附加电流的频率为 $(1\pm2ks)f_s$，称该电流分量为边频分量，是能够反映出转子断条故障的特征量。根据附加电流的特征频率计算公式，可以计算出最基本的故障特征数值，如表 5-2 所示。

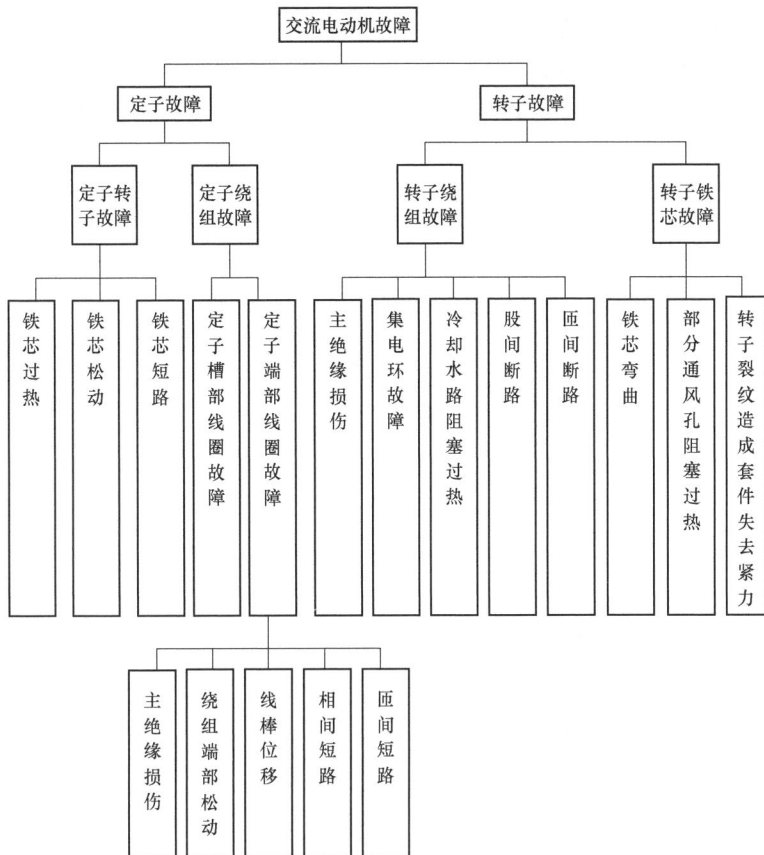

图 5-12　交流电动机常见故障分类

表 5-2　　　　　　　　　　　　转子断条时的特征频率和幅值

特征频率	基频 50.5Hz	$(1-2s)f$，47.7Hz	$(1+2s)f$，52.3Hz
正常幅值（dB）	16.8	−46.9	−46.5
故障幅值（2 根）（dB）	16.9	−35.1	−39.2
故障幅值（4 根）（dB）	17.0	−30.3	−37.4

假设以电压为参考，则电动机正常状态下的电流表达式

$$\left. \begin{array}{l} i_{\mathrm{a}}(t) = \sqrt{2}I\cos(\omega_{\mathrm{s}}t - \alpha_1) \\ i_{\mathrm{b}}(t) = \sqrt{2}I\cos(\omega_{\mathrm{s}}t - \alpha_1 - 2\pi/3) \\ i_{\mathrm{c}}(t) = \sqrt{2}I\cos(\omega_{\mathrm{s}}t - \alpha_1 + 2\pi/3) \end{array} \right\} \tag{5-1}$$

式中　α_1——基波电流的初相位。

正常状态下电动机定子磁链表达式为

$$\left. \begin{array}{l} \phi_{\mathrm{a}}(t) = \sqrt{2}\phi\cos(\omega_{\mathrm{s}}t - \alpha_\phi) \\ \phi_{\mathrm{b}}(t) = \sqrt{2}\phi\cos(\omega_{\mathrm{s}}t - \alpha_\phi - 2\pi/3) \\ \phi_{\mathrm{c}}(t) = \sqrt{2}\phi\cos(\omega_{\mathrm{s}}t - \alpha_\phi + 2\pi/3) \end{array} \right\} \tag{5-2}$$

式中　α_ϕ——基波磁通的初相位。

正常状态下电动机的电磁转矩表达式为

$$T(t) = 3p\phi I \sin(\alpha_1 - \alpha_\phi) \tag{5-3}$$

式中　p——极对数。

转子断条故障发生后，转子旋转磁场中将产生一个负序分量，该负序分量与定子侧旋转磁场相互作用，感应出一个附加电流分量，其频率大小为（$1 \pm 2s$）f_s，其表达式为

$$i_{a1}(t) = \sqrt{2}I_1 \cos[(1-2s)\omega_s t - \alpha_{I_1}] \tag{5-4}$$

该故障电流与定子磁链相互作用，将会产生附加矩阵分量

$$\Delta T(t) = 3p\phi I_1 \sin(2s\omega_s t - \alpha_{I_1}) \tag{5-5}$$

转子运动方程为

$$J \frac{\mathrm{d}}{\mathrm{d}t}\left(\frac{\Delta\omega(t)}{p}\right) = \Delta T(t) \tag{5-6}$$

式中　J——电动机转动惯量。

电机转矩脉动 $\Delta T(t)$ 引起的转子电角速度波动为

$$\Delta\omega(t) = \frac{P}{J}\int \Delta\omega(t)\mathrm{d}t = -\frac{3p^2\phi I_1}{J2s\omega}\cos(2s\omega_s t - \alpha_\phi + \alpha_{I_1}) \tag{5-7}$$

由电动机转子角位移变化导致的定子磁链变化表达式为

$$\left.\begin{array}{l}\phi_a(t) = \sqrt{2}\phi\cos[\omega_s t - \alpha_\phi + \Delta\theta(t)] \\ \phi_b(t) = \sqrt{2}\phi\cos[\omega_s t - \alpha_\phi - 2\pi/3 + \Delta\theta(t)] \\ \phi_c(t) = \sqrt{2}\phi\cos[\omega_s t - \alpha_\phi - 2\pi/3 + \Delta\theta(t)]\end{array}\right\} \tag{5-8}$$

以 a 相为例，用三角函数展开 $\phi_a(t)$ 的表达式为

$$\begin{aligned}\phi_a(t) &= \sqrt{2}\phi\cos[\omega_s t - \alpha_\phi + \Delta\theta(t)] \\ &= \sqrt{2}\phi\{\cos(\omega_s t - \alpha_\phi)\cos[\Delta\theta(t)] - \sin(\omega_s t - \alpha_\phi)\sin[\Delta\theta(t)]\}\end{aligned} \tag{5-9}$$

由于 $\Delta\theta(t)$ 数值比较小，根据傅里叶级数的定义，可取 $\cos[\Delta\theta(t)] \approx 1$，$\sin[\Delta\theta(t)] = \Delta\theta(t)$，则 $\phi_a(t)$ 简化为

$$\begin{aligned}\phi_a(t) &= \sqrt{2}\phi\cos[\omega_s t - \alpha_\phi + \Delta\theta(t)] \\ &= \sqrt{2}\phi\cos(\omega_s t - \alpha_\phi)\cos[\Delta\theta(t)] - \sin(\omega_s t - \alpha_\phi)\sin[\Delta\theta(t)]\} \\ &= \sqrt{2}\phi\cos(\omega_s t - \alpha_\phi) - \sqrt{2}\phi\Delta\theta(t)\sin(\omega_s t - \alpha_\phi)\} \\ &= \phi_a(t) + \frac{1}{2}\sqrt{2}\phi\frac{3p^2\phi I_1}{J4s^2\omega_s^2}\{\cos[(1-2s)\omega_s t - \alpha_{I_1}] - \cos(1+2s)\omega_s t - 2\alpha_\phi + \alpha_{I_1}\} \\ &= \phi_a(t) + \phi_{1-2s}(t) + \phi_{1+2s}(t)\end{aligned} \tag{5-10}$$

$$\left.\begin{array}{l}\phi_{1-2s}(t) = \sqrt{2}\Delta\phi\cos[(1-2s)\omega_s t - \alpha_{I_1}] \\ \phi_{1+2s}(t) = -\sqrt{2}\Delta\phi\cos[(1+2s)\omega_s t - \alpha_\phi + \alpha_{I_1}]\end{array}\right\} \tag{5-11}$$

$$\Delta\phi = \frac{3p^2\phi^2 I_1}{8s^2 J\omega_s^2}$$

由电磁感应定律可知，绕组中感应电动势的变化为

$$e = -\frac{\mathrm{d}\phi}{\mathrm{d}t} \tag{5-12}$$

所以定子磁链脉动的 $\phi_{a1}(t)$、$\phi_{a2}(t)$ 在定子绕组中感应出的电动势表达式为

$$\left.\begin{array}{l} \Delta e_{1-2s} = -(1-2s)\sqrt{2}\Delta E\sin[(1-2s)\omega_s t - \alpha_{I_1}] \\ \Delta e_{1+2s} = (1+2s)\sqrt{2}\Delta E\sin[(1+2s)\omega_s t - 2\alpha_\phi + \alpha_{I_1}] \end{array}\right\} \tag{5-13}$$

$$\Delta E = \omega_s\Delta\phi$$

假设定子绕组的等效电路阻抗是 $z = Z\angle\varphi_Z$，则定子中的感应电流分量为

$$\left.\begin{array}{l} i_{1-2s}(t) = \sqrt{2}I_1\sin[(1-2s)\omega_s t - \alpha_{I_1} - \varphi_Z] \\ i_{1+2s}(t) = -\sqrt{2}I_2\sin[(1+2s)\omega_s t - 2\alpha_\phi + 2\alpha_{I_1} - \varphi_Z] \end{array}\right\} \tag{5-14}$$

$$I_1 = \frac{(1-2s)\Delta E}{Z}, \quad I_2 = \frac{(1+2s)\Delta E}{Z}$$

当转子绕组出现断条故障时，定子绕组因脉动的磁势绕组中感应出产生频率为 $(1\pm2s)f_s$ 的电流分量，该电流分量与气隙磁场相互作用，感应出以频率 $(1\pm2s)f_s$ 波动的转矩，同时气隙磁通中也会出现频率为 $(1\pm2s)f_s$ 的磁势成分，在定子绕组中感应出同频率的电动势和电流。定子电流中频率为 $(1\pm2s)f_s$ 的分量所产生的磁场在转子绕组中又感应出频率为 $(1\pm3s)f_s$ 的电动势和电流，从而在定子绕组中感应出频率为 $(1\pm4s)f_s$ 的电动势和电流。以此类推，当转子断条时，定子电流中会出现 $(1\pm2s)f_s$，$k=1$，2，3…的频率分量，这也是基于定子电流法对转子断条进行故障诊断的基本原理。

5.4.3　转子绕组短路故障机理分析

绕线式异步电动机因长期频繁启动、调速运行使绝缘保护层破坏，是导致发生转子匝间短路故障的重要因素。由于电动机磁场分布及磁动势受这种故障的影响极大，若不及时排除，短路后产生的大量热量致使电机温度升高，引起更大范围的故障。当转子绕组中出现一匝线圈短路故障时，主磁场的正常磁动势受到短路部分等效磁动势的影响，引起短路匝感应出一个与正常情况相反的励磁电流 $-I_f$，所以有 $\Delta F_f = -I_f\Delta\omega_f = -I_f$（因假设有一匝短路，因此 $\Delta\omega_f = 1$）。图 5-13 所示为短路匝产生的磁动势分布，其中 $\beta = \gamma\pi/(2n)$ 表示槽间角，其中 γ 为半周期内开槽区的张角与 π 的比值。

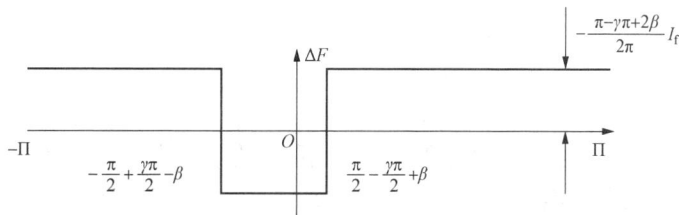

图 5-13　短路匝产生的磁动势

由图 5-13 可知，对于短路匝有如下关系

5.4.4 转子偏心故障特征的机理分析

转子偏心有两种形式，包括静态偏心和动态偏心，它们往往同时发生，复合偏心时，气隙长度为

$$\delta(\theta,t) = \delta_{\mathrm{m}}[1 - k_{\mathrm{s}}\cos\theta - k_{\mathrm{d}}\cos(\omega_{\mathrm{r}}t - \theta)] \tag{5-21}$$

$$\omega_{\mathrm{r}} = (1-s)\omega/p$$

式中　　δ_{m} ——平均的气隙长度；

　　　　k_{s} ——静态偏心的程度；

　　　　ω_{r} ——转子旋转的角频率。

假设定转子绕组状态正常，定子的外加电压是对称三相正弦波，则由三相绕组所产生的总磁动势的 k 次谐波，可表示为

$$f_k(\theta,t) = F_{km}\cos(\omega t - kp\theta) \tag{5-22}$$

根据磁路理论，磁动势、磁密和磁导之间的关系表述为

$$B(\theta,t) = f(\theta,t)\lambda(\theta,t) \tag{5-23}$$

式中　　　　　　　　　　　　$\lambda = \dfrac{\mu_0}{\delta}$

为了使式（5-23）简洁，取低次项，假设偏心状况不严重，将气隙的倒数进行简化并进行傅里叶展开之后，可得

$$\frac{1}{\delta} = \frac{1}{\delta_{\mathrm{m}}}[1 + k_{\mathrm{s}}\cos\theta + k_{\mathrm{d}}\cos(\omega_{\mathrm{r}}t - \theta)] \tag{5-24}$$

定子 k 次谐波的磁动势产生的磁密表达式为

$$
\begin{aligned}
B_{ks}(\theta,t) &= \frac{\mu_0}{\delta_{\mathrm{m}}}F_{km}\cos(\omega t - kp\theta)[1 + k_{\mathrm{s}}\cos\theta + k_{\mathrm{d}}\cos(\omega_{\mathrm{r}}t - \theta)] \\
&= \frac{\mu_0}{\delta_{\mathrm{m}}}F_{km}\Big\{\cos(\omega t - kp\theta) + \frac{k_{\mathrm{s}}}{2}[\cos[\omega t - (kp-1)\theta] + \cos(\omega t - (kp+1)\theta)] \\
&\quad + \frac{k_{\mathrm{d}}}{2}[\cos((\omega+\omega_{\mathrm{r}})t - (kp+1)\theta) + \cos(\omega - \omega_{\mathrm{r}})t - (kp-1)\theta)]\Big\} \\
&= B_{ks}^{kp}\cos(\omega t - kp\theta) + B_{ks}^{s(kp-1)}\cos[\omega t - (kp-1)\theta] + B_{ks}^{s(kp+1)}\cos[\omega t - (kp+1)\theta] \\
&\quad + B_{ks}^{d(kp+1)}\cos[(\omega-\omega_{\mathrm{r}})t - (kp+1)\theta] + B_{ks}^{d(kp-1)}\cos[(\omega-\omega_{\mathrm{r}})t - (kp-1)\theta]
\end{aligned} \tag{5-25}
$$

利用定、转子坐标系间的关系式 $\theta = \omega_{\mathrm{r}}t + x$，$x$ 即为转子的坐标系中的角位移，将式（5-25）转换到转子坐标系中，可得

$$
\begin{aligned}
B_k(x,t) &= B_{ks}^{kp}\cos[(\omega - kp\omega_{\mathrm{r}})t - kpx] + B_{ks}^{s(kp-1)}\cos\{[\omega - (kp-1)\omega_{\mathrm{r}}]t - (kp-1)x\} \\
&\quad + B_{ks}^{s(kp+1)}\cos\{[\omega - (kp+1)\omega_{\mathrm{r}}]t - (kp+1)x\} + B_{ks}^{d(kp+1)}\cos[(\omega - kp\omega_{\mathrm{r}})t - (kp+1)x] \\
&\quad + B_{ks}^{d(kp-1)}\cos[(\omega - kp\omega_{\mathrm{r}})t - (kp-1)x]
\end{aligned} \tag{5-26}
$$

利用式（5-26）以及 $\omega_{\mathrm{r}}(1-s)\omega/p$，可求得定子 k 次谐波磁势简历的磁场所产生并交链转子各个回路的磁链，再经求导，可得各转子回路的感应电动势，感应电动势的角频率分别为 $|(1-k+ks)|\omega$、$|(1-k+1/p)+(k-1/p)s|\omega$、$|(1-k+ks)\omega|$。这些频率的电动势产生的转子电流可以产生转子磁动势，转子磁动势的表达式为

$$f_{kr}(x,t) = F_{kr}^{kp} \cos[(1-k+ks)\omega t - kpx - \beta_1]$$
$$+ F_{kr}^{s(kp-1)} \cos\{[1-k+1/p+(k-1/p)s]\omega t - (kp-1)x - \beta_2\}$$
$$+ F_{kr}^{s(kp+1)} \cos\{[1-k-1/p+(k+1/p)s]\omega t - (kp+1)x - \beta_3\} \quad (5\text{-}27)$$
$$+ F_{kr}^{kd(kp+1)} \cos[(1-k+ks)\omega t - (kp+1)x - \beta_4]$$
$$+ F_{kr}^{kd(kp-1)} \cos[(1-k+ks)\omega t - (kp-1)x - \beta_5]$$

将式（5-27）变换到定子坐标系中得

$$f_{kr}(x,t) = F_{kr}^{kp} \cos[(1-k+ks)\omega t - kp\omega_r t - kp\theta - \beta_1]$$
$$+ F_{kr}^{s(kp-1)} \cos\{[1-k+1/p+(k-1/p)s]\omega t - (kp-1)\omega_r t - (kp-1)\theta - \beta_2\}$$
$$+ F_{kr}^{s(kp+1)} \cos\{[1-k-1/p+(k+1/p)s]\omega t - (kp+1)\omega_r t - (kp+1)\theta - \beta_3\} \quad (5\text{-}28)$$
$$+ F_{kr}^{s(kp+1)} \cos[(1-k+ks)\omega t - (kp+1)\omega_r t - (kp+1) - \beta_4]$$
$$+ F_{kr}^{s(kp-1)} \cos[(1-k+ks)\omega t - (kp-1)\omega_r t - (kp-1) - \beta_5]$$

再与磁导系数相乘，可得转子电流建立的气隙磁密为

$$B_{kr}(\theta,t) = B_{kr}^{kp} \cos[(1-k+ks)\omega t + kp\omega_r t - kp\theta - \beta_1]$$
$$+ B_{kr}^{(kp-1)s} \cos[(1-k+ks)\omega t + kp\omega_r t - (kp-1)\theta - \beta_1]$$
$$+ B_{kr}^{(kp+1)s} \cos[(1-k+ks)\omega t + kp\omega_r t - (kp+1)\theta - \beta_1]$$
$$+ B_{kr}^{(kp+1)d} \cos[(1-k+ks)\omega t + (kp+1)\omega_r t - (kp+1) - \beta_1]$$
$$+ B_{kr}^{s(kp-1)d} \cos[(1-k+ks)\omega t - (kp-1)\omega_r t - (kp-1) - \beta_1]$$
$$+ B_{kr}^{s(kp-1)} \cos\{[1-k+1/p+(k-1/p)s]\omega t - (kp-1)\theta - \beta_2\}$$
$$+ B_{kr}^{s(kp-2)s} \cos\{[1-k+1/p+(k-1/p)s]\omega t + (kp-1)\omega_r t - (kp-2)\theta - \beta_2\}$$
$$+ B_{kr}^{s(kp)s} \cos\{[1-k+1/p+(k-1/p)s]\omega t + (kp-1)\omega_r t - kp\theta - \beta_2\} \quad (5\text{-}29)$$
$$+ B_{kr}^{s(kp)d} \cos\{[1-k+1/p+(k-1/p)s]\omega t + kp\omega_r t - kp\theta - \beta_2\}$$
$$+ B_{kr}^{s(kp-2)d} \cos\{[1-k+1/p+(k-1/p)s]\omega t + (kp-2)\omega_r t - (kp-2)\theta - \beta_2\}$$
$$+ B_{kr}^{s(kp+1)} \cos\{[1-k-1/p+(k+1/p)s]\omega t + (kp+1)\omega_r t - (kp+1)\theta - \beta_3\}$$
$$+ B_{kr}^{s(kp)s} \cos\{[1-k-1/p+(k+1/p)s]\omega t + (kp+1)\omega_r t - kp\theta - \beta_3\}$$
$$+ B_{k}^{s(kp+2)d} \cos\{[1-k-1/p+(k+1/p)s]\omega t + (kp+2)\omega_r t - (kp+2)\theta - \beta_3\}$$
$$+ B_{kr}^{s(kp)d} \cos\{[1-k-1/p+(k+1/p)s]\omega t + kp\omega_r t - kp\theta - \beta_3\}$$
$$+ B_{kr}^{d(kp+1)} \cos[(1-k+ks)\omega t + (kp+1)\omega_r t - (kp+1)\theta - \beta_4]$$
$$+ B_{kr}^{d(kp)s} \cos[(1-k+ks)\omega t + (kp+1)\omega_r t - kp\theta - \beta_4]$$
$$+ B_{kr}^{d(kp+2)s} \cos[(1-k+ks)\omega t + (kp+1)\omega_r t - (kp+2)\theta - \beta_4]$$
$$+ B_{kr}^{d(kp+2)d} \cos[(1-k-ks)\omega t + (kp+2)\omega_r t - (kp+2)\theta - \beta_4]$$
$$+ B_{kr}^{d(kp)d} \cos[(1-k+ks)\omega t + kp\omega_r t - kp\theta - \beta_4]$$
$$+ B_{kr}^{d(kp-1)} \cos[(1-k+ks)\omega t + (kp-1)\omega_r t - (kp-1)\theta - \beta_5]$$
$$+ B_{kr}^{d(kp-2)s} \cos[(1-k+ks)\omega t + (kp-1)\omega_r t - (kp-2)\theta - \beta_5]$$
$$+ B_{kr}^{d(kp)s} \cos[(1-k+ks)\omega t + (kp-1)\omega_r t - kp\theta - \beta_5]$$
$$+ B_{kr}^{d(kp)d} \cos[(1-k+ks)\omega t + kp\omega_r t - kp\theta - \beta_5]$$
$$+ B_{kr}^{d(kp-2)d} \cos[(1-k+ks)\omega t + (kp-2)\omega_r t - (kp-2)\theta - \beta_5]$$

一般而言，只有气隙磁场极对数和绕组极对数相同的情况下，才能够在绕组中感应产生比较明显的电动势。式（5-29）中的各磁场可分为两种类型，只有极对数为 p 的分量，才能够在定子绕组中感应得到有效的电动势，产生出相应频率的电流。可以总结出，在 $k=1$ 时，电动势的表达式可表示为

$$
\begin{aligned}
e = & E_{kr}^{kp} \cos(\omega t - \varphi_1) + E_{kr}^{s(kp)s} \cos(\omega t - \varphi_2) + E_{kr}^{s(kp)d} \cos[(\omega + \omega_r)t - \varphi_3] \\
& + E_{kr}^{s(kp)s} \cos(\omega t - \varphi_4) + E_{kr}^{s(kp)d} \cos[(\omega - \omega_r)t - \varphi_5] \\
& + E_{kr}^{d(kp)s} \cos[(\omega + \omega_r)t - \varphi_6] + E_{kr}^{d(kp)d} \cos(\omega t - \varphi_7) \\
& + E_{kr}^{d(kp)s} \cos[(\omega - \omega_r)t - \varphi_8] + E_{kr}^{d(kp)d} \cos(\omega t - \varphi_9)
\end{aligned}
\tag{5-30}
$$

从式（5-30）中可以看出：当存在复合偏心这种情况时，定子绕组中会感应出频率 $f_1 \pm f_r$ 的特征频率成分。如果考虑这些频率的电流进一步与气隙磁场进行作用后所产生转矩和转速的波动，就可以导出 $f_1 \pm m f_r$（m 为正整数，f_r 为转子的旋转频率 $f_r = (1-s)f_1 / p$）的故障特征频率成分的存在。

5.5　交流电动机故障诊断方法

异步电动机的故障诊断技术在 20 世纪 70 年代就已进入研究范围，有关异步电动机的故障诊断技术主要包括有基于参数辨识的方法、振动诊断法、Park 空间矢量法、定子电流特征分析方法、温度监测诊断法、气隙转矩分析法等。

1. 基于参数辨识的方法

基于电动机模型结合系统参数辨识的方法来监测电动机运行状态的异常特征。该方法主要是通过对定子电流和转子电流以及定子电压进行测量，再利用扩展卡尔曼滤波，估计转子的电阻和转子电流的变化，从而达到监测电动机状态的目的。还有一种方法是利用电动机模型以及实际测量的三相电压和三相电流以及转速信号构成一个带参数的跟踪自适应残差发生器，对残差进行正交小波变换将分解系数作为特征，继而判断电动机的故障状态。

2. 振动诊断法

基于振动的故障诊断方法是利用振动传感器对电动机运行时的振动量（位移、速度和加速度）进行测量，通过对振动强度进行比较，对振动的性质、故障原因和具体故障部位做出判断。

3. 气隙转矩分析法

由于在电动机转子出现转子断条故障和不对称等故障时，转子旋转磁场的正序列分量将会与定子磁场作用形成一个恒定转矩；转子旋转磁场的负序列分量将与定子磁场作用形成一个 $2sf$ 分量的谐波转矩，而转子故障的特征信号就可以用 $2sf$ 分量表征。如果电动机的运行状态稳定，气隙转矩与定子输入功率将与角速度成倍数关系。由于转矩计算包含积分运算，且电动机磁链数值较小，所以检测装置的测量误差和采集电压和电流中的微弱波动成分就会对磁链数值有很大的影响，最终导致气隙转矩中含有多种复杂的频率分量，造成电动机转矩强烈波动。

4. Park 空间矢量法

20 世纪 80 年代 A.J.M.Cardoso 和 E.S.Saraiva 就开始研究利用定子电流的 Park 矢量建立

异步电动机的故障诊断系统，并先后利用 Park 矢量方法对电动机的几种常见故障进行了诊断方法的研究。该方法的基本思想是把电动机定子三相电流变换到 d、q 坐标系下表示，即

$$\left.\begin{array}{l} i_d = \sqrt{\dfrac{2}{3}} i_a - \dfrac{1}{\sqrt{6}} i_b - \dfrac{1}{\sqrt{6}} i_c \\ i_q = \dfrac{1}{\sqrt{2}} i_b - \dfrac{1}{\sqrt{2}} i_c \end{array}\right\}$$ （5-31）

在没有中线的星形连接或三角形连接的电动机模型中，存在 $i_a = -(i_b + i_c)$ 的关系，定子电流在电动机正常运行时是三相对称，因此，式（5-31）简化为

$$\left.\begin{array}{l} i_d = \dfrac{\sqrt{6}}{2} I \cos \omega t \\ i_q = \dfrac{\sqrt{6}}{2} I \cos(\omega t - \dfrac{\pi}{2}) \end{array}\right\}$$ （5-32）

由式（5-32）可知 i_d、i_q 矢量轨迹就构成一个以原点中心，以 $\dfrac{\sqrt{3}}{2} I$ 为半径的圆。当电动机转子绕组发生故障时，忽略因速度引起的右边频分量，可得

$$\left.\begin{array}{l} i_d = \dfrac{\sqrt{6}}{2} \{I \cos \omega t + I_1 \cos[(1-s)\omega t - \alpha_1]\} \\ i_q = \dfrac{\sqrt{6}}{2} \left\{I \cos\left(\omega t - \dfrac{\pi}{2}\right) + I_1 \cos\left[(1-s)\omega t - \alpha_1 - \dfrac{\pi}{2}\right]\right\} \end{array}\right\}$$ （5-33）

$$i_d{}^2 + i_q{}^2 = \dfrac{3}{2}[I^2 + I_1^2 + 2II_1 \cos(2s\omega t + \alpha_1)]$$

基于定子电流 Park 矢量的故障诊断方法为电动机状态监测和故障诊断系统提供了新思路和新方向。由于椭圆的长短轴和偏转方向与发生故障原因及发生的位置有关，因此基于定子电流的 Park 空间矢量法对于多种故障的识别比较有效。但是，这种方法存在椭圆率的度量、椭圆与故障严重程度的具体关系不明确和微弱电机故障的椭圆度很小的缺陷。

5. 定子电流特征分析方法

基于定子电流的特征分析由于采用非侵入式的方法提取电流信号，所以得到比较广泛的研究和应用。通过对电流幅值和波形的检测以及电流的频谱分析可以得出电动机故障原因和程度。因此基于定子电流的监测方法是目前电动机故障诊断最为常用的方法。从理论上来说，这种方法可以解决除绝缘故障之外所有故障的诊断问题。

6. 温度监测诊断方法

这种方法是通过安装温度传感器或者红外测温技术测量温度的变化来实现对电动机的监测，如果考虑环境温度对电动机的影响，并且电动机的通风状况良好，温度的测量可以采用热模式或者定子电阻的模式，利用热梯度法来监视定子绕组绝缘的老化现象。

7. 基于 Petri 网的电动机故障诊断方法

这是一种较新的故障诊断方法，基于 Petri 网的电动机故障诊断方法原理是将知识表示和诊断推理结合为一个整体，利用矩阵计算的方式获得诊断结果或处理方案。这种诊断技术与传统诊断模式相比，具有应用简单直观、诊断速度快、诊断准确度高的优点。这是因为 Petri 网以研究系统的动态行为和组织结构作为目标，关心的仅仅是系统的各种变化关系以及变化

对系统的影响，所以 Petri 网模型方法从规则的前提和结论的观点来描述和分析系统组织结构和系统动态行为，保持模型与模型对象在逻辑上的一致性的同时将实际系统抽象化，这就是 Petri 网建模方法广泛用于各类系统建模和分析中的最根本原因。

8. 基于人工神经网络的电动机故障诊断方法

由于电动机故障与故障特征表现是一种亦此亦彼的、模糊的、非一一对应的关系，而基于神经网络的电动机故障诊断方法对于多过程、多故障和突发性故障具有很大的独特的优势。基于人工神经网络的电动机故障诊断方法原理如图 5-14 所示。

图 5-14　基于人工神经网络的电动机故障诊断方法原理

在神经网络中，知识被变换为网络权值和阈值，分布在神经网络之中，所以它的学习过程就是不断调整网络各单元的权值和阈值过程。神经网络的工作过程可以分为学习期和工作期两个阶段。在学习期，权值在大量样本驱动下不断进行修改；在工作期，网络单元权值不变，输入的状态信息通过网络单元之间的拓扑关系，计算单元的状态变化，映射为输出状态。神经网络的输入对应于电动机的状态信息（特征参数或者征兆参数），输出对应于诊断推理的结论。在故障诊断的实际应用中，存在很多神经网络结构模型，但是实际应用最多最有效的是采用逆向传播算法的 BP 多层神经网络。

9. 基于多传感器的数据融合的电动机故障诊断方法

基于多传感器数据融合的电动机故障诊断可以看作是一个决策的过程，可以用图 5-15 来表示。采用多路传感器采集电动机运行的状态信息，并对其进行数据融合，其目的就是通过数据融合得到比单个传感器数据下更精确甚至是无法获取的状态信息。系统通过对传感器测量到的电动机状态信息进行分析和特征提取，形成特征矢量作为下一步的信息源。故障征兆通过利用合适的方法提取，表示为故障特征。特征矢量与故障空间通过不确定性测度相互关联，实现利用不确定性测度对故障进行不确定性的建模，将这些不确定性信息整合成相对确定的诊断结果。

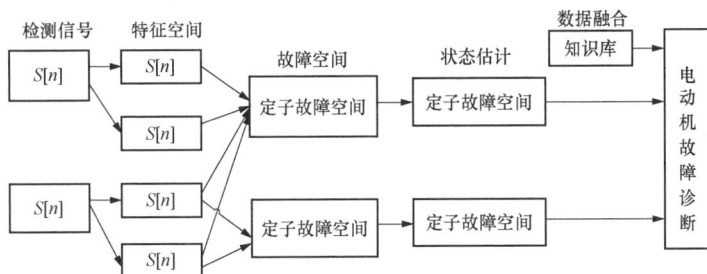

图 5-15　基于多传感器的数据融合的电动机故障诊断系统结构

5.6　交流电动机状态监测与故障诊断

笼型异步电动机发生故障几率比较大，而且不易检测的故障主要是转子断条和定子绕组匝间短路故障，故障特征和常用的诊断方法已经在前面部分中进行了比较详细的分析和总结。异步电动机故障诊断时最需要解决的问题是定子电流中边频分量容易被基频淹没以及负载波动容易造成误判这两个问题。本节主要针对这两个问题，对转子断条故障的诊断方法进行了探讨，分别讨论两种转子断条故障的诊断方法。

5.6.1　基于连续细化傅里叶变换的转子断条故障诊断方法

转子断条是笼型异步电动机常见的一种故障。研究表明，转子断条时定子电流将出现 $(1-2s)f_1$ 频率的附加电流分量，而且定子电流信号易于采集，因此基于快速傅里叶变换（FFT）的定子电流信号频谱分析方法被广泛应用于转子断条故障的在线监测。但是转子轻微断条时，频率 $(1-2s)f_1$ 分量的幅值相对于 f_1 频率的幅值非常小（二者之比约为 0.02～0.05），而且 $(1-2s)f_1$ 与 f_1 这两个频率非常接近（大型异步电动机稳态运行时转差率很小，一般小于 0.02～0.04）。因此，用快速傅里叶变换直接作频谱分析时，f_1 频率分量的泄漏会淹没 $(1-2s)f_1$ 频率分量，从而使检测 $(1-2s)f_1$ 频率分量非常困难。下面将探讨基于连续细化傅里叶分析的检测方法，利用软件准确抵消定子电流中的 f_1 分量的方法来解决这一问题。

（1）连续细化傅里叶变换。利用连续细化傅里叶变换方法，可以求出待分析的信号中某一个主要频率分量的精确表达式，即频率、幅值和初相角。该方法在工程应用中是非常实用的。对采样频率为 f_s，采样点数为 N 的时间序列 $i(t_k)$，离散傅里叶级数为

$$\left.\begin{aligned} a(n) &= \frac{2}{N}\sum_{k=0}^{N-1} i(t_k)\cos(2\pi k \frac{n}{N}) \\ b(n) &= \frac{2}{N}\sum_{k=0}^{N-1} i(t_k)\sin(2\pi k \frac{n}{N}) \\ a(0) &= \frac{1}{N}\sum_{k=0}^{N-1} i(t_k) \end{aligned}\right\} \tag{5-34}$$

式中：$n=1,2,\cdots,N-1$；$t_k = kT_s$；$T_s = \dfrac{1}{f_s}$；$k=0,1,2,\cdots,N-1$。

FFT 是上述离散傅里叶变换的特殊情况，即 $N=2^m$（m 为正整数）时的情况，这种变换，频率分辨单元为 $\Delta f = f_s/N$，与采样点数 N 成反比。若要减小频率分辨单元从而提高频率分辨能力，必须以成倍地增加采样点数为前提，N 一定时，频率分辨能力无法再提高。例如采样频率 f_s 为 200Hz 时，用 512 个点的采样值进行 FFT 运算，频率分辨单元 $\Delta f = 0.39$，无法再提高，而且频谱分析时的频率值只能是 0.39Hz 的整数倍，很有可能不是所要分析的信号的频率点，导致无法准确进行检测。

时间序列 $i(t_k)$ 中已经含有从 0 到 $f_s/2$ 的频域信息，如果把频谱曲线看成是连续的，即把式（5-34）中的 n 看作是一个在区间 $[0,N/2]$ 内的连续实数 f，则式（5-34）变为

$$\left.\begin{aligned} a(f) &= \frac{2}{N}\sum_{k=0}^{N-1} i(t_k)\cos 2\pi k \frac{f}{f_s} \\ b(f) &= \frac{2}{N}\sum_{k=0}^{N-1} i(t_k)\sin 2\pi k \frac{f}{f_s} \end{aligned}\right\} \tag{5-35}$$

$$0 < f \leqslant f_s/2$$

式（5-35）仍具有物理意义，f 可以是频谱分析时的频率，它的取值是连续的，也就是说用计算机进行频谱分析时，f 可以为任意离散序列，相邻频率点之间的间隔可以任意小，所以

这时频率分辨力已不再受采样点数的限制, 也可以准确得到所需要的任意频率分量的幅值 $A(f)$ 及初相位 $\psi(f)$

$$\left.\begin{array}{l} A(f) = \sqrt{a^2(f) + b^2(f)} \\ \psi(f) = \dfrac{a(f)}{b(f)} \end{array}\right\} \tag{5-36}$$

在应用连续细化傅里叶变换时, 细化范围、细化密度可以逐级进行, 以提高计算速度。

（2）诊断方法的基本思路。假设笼型异步电动机转子断条时, 定子电流具有如下形式（忽略高次谐波）

$$i(t) = I_1 \sin(2\pi f_1 t + \psi_1) + I_2 \sin[2\pi(1 - 2s)f_1 t + \psi_2] \tag{5-37}$$

式中　f——电网频率;

I_1、ψ_1——f_1 分量的幅值和初相角;

I_2、ψ_2——$(1 - 2s)f_1$ 分量的幅值和初相角。

利用连续细化傅里叶变换的方法, 可以准确地得到 f_1、I_1、ψ_1 三个值, 即可以得到基波分量的准确表达式, 由此可以形成参考信号

$$i_r(t) = I_1 \sin(2\pi f_1 t + \psi_1) \tag{5-38}$$

则 $(1 - 2s)f_1$ 频率分量 $i_2(t)$ 为

$$i_2(t) = i(t) - i_r(t) \tag{5-39}$$

这时的 $i_2(t)$ 中已经不再含有 f_1 频率分量, 也就彻底解决了 f_1 频率分量泄漏淹没 $(1 - 2s)f_1$ 频率分量的问题。在实际的转子断条故障检测时, 待分析对象是定子电流的一系列离散采样值, 主要由两部分组成, 即

$$i_1(t_0) + i_2(t_0), i_1(t_0 + t_s) + i_2(t_0 + t_s), \cdots, i_1(t_0 + kt_s) + i_2(t_0 + kt_s), \cdots \tag{5-40}$$

其中 t_0 为第一次采样所对应的时间; t_s 为采样周期; $i_1(t_0 + kt_s)$ 为第 k 次采样值中的 f 频率分量; $i_2(t_0 + kt_s)$ 为第 k 次采样值中的 $(1 - 2s)f_1$ 频率分量; k 为采样点数, $k = 0, 1, 2, \cdots, N - 1$。

对此离散信号做连续细化傅里叶分析, 可以求出 f_1 频率分量的准确表达式 $I_1 \sin(2\pi f_1 t + \psi_1)$（$T_s$ 要足够小, N 足够大）, 因为初相角 ψ_1 对应 $t = 0$, 所以根据表达式可以形成如下参考信号 $i_r(0)$, $i_r(t_s), \cdots, i_r(kt_s), \cdots$, 其中的 $i_r(kt_s) = I_1 \sin(2\pi f_1 kt_s + \psi_1)$, $k = 0, 1, 2, \cdots, N - 1$。显然, 式（5-40）第一次采样所对应的时间 t_0 就为 0, $(1 - 2s)f_1$ 分量的离散的采样为 $i_2(0)$, $i_2(t_s), \cdots$, $i_2(kt_s), \cdots$, 再对离散信号进行连续细化傅里叶分析, 即可得到频率 $(1 - 2s)f_1$ 分量的频率、幅值以及初相角的大小, 从而正确判断出转子是否断条。

（3）仿真实验与结果分析。为了检验此方法的准确性, 对式（5-41）所示的时域信号进行了仿真, 对其做连续细化傅里叶变换, 频谱如图 5-16 所示。

$$i(t) = 10 \sin(2\pi \times 50t + 0.3) + \sin[2\pi \times 48.8t + 0.4] \tag{5-41}$$

采样点数为 512, 采样频率为 200Hz, 其中图 5-16 为对仿真信号进行第一次连续细化傅里叶分析结果, 细化范围为 40～60Hz, 细化间隔为 0.01Hz。在图 5-16 中, 能够得到基波频率分量 f_1 的频率为 50Hz, 幅值为 10A, 由式（5-36）还可以得到初相位 $\psi_1 = 0.3$, 与式（5-41）一致。

图 5-17 为按照前面所提到的方法抵消基波分量后的连续细化傅里叶分析结果，细化范围为 45～55Hz，细化间隔为 0.01Hz。从图 5-17 中可以看出，基波分量已经完全被去掉，只剩下 $(1-2s)f_1$ 频率分量，得到了准确的幅值信息 $I_2=1A$，与式（5-41）所给出的数值完全一致。然后，就可以根据故障分量的大小来判断故障的严重程度了。

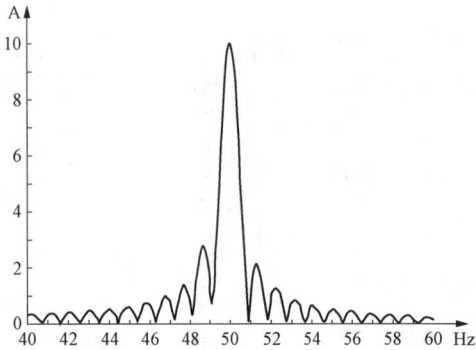

图 5-16　仿真信号的连续细化频谱分析结果

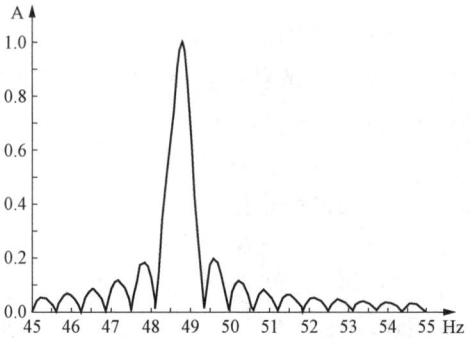

图 5-17　抵消基波分量的连续细化频谱分析结果

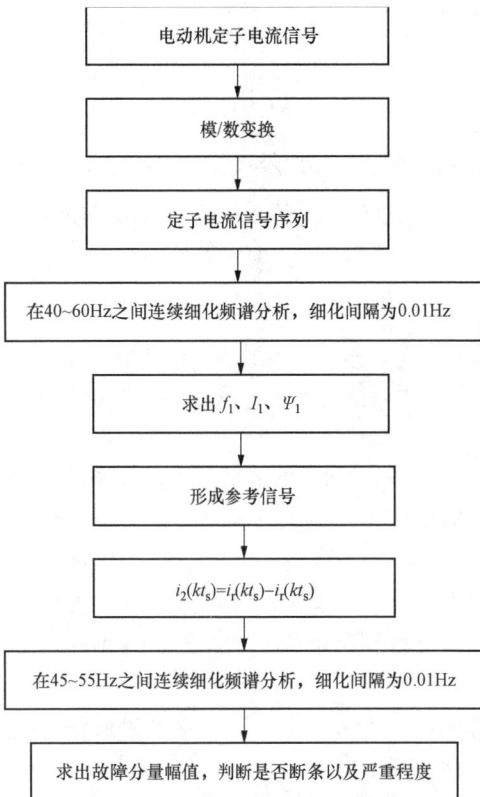

图 5-18　转子断条在线监测框图

用连续细化傅里叶变换方法监测笼型异步电动机转子断条故障的整体方法框图，如图 5-18 所示。

在应用中，可以对一次采样结果取不同的定子电流信号序列，进行多次计算，并对多次计算的结果相互比较，如果多次计算的结果相差不大，则检测的结果是准确的，并且认为无负载波动。如果各次计算的结果差别较大，则无法进行准确检测，可能是负载波动引起的。

5.6.2　基于输出功率信号的转子断条故障诊断方法

转子断条故障后定子电流中出现的边频分量与基频分量在频谱图上非常接近，而且边频分量的幅值远远小于工频分量的幅值，这是影响异步电动机笼型转子断条故障诊断的一个重要因素。通过判断电动机输出功率信号中是含有一个直流分量和一个余弦分量，还是仅含有直流分量，可以判断笼型转子有无故障，这是异步电动机笼型转子故障诊断的一种方法。该方法避开了直接对定子电流中边频分量成分的检测，不存在电流频谱分析方法中故障诊断灵敏度低和对采样分辨率要求高的缺点。

（1）输出功率信号法。假设电动机电源是理想的三相正弦交流电压，并且电动机本身结构是对称的，这样，正常运行的电动机的相电流将是理想的正弦波。设电动机三相电压和三相电流分别为

$$\left.\begin{array}{l} u_{\mathrm{a}} = U_{\mathrm{m}} \cos(\omega_0 t) \\ u_{\mathrm{b}} = U_{\mathrm{m}} \cos(\omega_0 t - 120°) \\ u_{\mathrm{c}} = U_{\mathrm{m}} \cos(\omega_0 t + 120°) \end{array}\right\} \tag{5-42}$$

$$\left.\begin{array}{l} i_{\mathrm{a}} = I_{\mathrm{m}} \cos(\omega_0 t - \varphi_1) \\ i_{\mathrm{b}} = I_{\mathrm{m}} \cos(\omega_0 t - \varphi_1 - 120°) \\ i_{\mathrm{c}} = I_{\mathrm{m}} \cos(\omega_0 t - \varphi_1 + 120°) \end{array}\right\} \tag{5-43}$$

式中：U_{m}、I_{m}、φ_1 分别为相电压、相电流的幅值和电动机的功率因数角。则电动机的输出功率为

$$P = u_{\mathrm{a}} i_{\mathrm{a}} + u_{\mathrm{b}} i_{\mathrm{b}} + u_{\mathrm{c}} i_{\mathrm{c}} = \frac{3}{2} U_{\mathrm{m}} I_{\mathrm{m}} \cos \varphi_1 \tag{5-44}$$

由式（5-44）可以看出，正常运行时电动机的输出功率信号中仅含有直流分量。笼型转子故障后，定子电流中除了基波分量外，还有边频分量。设笼型转子故障后电动机的三相电流分别为

$$i_{\mathrm{af}} = I_{\mathrm{mf}} \cos(\omega_0 t - \varphi_{1\mathrm{f}}) + I_{1-2s} \cos[(1-2s)\omega_0 t - \varphi_{1-2s}] + I_{1+2s} \cos[(1+2s)\omega_0 t - \varphi_{1+2s}]$$

$$i_{\mathrm{bf}} = I_{\mathrm{mf}} \cos(\omega_0 t - \varphi_{1\mathrm{f}} - 120°) + I_{1-2s} \cos[(1-2s)\omega_0 t - \varphi_{1-2s} - 120°]$$
$$+ I_{1+2s} \cos[(1+2s)\omega_0 t - \varphi_{1+2s} - 120°]$$

$$i_{\mathrm{cf}} = I_{\mathrm{mf}} \cos(\omega_0 t - \varphi_{1\mathrm{f}} + 120°) + I_{1-2s} \cos[(1-2s)\omega_0 t - \varphi_{1-2s} + 120°]$$
$$+ I_{1+2s} \cos[(1+2s)\omega_0 t - \varphi_{1+2s} + 120°]$$

其中：I_{mf}、I_{1-2s}、I_{1+2s} 分别为基波分量、$(1-2s)f_1$ 边频分量、$(1+2s)f_1$ 边频分量电流的幅值；$\varphi_{1\mathrm{f}}$、φ_{1-2s}、φ_{1+2s} 分别为基波分量、$(1-2s)f_1$ 边频分量、$(1+2s)f_1$ 边频分量电流的滞后角度。

这时电动机的输出功率为

$$\begin{aligned} P_{\mathrm{f}} &= u_{\mathrm{a}} i_{\mathrm{af}} + u_{\mathrm{b}} i_{\mathrm{bf}} + u_{\mathrm{c}} i_{\mathrm{cf}} \\ &= \frac{3}{2} U_{\mathrm{m}} I_{\mathrm{mf}} \cos \varphi_{1\mathrm{f}} + \frac{3}{2} [U_{\mathrm{m}} I_{1-2s} \cos(2s\varphi_0 t + \varphi_{1-2s}) + U_{\mathrm{m}} I_{1+2s} \cos(2s\varphi_0 t - \varphi_{1+2s})] \\ &= \frac{3}{2} \sqrt{a^2 + b^2} \cos(2s\omega_0 t - \beta) \end{aligned} \tag{5-45}$$

$$a = U_{\mathrm{m}} I_{1+2s} \cos \varphi_{1+2s} + U_{\mathrm{m}} I_{1-2s} \cos \varphi_{1-2s}$$

$$b = U_{\mathrm{m}} I_{1+2s} \sin \varphi_{1+2s} - U_{\mathrm{m}} I_{1-2s} \sin \varphi_{1-2s}$$

$$\beta = \mathrm{arc} \cot\left(\frac{a}{b}\right)$$

由式（5-45）可以看出，故障后电动机的输出功率信号是一个直流分量和一个周期为 $1/2sf_1$ 的余弦分量的叠加。根据这个特点，就可以采用适当的检测方法来判断鼠笼转子是否发生故障。

（2）仿真实验与结果分析。根据上述分析，可以在瞬时输出功率的波形图上取间隔为 $1/(8sf_1)$ 的一些点 $P(1)$，$P(2)$，…，$P(k)$，…，然后由公式 $\delta = \sum\limits_k |P(k+1) - P(k)| \ (k = 1, 2, \cdots)$ 计算 δ。对于正常运行的电动机，其输出功率信号中仅含有直流分量；对于笼型转子断条的电动机，由于输出功率信号是一个直流分量和一个周期为 $1/2sf_1$ 的余弦分量的叠加，δ 的值不为零，并且 δ 的值随着所取点的增多而增大，可以根据 δ 的值的大小来判断笼型转子有无故

障。这种方法与定子电流频谱分析方法相比，不存在故障诊断灵敏度低和对采样分辨率要求高的缺点。对笼型电动机正常运行、一根导条断裂、两根导条断裂的情况进行仿真，输出功率仿真波形分别如图 5-19～图 5-21 所示。

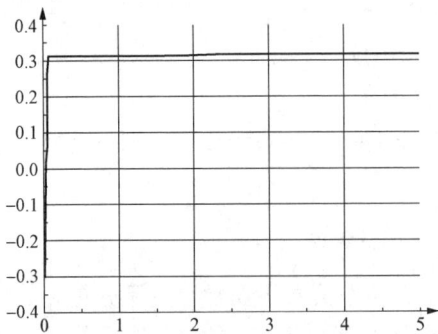

图 5-19　笼型电动机正常运行时的输出功率图

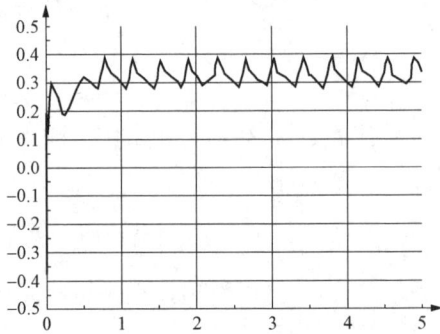

图 5-20　笼型电动机一根导条断裂时的输出功率图

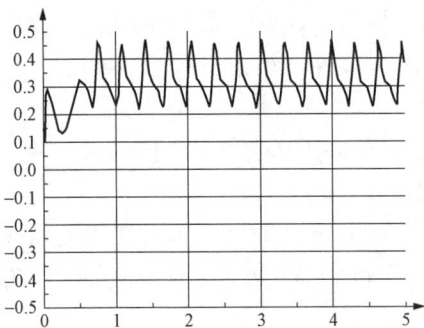

图 5-21　笼型电动机两根导条断裂时的输出功率图

由仿真结果可知，笼型转子断条故障后：电动机输出功率信号中除了直流分量外，还有一个余弦分量；随着故障的程度的加重，余弦分量的幅值是增大的。

由以上分析可以得出如下结论，基于输出功率信号实现异步电动机故障诊断的方法，避开了电流信号中边频分量的检测，不存在频谱分析方法中故障诊断灵敏度低和对采样分辨率要求高的缺点，能有效地对异步电动机笼型转子故障进行诊断。需要说明的是，δ 的大小与第一个采样点的位置的关系较大，具有随机性，所以由 δ 值的大小不能判断故障的严重程度，但是并不影响对转子是否发生故障的判断。此外，为了有效地检测转子故障，在瞬时输出功率波形图上取点的间隔不能为 $1/4sf_1$ 的整数倍。

思考题与练习题

1．交流电动机有哪些常见故障？如何避免这些故障？

2．三相异步电动机的结构主要是哪几部分？分别起什么作用？

3．异步电动机的基本工作原理是什么？为什么异步电动机在电动运行状态时，其转子的转速总是低于同步转速？

4．试讨论同步电动机在正常运行时，转子励磁绕组中是否存在感应电动势？同步电动机在启动过程中是否存在感应电动势？为什么？

5．试述同步电动机的主要组成部分及结构特点。

6．笼型异步电动机的故障类型有哪几种？故障特征是什么？

7．交流电动机状态监测与故障诊断的主要内容是什么？

第6章　电力变压器状态监测与故障诊断

在电力系统朝着特高压、特大容量方向发展的大趋势下，以及社会对供电可靠性的要求不断提高的情况下，迫切需要实现对电力变压器运行状态的实时在线监测，从而及时发现电力变压器的早期缺陷，进而防止突发事故的发生，尽可能减少不必要的停电检修，延长电力变压器的使用寿命。在运行过程中，如果变压器发生了不同程度的故障，则会产生异常现象或信息。故障分析就是通过收集变压器的异常现象或信息，在此基础上对其进行综合分析，从而判断故障的类型、故障部位和故障的严重程度。

6.1　电力变压器原理与结构

在电能生产和使用过程中，发电厂距用电负荷中心距离较远，发电厂发出的电能必须将电压升高，经输电线路、配电线路和变压器将电能输送到用户。在电力系统中的发电、输电、配电、用电过程中需将电压升高或电压降低，变压器就是升高电压和降低电压的电气设备，其作用是将某一等级的交流电压和电流变换成另一等级的交流电压和电流。变压器由绕在同一铁芯上的两个或两个以上的绕组组成，绕组之间是通过磁场变化而联系的，因而达到升压或降压的作用。

电力变压器是用于电力系统中变换电压的电气设备，种类很多。按其相数分，可分为单相电力变压器、三相电力变压器；按其绕组的数目分，可分为双绕组、三绕组、多绕组和自耦变压器；按其调压方式分，可分为有载调压和无励磁调压；按其冷却方式分，可分为油浸自冷、油浸风冷、油浸水冷和空气自冷等。

6.1.1　电力变压器的原理

变压器的一次绕组与交流电网接通后，经一次绕组内流过交变电流产生磁动势，在这个磁动势作用下，铁芯中产生交变磁通ϕ，铁芯中的交变磁通ϕ在铁芯中同时交链一次、二次绕组，由于电磁感应作用，分别在一次、二次绕组产生频率相同的感应电动势。如果此时二次绕组接通负载，在二次绕组感应电动势作用下，便有电流流过负载，铁芯中的磁能又转换为电能。变压器在传递电能的过程中，铁芯中的交变磁场通过一次、二次绕组每一线匝中都产生相向的感应电动势，变压器一次、二次绕组的匝数不同，所产生的感应电动势也不同，这就是变压器变换交流电压的原理。变压器工作原理如图6-1所示。

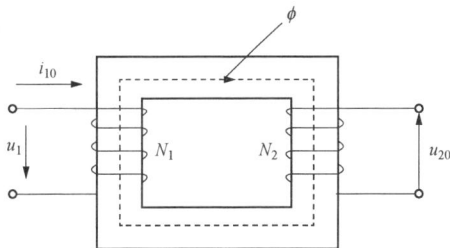

图6-1　变压器工作原理示意图

6.1.2　电力变压器的结构

电力变压器是一种静止电器，它通过线圈间的电磁感应，将一种电压等级的交流电能转换成同频率的另一种电压等级的交流电能。电力变压器是由绕在同一铁芯上的两个或两个以上的绕组组成，绕组之间通过交变磁场联系，并按电磁感应原理工作。电力系统中应用最广泛的电力变压器是双绕组、油浸自冷的电力变压器，其基本结构是由两个或两个以上的绕组绕在同一铁芯柱上，绕组和铁芯的组合称为变压器器身，器身装置在油箱内，油箱上装有散热管（片）、绝缘套管、调压装置、冷却装置、保护装置、防爆管等。

电力变压器主要由绕组、铁芯、油箱、储油柜等部件组成。

（1）铁芯。变压器铁芯是电力变压器的磁路部分，它由磁导率很高的冷轧硅钢片叠压而成。按铁芯结构可分壳式变压器、芯式变压器两种，它们的区别主要在铁芯分布上。电力变压器大多数的铁芯为芯式结构。芯式变压器铁芯大部分绕组之中，只一部分在绕组之外构成铁轭作为磁回路，如图 6-2 所示。壳式变压器铁芯的轭包围住绕组，好像形成一个外壳，由此而得名，如图 6-3 所示。无论壳式变压器还是芯式变压器，其工作原理是完全相同的。

图 6-2　芯式变压器的铁芯结构

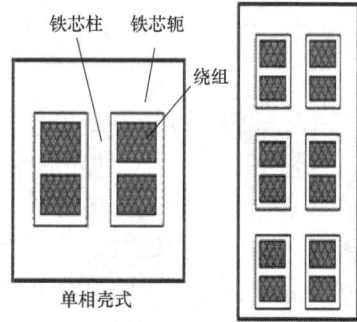

图 6-3　壳式变压器铁芯结构

（2）绕组。绕组是变压器的电路部分，它是由铜或铝的绝缘导线绕制而成。变压器绕组分为高压绕组和低压绕组，即一次、二次绕组。按高压绕组和低压绕组相互位置不同，可分为高压、低压绕组、沿铁芯柱间布置的交叉绕组。高、低绕组同心地套在铁芯柱上，为了便于绝缘，低压绕组靠近变压器铁芯柱，高压绕组套在低压绕组外面，如图 6-4 所示。

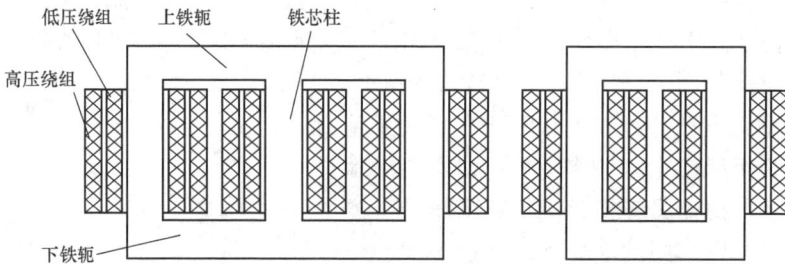

图 6-4　变压器绕组示意图

（3）油箱。油浸式电力变压器都要有一个油箱，在其中装入变压器油后，将组装好的变压器铁芯、绕组装入其中，以保证电力变压器正常工作。变压器油的作用是加强电力变压器内部绝缘强度和散热。油箱按形式分钟罩式（见图 6-5）和桶式（见图 6-6）。桶式油箱的优点是油箱沿密封处压力小，不易渗；其缺点是不便于变压器现场解体、大修。钟罩式油箱的优点是便于解体性检修；其缺点是箱沿密封处压力较大，对密封要求高。

图 6-5　钟罩式油箱

图 6-6　桶式油箱

（4）储油柜。电力变压器在运行中，随着油温的变化，油的体积会膨胀和收缩，为了减少油与外界空气的接触面积，减小电力变压器受潮和氧化的概率，通常在电力变压器上部安装一个储油柜（俗称油枕）。

变压器的外部结构除油箱和冷却装置外，其余结构大同而小异。

6.2　电力变压器状态监测

6.2.1　电力变压器的状态量

（1）变压器油中溶解气体。变压器油是由天然石油经过蒸馏、精炼而获得的一种矿物油。变压器油主要由碳氢化合物组成，包括烷烃、环烷烃、芳香烃、烯烃等。电力变压器内部发生绝缘故障时，例如局部放电或铁芯过热，变压器油会分解出含烃的气体。由于变压器过热、放电等缺陷都能够分解出溶于油中的含烃气体，在不需要在停电的条件下进行监测，从变压器运行现场采集油中的溶解气体，因此油中溶解气体能够有效地用于诊断油浸电力变压器早期故障及故障类型，从而能够预防灾难性事故的发生。

（2）变压器放电。电力变压器在运行过程中，电场强度超过某一极限值（耐压值）时，绝缘油等电介质将失去绝缘作用。在此过程中，若强电场区只局限于电极附近很小的区域内，则电介质只遭受局部损坏，产生放电脉冲电流，此现象即为电介质的局部放电。若强电场的区域很大，形成贯穿性的通道，造成匝间短路，则为电介质的击穿。局部放电往往是液体或固体电介质击穿的前奏，若不及时消除，有可能发展为击穿故障。造成局部放电的原因有：冲片棱角或冲片间局部放电；金属尖端之间局部放电。

在通常大气压下，当电压增高一定值后，气隙中突然发生断续而明亮的火花，在电极间伸展出细光束，此种放电称火花放电。火花放电的特点是放电过程不稳定，击穿后形成收细的发光放电通道，而不再扩散于整个间隙的空间。造成火花放电的原因有引线接触不良、稳定的铁芯接地等。当气隙火花放电之后，可形成非常明亮的连续弧光，此种放电称电弧放电。电弧放电的特点是弧温较高，电弧不易熄灭。造成电弧放电的原因有：严重的绕组故障，如绕组短路、绝缘大面积击穿等；严重的铁芯失火，大面积铁芯短路。

（3）变压器绕组温度。变压器运行过程中，在铁芯中磁通会产生铁损耗，在绕组中电流也会产生铜损耗。除此之外，漏磁通和冷却装置也会产生额外的损耗。由于能量守恒利率，上述各种损耗将转变成热能从而使变压器内部的温度升高。变压器中的绝缘材料在温度升高的情况下会发生绝缘劣化，导致其绝缘效果下降。

变压器的热点温度是指变压器局部过热温度，与正常运行时的发热温度有显著区别。热点温度是由故障引起的，超过正常运行的温度。造成变压器热点温度的原因较多，大体可分为三种：

1）导体故障：变压器部分绕组短路，不同电压比变压器并列运行，导体超负荷等，均会引起变压器热点温度；因绝缘材料膨胀、油道堵塞而引起的散热不良，也易导致局部过热。

2）磁路故障：铁芯两点或多点接地，造成循环电流发热；铁芯部分硅钢片短路造成涡流发热；漏磁引起外壳、铁芯夹件、压环等的局部发热。

3）接点连接不良：引线连接处、导体接头焊接不牢，分接开关接触不良等皆会引起局部过热。

固体绝缘材料在热和放电的情况下也会产生绝缘故障，产生 CO、CO_2。应当注意，变压器运行时出现内部故障的原因往往不是单一的，一般存在热点温度的同时还有局部放电，而且故障是在不断发展和转化的，局部过热可进一步发展成局部放电，甚至击穿，由此又加剧了高温过热。

（4）变压器铁芯接地电流。变压器铁芯的接地电流也是很重要的一个状态量。在正常工作中，变压器的铁芯必须都是单点接地的，如果由于某种原因造成了变压器铁芯的两点或多点接地，有环流会在铁芯内部产生，有可能引起局部过热，环流比正常工作下的电流产生更多的热量，使变压器温度升高。如果没能及时监测，可能引起铁芯局部烧损，甚至因为温度过高熔断接地片，从而导致放电性故障发生，严重威胁变压器安全、稳定运行。如果发生了变压器铁芯多点接地，在正常情况下只有几毫安到几十毫安的接地电流会急剧地增大。

（5）变压器振动。变压器的振动主要的来源有两个：一是变压器由铁芯以及绕组组成的变压器主体的振动，二是变压器冷却装置的振动。振动主要由以下原因引起：①硅钢片由于磁化状态的改变（如涡流作用），其尺寸在各方向发生变化，磁场和电场会导致硅钢片尺寸的伸长或缩短，由于硅钢片的伸缩振动，从而引起铁芯的振动。②由于硅钢片的接缝处和硅钢片叠片有漏磁现象的发生，进而产生电磁力的作用，使铁芯振动。③通过绕组的电流，会在其流经的绕组以及线匝间产生电磁力的作用，从而使变压器的绕组产生振动。④由于漏磁的存在，在电磁场中产生电磁力使油箱壁产生振动。随着制造工艺的不断改进，硅钢片接缝处以及硅钢片之间的漏磁现象已经得到了很大的改善，两者之间的电磁力引起的铁芯振动与由于硅钢片在磁场中伸缩引起的铁芯振动相比之下可以忽略不计。由此可知，在上述四个原因中，引起变压器振动的主要来源是硅钢片的伸缩振动以及由于电流流经绕组产生的绕组的振动。

在没有任何负载的情况下，变压器二次侧没有负载电流存在，即负载电流为零，由于绕组的电磁力与流经绕组的电流成正比，而电磁力越大，绕组的振动也就越大，反之，电磁力越小，绕组的振动也就越小。因此，可以将绕组引起的振动忽略不计，那么这个时候振动的主要来源就是铁芯的振动。如果测得在空载条件下的变压器振动信号，就能知道变压器铁芯振动的特性。在有负载的情况下，负载电流会流过绕组进而产生绕组振动，这时候的变压器振动既包含了铁芯的振动也包含了绕组的振动。如果在这时的振动信号中把已知的铁芯振动信号分离出来，那么就可以得到绕组振动的特性。

由于变压器中硅钢片的伸缩对变压器的铁芯振动影响很大，如果硅钢片发生了扭曲变形的情况，那么将直接导致硅钢片的电磁力增大，进而使变压器的铁芯振动更严重。同样，如果绕组发生了松动或者是扭曲变形的情况，也会使绕组的电磁力增大，从而带来绕组振动增大的结果。由以上的分析可以看出，如果能测量出变压器的振动信号，那么基于变压器铁芯的振动特性和绕组的振动特性，就能够分析出变压器铁芯和绕组所处的状态。

6.2.2　电力变压器状态监测方法

目前，电力变压器状态监测不再是以时间为依据进行常规定期检查及维修，而是着眼于密切追踪监测设备运行状态的发展变化，并根据状态监测结果，掌握设备运行状态演变情形或设备故障的恶化程度，对设备运行做到心中有数。对运行设备电气参数、机械参数、化学参数等数据进行监测，从而判断设备所处的状态是电力变压器状态监测技术的主要特点。

变压器状态的好坏，取决于它的各主要组成部分状态的好坏。其主要组成部分包括绕组、铁芯、油、冷却系统及其附件等。变压器部件的任何缺陷，都可能最终导致一个大的事故。变压器的电气故障，主要是由于变压器内部绝缘老化造成的，因而对变压器的状态监测，主要集中在对变压器内部绝缘状态的监测。而变压器的运行温度对变压器的绝缘老化和使用寿命有重要影响。因此，变压器的运行温度是变压器状态监测的一个重要任务。

（1）变压器油中溶解气体监测。由于变压器内部不同的故障会产生不同的气体，如电弧会产生 C_2H_2 气体，而过热的纤维将产生碳氧化物。因此，通过分析油中气体的成分、含量和相对百分比，就可达到对变压器绝缘诊断的目的。几种典型的油中溶解气体，如 H_2、CO、CH_4、C_2H_6、C_2H_4 和 C_2H_2，常被用作分析的特征气体。在检测出各气体成分及含量后，常采用特征气体法对变压器的内部故障，如局部放电、火花放电、过热等进行判别。

变压器油中溶解气体的在线测量有单组分监测以及多组分监测两类方法。单组分在线监测系统只对溶解气体的某一种成分进行监测，因其监测的油中溶解气体成分单一，因而从监测中得到信息量很少。多组分监测系统因为对于变压器中溶解的几种典型特征气体均进行监测，能很好地反映出变压器的运行状态，一般都采用多组分监测系统。

（2）变压器局部放电监测。油中气体分析可以从一个方面反映局部放电，而专门对局部放电进行测量，也是变压器状态监测的一个重要方面。局部放电信号的监测仍是以伴随放电产生的电、声、光、温度和气体等各种理化现象为依据，通过这些能代表局部放电的物理量来测定。测量方法大体分为电测法和非电测法。电测法利用局部放电所产生的脉冲信号，即测量放电时电荷变化所引起的脉冲电流，称为脉冲电流法。脉冲电流法是离线条件下测量电气设备局部放电的基本方法，也是目前在线监测局部放电的主要手段。脉冲电流法的优点是灵敏度高。如果监测系统频率小于 1000kHz（一般为 500kHz 以下），并且按照国家标准进行放电量的标定后，可以得到变压器的放电量指标。脉冲电流法的缺点是由于现场存在严重的电磁干扰，将大大降低监测灵敏度和信噪比。非电测法有油中气体分析、红外监测、光测法和声测法。其中应用最广泛的是声测法，它利用变压器发生局部放电时产生的声波来进行测量。声测法的优点是基本不受现场电磁场干扰的影响，信噪比高，可以确定放电源的位置；缺点是灵敏度低，不能确定放电量。

局部放电监测在实际应用中也有一定困难，主要是难以区分是内部产生的局部放电还是外部产生的放电。一种常用的局部放电检测是声学局部放电检测法。该方法是将一个高频声学传感器阵列附在变压器油箱的外部，这些传感器对局部放电或电弧放电产生的暂态声音信号非常敏感，而对振动和一般噪声不敏感。

（3）变压器绕组温度监测。变压器绝缘的老化取决于变压器绕组内部的热点温度，两者是指数关系，固体绝缘材料的劣化会影响变压器使用寿命。变压器绕组上或绕组内的温度往往是最高点，称为热点温度。如果变压器持续在高温状态运行，则其使用寿命就会大大缩短。绕组温度指示器就是用于监测变压器绕组的温度，给出越限报警，并在需要时启动保护跳闸。绕组温度指示器的读数，可代表变压器内部总的温度状态，因而相当于是一个平均的参数。该读数具有时延性（取决于系统的热常数），不能代表变压器绕组的特定的热斑状态。

一般常用的热电偶和电阻式温度计只能监测变压器的稳态油温，而不能监测绕组上的热点温度。已开发出一种用于大型变压器绕组温度监测的新技术，即将一条光纤嵌入变压器绕组以便直接地测量绕组的实时温度，从而改进变压器的预测建模技术，并达到实时监测变压器绕组温度状态的目的。

（4）变压器振动监测。在正常运行条件下，电力变压器具有一个固有的自然振动水平。由于紧固螺栓变松或出现变化，从而导致振动加剧，绕组绝缘将不可避免地遭到破坏。短路、绝缘老化等都可能造成变压器绕组变形或引线结构的偏移、扰动。这种具有机械缺陷的变压器，可能产生一种具有灾难性后果的内部绝缘失效。这种不可逆的损坏将逐渐导致变压器的故障。因此，变压器的振动水平是变压器运行状态好坏的一个重要指标。为了监测变压器的振动水平，常采用声学传感器和加速计来采集变压器的振动信号，然后对振动信号的强度和振动模式进行分析和判别。通过对变压器振动信号的监测和分析，从而达到对变压器状态监测的目的。

压电式加速度传感器一般运用于变压器在线监测，其工作原理是把振动加速度信号通过压电式加速度传感器转换成正比的电压信号，经过放大电路后传到主机进行测量处理。随着技术的发展，出现了一种光纤振动传感器，它的基本工作原理是将振动转化成光纤光栅的应变，从而引起光栅中心反射波长的变化，再通过波长解调系统将波长的变化信号转化成电压的变化信号，从而实现振动信号的在线监测。

（5）变压器接地电流监测。通常在铁芯接地的引线处安装测量电流的装置来实现变压器铁芯接地电流的在线监测。由于变压器铁芯接地电流在变压器发生故障时较大，所以很多在线监测装置可以根据接地电流的大小实现对变压器故障分析。变压器铁芯接地电流的在线监测实现原理比较简单，技术方面经过发展也很成熟，市场上变压器接地电流在线测量设备也较多。

变压器状态监测的一个重要发展方向，就是监测技术的集成化、自动化和智能化。集成化意味着在同一套监测系统中，多种监测技术的有机结合，互相弥补不足，使得监测范围更广泛、分析结构更可靠，并容易与其他系统，比如数据采集与监控系统、继电保护系统、变电站综合自动化系统等集成或联网。自动化则意味着数据的采集和分析更实时、更少人工干预，计算机技术、传感器技术、通信技术、分析技术（如小波变换）等相关技术的发展，必将促进自动化水平的提高。而智能技术的发展，如神经网络、模糊逻辑、专家系统等，则将在变压器状态监测中得到更多的应用，从而促进监测技术的智能化。模糊逻辑、神经网络已被用于油中溶解气体成分数据的分析，并利用神经网络来对变压器的振动信号进行分析和模式分类。

6.3　电力变压器故障分析

根据故障发生的部位，把故障分为内部故障和外部故障；也可以根据发生过程，把故障分为突发性故障以及长期积累扩展造成的故障。大型变压器在电力系统安全运行中发挥着举足轻重的作用，如果大型变压器发生较严重的故障，那么将引起大面积停电，对工厂的正常运转及人民的正常生活带来严重影响。因此，如果发现变压器在运行过程中出现异常后，必须正确地分析故障，并判断造成故障的原因，从而初步确定故障发生的位置，在此基础上制订出相应的检修方案来保证变压器正常、安全运行。

6.3.1　电力变压器内部故障的原因

变压器内部故障模式主要有过热故障、电故障和机械故障三种类型，以前两种为主，并且机械性故障常以热故障或者电故障的形式表现出来。

（1）过热故障。过热故障是由于热应力造成绝缘加速劣化。过热故障的原因中，由于分接开关接触不良而引起的占 50%，铁芯多点接地和局部短路或漏磁环流引起的占 33%，导线过热和接头不良而引起或紧固件松动引起的占 14.4%，局部油道堵塞而造成局部散热不良引起的约占 2.6%。

当热应力只引起热源处绝缘油分解时，所产生的特征气体主要是 CH_4 和 C_2H_4，它们的总和占总烃的 80%，且 C_2H_4 所占比例随着故障点温度的升高而增加。据统计，C_2H_4 一般低于总烃的 20%；高、中温过热 H_2 占烃类（$H_2+C_1+C_2$）总量的 25% 以下，低温过热时一般为 30% 左右。这是由于烃类气体随温度上升增长较快所致。

过热故障一般不产生 C_2H_2，只在严重过热时才产生微量的 C_2H_2，其最大含量也不超过总烃的 6%。当涉及固体材料时，则还会产生大量的 CO 和 CO_2。

（2）电故障。电故障是由于高电压应力作用而造成绝缘劣化。按能量密度不同，电故障可分为以下几种故障类型：

1）电弧放电：以绕组的匝、层间击穿为多见，其次是引线断裂或对地闪络，或分接开关等故障。其特点是产气急剧、量大。尤其是绕组的匝、层间绝缘故障，因无先兆现象，一般难以预测，最终以突发性事故暴露。故障特征气体主要是 C_2H_2 和 H_2，其次是大量的 C_2H_2 和 CH_4。由于故障速度发展很快，往往气体来不及溶解于油中就释放到气体继电器内。所以油中气体含量往往与故障点位置、油流速度和故障持续时间有很大关系。一般 C_2H_2 占烃类的 20%～70%，H_2 占烃类的 30%～90%，且绝大多数情况下 C_2H_2 含量高于 CH_4。

2）火花放电：常发生在引线或者套管储油柜对电位未固定的套管导管放电，引线局部接触不良或铁芯接地片接触不良而引起放电，分接开关拨叉电位悬浮而引起放电等。火花放电的主要特征气体也以 C_2H_2、H_2 为主，因故障能量小，一般总烃含量不高。油中溶解的 C_2H_2 在总烃类中所占比例可达 25%～90%，C_2H_4 含量则小于 20%，占氢烃总量的 30% 以上。

3）局部放电：随放电能量密度不同而不同。一般总烃不高，主要成分是 H_2，其次是 CH_4。通常 H_2 占氢烃的 90% 以上，CH_4 占总烃的 90% 以上。当放电能量密度增高时，也可出现 C_2H_2，但在总烃中所占比例一般小于 2%。这是与上述两种放电现象区别的主要标志。

无论哪种放电，只要有固体绝缘介入时，就都会产生 CO 和 CO_2。火花放电与电弧放电对变压器的危害最大，因为此类放电的能量密度高，在电应力的作用下会产生高速电子流。固体绝缘材料、金属材料等遭受这些电子轰击后将受到严重破坏，与此同时产生的大量气体一方面会进一步降低绝缘强度，另一方面还含有较多的可燃气体。若不及时处理，严重时有可能造成设备的重大损坏或爆炸事故。

局部放电可使绝缘物的局部分子结构破裂，如纤维被局部破坏、油被分解。放电时还可能发生电解作用，产生原子氧、臭氧等，均会侵蚀绝缘物，严重者可导致击穿，危害较大。局部放电可使油分解产生沉积物，若不及时处理将导致绝缘特性恶化、散热能力衰减，易造成局部过热和其他故障。局部过热的危害不如放电故障那样严重，但从发展的后果分析，仍有较大危害。热点可加速绝缘物的老化、分解，产生各种气体。裸金属热点的危害较大，可使热点附近的金属部件烧坏，严重时造成变压器损坏。低温热点往往会发展成高温热点，附近的绝缘物将被破坏，还有可能导致更大的故障。

（3）受潮。当变压器内部进水受潮时，油中水分和含湿气的杂质容易形成"小桥"，导致局部放电而产生 H_2。水分在电场作用下的电解以及水与铁的化学反应均可产生大量 H_2。因此，受潮设备中，H_2 在氢烃总量中所占比例更高。有时局部放电和受潮同时存在，并且特征气体基本相同，所以单靠油中气体分析结果难以区分，必要时要根据外部检查和其他试验结果（如局部放电的测量和油中微量水分分析）加以综合判断。变压器进水时，溶解在油中的水受到铁、氧等作用会分解出氢气，此时油中的气体产物与变压器发生局部放电时的产物是很接近的，同时溶解于油中的水可能会产生局部放电，所以变压器进水与发生局部放电很难区分。

6.3.2　电力变压器外部故障的原因

（1）变压器温度异常升高。原因分析：负荷过重；所处环境温度过高；变压器散热装置有脏污、冷却装置发生故障、散热器阀门关闭导致散热性能下降；测温仪器损坏；变压器发生内部故障等。

（2）异常响声以及振动。原因分析：过电压；电网频率发生波动；变压器内部紧固件松动或者接地不良，悬浮放电；冷却装置出现机械故障；金属部件出现共振；分接开关的传动机构有缺陷；陶瓷器件表面爬电。

（3）异常气味、变色。原因分析：变压器紧固件松动；接触面过热；负荷过重；附件受潮。

（4）渗漏油。原因分析：密封垫老化导致密封性能下降；漏油部位焊接不良；漏油部位金属部件有砂眼；螺栓紧固的部位松动。

（5）气体继电器有异常气体。原因分析：游离放电引起了绝缘材料的老化、导电部位产生局部过热；铁芯的绝缘不良；潜油泵发生机械故障。

（6）瓷件表面损伤。原因分析：因过电压或者瓷件表面污秽引起的放电灼烧。

（7）防爆或压力释放装置动作。原因分析：有继电保护装置动作时，可以据此推测发生内部故障；继电保护无动作时，则判断为呼吸器不能正常进行呼吸。

实际运行中，根据故障的原因及严重程度将充油变压器的典型故障分为 6 种，各种故障类型及可能的原因列于表 6-1。

表 6-1　　　　　　　　　　　　充油变压器的典型故障及可能的原因

故障类型	故障可能的原因
局部放电	不完全浸渍、纸的湿度高、油过饱和，或充气空腔中导致局部放电
低能放电	不良连接形成的不同电位或悬浮电位造成火花放电或电弧放电。可发生在屏蔽环、绕组中的相邻线饼间或导体间，以及连线开焊处或铁芯的闭合回路中；夹件间、套管与箱壁、绕组内的高压和地端的放电；木质绝缘块、绝缘构件胶合处，以及绕组垫块的沿面放电；油击穿、选择开关的切断电流引起放电
高能放电	局部高能量或短路造成的闪络，沿面放电或电弧。低压对地、接头之间、线圈之间、套管与箱体之间、铜排与箱体之间、绕组与铁芯之间的短路；环绕主磁通的两个邻近导体之间的放电；铁芯的绝缘螺栓、固定铁芯的金属环之间的放电
低温过热（$t<300℃$）	救急状态下变压器超铭牌运行，绕组中油流被阻塞，铁轭夹件中的杂散磁通过大
中温过热（$300<t<700℃$）	螺栓连接处（特别是铝排）、滑动接触面、选择开关内的接触面，以及套管引线和电缆的连接接触不良
高温过热（$t>700℃$）	油箱和铁芯上大的环流，油箱壁未补偿的磁场过高、形成一定的电流，铁芯叠片之间短路

6.3.3　变压器油中的特征气体

　　充油电力变压器在正常运行过程中受到热、电和机械方面力的作用下逐渐老化，产生某些可燃性气体。当变压器存在潜伏性故障时，其气体产生量和气体产生速率将逐渐明显，取变压器油样使用气相色谱方法获得油中溶解的特征气体浓度后，就可以对变压器的故障情况进行分析。由于大型充油电力变压器是一个非常复杂的电气设备，变压器存在潜伏性故障时与多种因素存在耦合，特征气体形成涉及的机理十分复杂，这些机理及由这些机理导出的诊断方法对智能诊断方法有很好的借鉴意义。

　　变压器油主要由碳氢化合物组成，包括烷烃、环烷烃、芳香烃、烯烃等。根据模拟试验的结果，发生故障时分解出的气体为：①$300\sim800℃$时，热分解产生的气体主要是低分子烷烃（甲烷 CH_4、乙烷 C_2H_6）和低分子烯烃（乙烯 C_2H_4、丙烯 C_3H_6），也含有氢气 H_2。②当绝缘油暴露于电弧中时，分解气体大部分是氢气 H_2 和乙炔 C_2H_2，并有一定量的 CH_4、C_2H_4。③发生局部放电时，绝缘油分解的气体主要是 H_2 和少量 CH_4。发生火花放电时，则还有较多的 C_2H_2。

　　绝缘纸、绝缘板的主要成分是纤维素，它是由许多葡萄糖基借助 1-4 配键连接起来的大分子，其化学通式为（$C_6H_{10}O_2$）$_n$，具有很大的强度和弹性。由于油和油浸纤维绝缘的过热或热解产生碳的氧化物（CO，CO_2）和一些氢气或甲烷（H_2，CH_4）。它们产生的比率取决于温度指数和在该温度下材料的体积。模拟试验结果表明，绝缘纸在 $120\sim150℃$ 长期加热时，产生 CO 和 CO_2，且以 CO_2 为主；在 $200\sim800℃$ 下热分解时，除产生 CO、CO_2 外，还含有氢烃类气体（CH_4、C_2H_4 等），且 CO 和 CO_2 的比值越高。

　　油、纸等绝缘材料所产生的气体能溶解于油中，也有释放到油面上，每种气体在一定的温度、压力下达到溶解和释放的动平衡，即最终将达到溶解的饱和或接近饱和状态。当变压器内部存在潜伏性故障时，若产气速率很慢则热分解产生的气体仍以气体分子形态扩散并溶解于周围油中，只要油中气体尚未达到饱和，就不会有自由气体释放出来。若故障存在时间较长，油中气体已达到饱和，即会释放出自由气体，进入气体继电器中。若产气速率很高，热分解的气体除一部分溶于油中外，还会有一部分成为气泡，气泡上浮过程中把溶于油中的氢、氧置换出来。置换过程和气泡上升速度有关，故障早期阶段，产气量少，气泡小，上升慢，与油接触时间长，置换充分，特别对于尚未被气体溶解饱和的油，气泡可能完全溶于油中，进入气体继电器内的就几乎只有空气成分和溶解度低的气体如 H_2、CH_4，而溶解度高的气体则在油中含量较高。

反之，若是突发性故障，产气量大，气泡大，上升快，与油接触时间短，溶解和置换过程来不及充分进行，热分解的气体就以气泡形态进入气体继电器中，使气体继电器中积存的故障特征气体反比油中含量高得多，还可能引起报警，这也是油中溶解气体分析对发现突发性故障不灵敏的原因。因此进行故障诊断时，不仅应分析油中气体，也应分析气体继电器中积存的气体。顺便指出，变压器中因故障产生的气体是通过扩散和对流而达到均匀溶解于油中的，对强迫油循环的变压器则对流速度更快，因此故障点周围只是在瞬间存在高浓度气体。

6.3.4 变压器故障类型判断

充油电力变压器在长期的运行过程中受到电或热的作用会老化和劣化，产生少量的气体。当变压器存在热或电故障时，产生气体的速度要加快，如果产生的气体导致油中溶解气体饱和，气体就会进入气体继电器，导致变压器报警。将变压器油中溶解气体中对判断变压器故障有价值的 7 种气体，即氢气（H_2）、甲烷（CH_4）、乙烷（C_2H_6）、乙烯（C_2H_4）、乙炔（C_2H_2）、一氧化碳（CO）、二氧化碳（CO_2）称为特征气体，把甲烷、乙烷、乙烯、乙炔的总和称为总烃。高能的电弧放电，变压器油主要分解出乙炔、氢气及少量的甲烷；局部放电，变压器油主要分解出氢气和甲烷；过热时，变压器油主要分解出氢气、甲烷、乙烯等；固体绝缘过热时，主要分解出一氧化碳和二氧化碳等。不同故障类型所产生的主要特征气体和次要特征气体归纳于表 6-2 中。

表 6-2   充油变压器不同故障类型与特征气体

故障类型	主要气体组分	次要气体组分
油过热	CH_4、C_2H_4	H_2、C_2H_6
油和纸过热	CH_4、C_2H_4、CO、CO_2	H_2、C_2H_6
油和纸绝缘中局部放电	H_2、CH_4、CO	C_2H_2、C_2H_6、CO_2
油中火花放电	H_2、C_2H_2	—
油中电弧	H_2、C_2H_2	CH_4、C_2H_4、C_2H_6
油和纸中电弧	H_2、C_2H_2、CO、CO_2	CH_4、C_2H_4、C_2H_6
进水受潮或油中气泡	H_2	—

在实际运行中，充油电力变压器可以根据特征气体的气体浓度和产气速率判断变压器是否存在故障：①正常运行情况下，充油电力变压器在受到电和热的作用会产生一些氢气、低分子烃类气体及碳的化合物。当变压器发生故障时气体产生速度要加快，所以根据气体的浓度可以在一定程度上判断变压器是否发生故障。②因为有的故障是从潜伏性故障开始的，此时油中溶解气体的含量较小但产气速率较快，所以应该考虑用产气速率来判断变压器是否处于故障状态。

在判断变压器是故障后，就可以利用判断变压器故障类型的方法判断变压器所属的故障类型了。判断变压器故障类型的方法主要有特征气体法和比值法，比值法又包括有编码的比值法和无编码的比值法，有编码的比值法包括 IEC 三比值法等。

IEC 三比值法最早是由国际电工委员会（IEC）在热力动力学原理和实践的基础上推荐的。DL/T 722—2014《变压器油中溶解气体分析和判断导则》推荐的就是改良的三比值法。其原理是根据充油内油、纸绝缘在故障下裂解产生气体组分含量的相对浓度与温度的相互依赖关系，从 5 种气体中选择两种溶解度和扩散系数相近的气体组分组成三对比值，以不同的码表示，根据比值的编码判断变压器所属的故障类型。表 6-3 和表 6-4 是 DL/T 722—2014 推荐的改良三比值法的编码规则和故障类型判断方法。

三比值法原理简单，计算简便且有较高的准确率，在现场有着广泛的应用。采用三比值法，各种气体针对的是变压器本体内的油样，对气体继电器中的油样无效，只有根据气体各组分含量的注意值或气体增长率的注意值有理由判断变压器存在故障时，气体比值才是有效的，对于正常的变压器比值没有意义。同时，三比值法还存在一些不足，比如实际情况中可能出现没有对应比值编码的情况，对多故障并发的情况判断能力有限，不能给出多种故障的隶属度，对故障状态反映不全面。

表 6-3　　　　　　　　　三比值法的编码规则

气体比值范围 a	比值范围编码		
	C_2H_2/C_2H_4	CH_4/H_2	C_2H_4/C_2H_6
$a<0.1$	0	1	0
$0.1 \leqslant a<1$	1	0	0
$1 \leqslant a<3$	1	2	1
$a \geqslant 3$	2	2	2

表 6-4　　　　　　　　　故障类型判断

故障类型判断	编码组合		
	C_2H_2/C_2H_4	CH_4/H_2	C_2H_4/C_2H_6
低温过热（<150℃）	0	0	1
低温过热（150～300℃）	0	2	0
中温过热（300～700℃）	0	2	1
高温过热（高于 700℃）	0	0，1，2	2
轻度局部放电	0	1	0
严重局部放电	1	1	0
低能放电	2	0，1	0，1，2
低能放电兼过热	2	2	0，1，2
电弧放电	1	0，1，	0，1，2
电弧放电兼过热	1	2	0，1，2

6.4　电力变压器状态监测与故障诊断系统

变压器内部发生热故障、放电性故障或者油、纸老化时均会产生各种气体，这些气体会溶解于油中，故对油中溶解气体进行分离、监测和分析是变压器绝缘诊断的主要内容。故障诊断方面应用得较为成熟的有三比值、四比值法等。目前，国内外较多的是运用专家系统、神经网络、模糊数学等对故障及故障部位进行定性与定量的分析，以期弥补三比值、四比值法中存在的缺陷。

1. 油气分离单元

利用高分子膜的透气性可以使变压器油中溶解气体从膜表面透过而油不能通过，从而达到油气分离的目的。不同材料的膜对不同气体的透过率是不同的，这就是膜对气体的选择性。膜还必须具有良好的耐油性和耐热性，当气体流向膜与膜表面接触时，气体溶入膜表面，在浓度差的推动下向膜内扩散，达到膜的另一面，所以透气过程也是气体在膜内溶解和扩散的过程，在一定温度下经过一定的时间，膜两侧的气体压力趋于平衡。因此，膜的选择至关重要，要尽量选对气体渗透系数大的膜。薄膜两侧装有固定板材将薄膜夹在中间以避免薄膜损坏，需要更换薄膜时只需要将蝶阀关闭即可进行操作，无须变压器停运。表 6-5 列出了几种膜的渗透系数。

表 6-5 几种膜的渗透系数

膜的种类	厚度（×10⁻², cm）	H×m²/（s·Pa）		
		H_2（×10⁻²）	CO（×10⁻²）	CH_4（×10⁻²）
可溶性聚四氟乙烯	7.5	12	14	9.0
纤维膜	5.0	8.3	2.5	2.0
四氟乙烯	5.0	6.7	9.0	5.3
聚酰亚胺	5.0	0.83	0.26	0.059

2. 在线监测系统

变压器放油阀上安装只渗透气体而不渗透油的透气膜以实现油气分离。气体信号的转换则是通过一种特制的复合色谱柱将混合气体逐次分离然后依次接触半导体气敏传感器，转换气体信号为电压信号，经过缓冲放大、滤波处理并由单片机系统进行模/数转换采集，同时将检测到的数据自动传送到后台主计算机，进行故障信号分析和故障诊断，最后打印并声光报警。单片微机系统对各种装置进行自动控制是该系统的重要功能。为了提高微机工作的可靠性，单片微机与强电控制信号间全部应用了光电隔离并将控制命令进行了放大驱动。为了实现现场长期可靠监测，硬件设计充分考虑了抗干扰性和工作稳定性等要求，强弱电之间的转换均采用光电隔离技术。将气体分离、信号转换部分和控制装置置于现场，而微机系统置于控制室内，减轻了控制强电部分动作时空间电磁场干扰对微机系统的影响，同时控制系统接地与微机系统接地完全分离，以免前者造成的干扰。总之，在线监测系统的设计，必须考虑多方面的问题，比如经济性、实用性、安全性

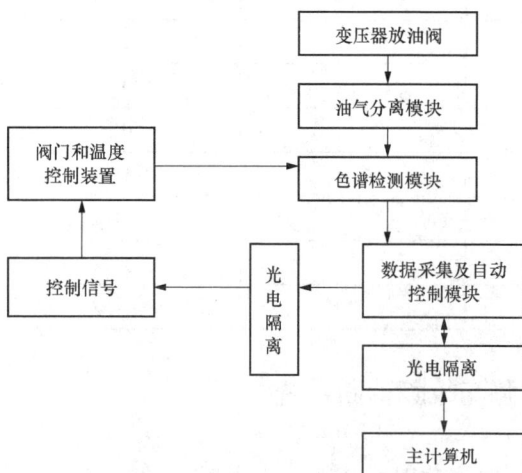

图 6-7 在线色谱监测系统模块图

等方面。

变压器油色谱在线监测系统具有高灵敏度，在结构上比较复杂。图 6-7 为油色谱在线监测系统模块框图。

整套系统可分为四大模块：油气分离模块、色谱检测模块、数据采集及自动控制模块和计算机后台数据管理及故障诊断软件模块。各模块的主要功能如下：

（1）油气分离模块。在利用油中溶解气体进行故障诊断时，首先要解决的是油气分离问题。油气分离模块的主要作用是将油中溶解气体从变压器油中分离出来，它通过相应的接口装置安装于变压器油循环回路。油气分离常用的方法有真空法和机械振荡法，但这些方法需要的仪器较多、操作复杂，不适合在线故障诊断。采用高分子膜的方法，可以克服前述方法的缺点。高分子膜能阻挡油的渗透，只要膜两侧的气体存在压力差，油中气体可以自动地通过高分子膜脱出来。因此系统中采用高分子透气薄膜实现油气分离，有效地透过 H_2、CO、CH_4、C_2H_4、C_2H_2、C_2H_6 等 6 种气体。这些气体将进入一个密闭性良好的气室储存起来，该气室和高分子透气薄膜构成了整个油气分离模块。

（2）色谱检测模块。色谱检测模块主要有两大功能：一是将混合气体的各组分依次分离，二是将气体信号转换为电信号以供测量。该模块由特制的复合色谱柱和热导检测器分别实现上述功能。色谱检测模块是整套色谱在线检测系统的核心部分，它的性能直接影响测量结果的精度、分辨率、准确性和可靠性。色谱柱和热导检测器需要在特定的温度范围下工作，所以要事先通过加热元件对其升温。

（3）数据采集及自动控制模块。数据采集及自动控制模块主要实现自动检测流程的控制、数据采集、温度控制、数据上传、浓度超限报警等功能。

（4）数据管理及故障诊断软件模块。数据管理及故障诊断软件的功能为：一是实现数据采集和运行控制；二是变压器油中色谱数据结果的分析及故障诊断。系统从油色谱分析结果数据库中读取相应的一组或多组油色谱数据及相应的变压器设备参数，DL/T 722—2014 的要求和推荐的判断故障步骤、方法及其标准对设备进行正常与否、有无潜伏性故障的状态进行诊断。

3. 专家诊断系统

通过把已经采样好的各种数据输入数据库，进行诊断。实际运行时，系统自动从数据库中取出相关的数据，包括最新的及历史的数据，调用知识库中的规则（事实规则）进行推理分析，得出尽可能正确的结论，并按相应的要求提出建议及可能采取的预防措施。故障诊断系统由数据库、知识库、推理机、解释机制、知识获取和人机接口等部件组成。

（1）知识库。知识库用于存放变压器油状态监测系统求解问题所需的专门知识，主要由该领域内的一组事实性知识和启发性知识以及一些公式化的信息等组成。知识库的建立，必须首先进行知识的获取，对于事实性知识，由分析测量可得，对于启发性规则和一些公式化知识，运用统计分析的方法进行获取。同时，事实性知识和启发性规则中还应包括多项指标对油品衰变进行综合判断，这可以采用模糊分析法。然后进行知识的表示，即以规则形式（if 条件成立 then 采取相应的操作）将油品衰变知识（理化性能指标的变化）和油质色谱分析知识等存入知识库中。这一部分需要知识工程师与领域专家的相互合作，进而把领域专家头脑中的知识整理出来。知识库是专家系统的核心，知识库的大小与质量直接影响整个专家系统的性能水平。知识库中的知识组织结构采用模块化，便于在扩充知识时不影响其他部分。

（2）数据库。数据库用于存放油系统运行过程中所需要和产生的所有信息，包括问题的描述、中间解题过程的记录等信息。数据的表示与组织应尽量做到与知识的表示与组织相容，便于推理机应用。首先像例行填表一样，输入各种试验数据，包括理化指标和色谱分析数据，如果色谱分析诊断有故障，系统将自动从数据库中去取与该故障有关的其他数据，并调用知识库中的知识进行综合分析。数据库也能单独形成报表，便于管理。

（3）推理机。推理机负责使用知识库中的知识，从数据库中取出所需要的数据进行按一定方式的推理分析（横向、纵向），最后得出结论。知识库与推理机是相分离的，即解决问题的知识与使用知识的程序相分离，它能提高专家系统的透明性和灵活性。推理机的设计与实现，一般也应与知识的表示方法与组织有关，但应与知识的具体内容无关，以免知识的变更引起推理机的修改。

（4）解释机制。负责回答用户提出的各种问题，包括告诉用户的某些候选假设和中间结果等。它是系统透明性的主要部件。

（5）知识获取。负责管理知识库中的知识，包括根据需要修改、删除或添加知识及由此引起的一些必要的改动，并且维护知识库的一致性。它是系统灵活性的主要部件。

（6）总控模块。根据用户的要求，列出子菜单供用户选择所需要的项目，并全面管理和调度数据库与知识库。

4. 诊断系统实现

变压器油色谱在线监测系统是基于改良三比值法的专家系统来诊断变压器故障，通过测量 H_2、CO、CH_4、C_2H_6、C_2H_4、C_2H_2 等油中溶解气体的含量及其变化趋势，在运行条件下实现对变压器绝缘状态的监测与故障诊断。

诊断系统软件必须具备以下特点：

（1）采用模块化设计，各模块功能清晰，且便于安装和检修。

（2）采用控制能力强的汇编语法，使在线监测系统的控制灵活、方便。

（3）采用定时中断采样，并在采用软件中加入采样密度判定及采密改变软件，当输入信号只有基线没有峰形出现时，电路将按稀采样工作，当峰值出现时，按密采样工作。这样既节省了大量的存储空间，又完成了采样任务。

（4）用不同的传感器检测 6 种不同气体，只要确定了 6 种气体的出峰时间范围，就可正确无误地判定 6 种气体的峰值，避免了外界温度或载气的微小波动对检测的误差，提高了系统的可靠性。

（5）故障诊断部分采用了基于改良三比值法的专家系统诊断故障，并可进行声、光预报警。

图 6-8 为大型变压器状态监测与故障诊断系统主界面，图 6-9 为油中气体的变化趋势曲线图。系统软件主界面能够对前端油中气体采集转化上来的信号能够实时地显示在系统主界面上，供值班人员监视。主界面由菜单、油中气体采集、变压器参数、温度和故障诊断（改良三比值法当前状态编码）等部分构成。故障诊断同时显示正常或者故障报警（红字显示）。故障报警可进一步查看系统诊断故障。由故障编码分析变压器可能的故障，故障参考原因中列举了可能引起变压器故障的具体故障原因，供值班员参考分析。

通过对变压器油中气体的变化趋势曲线图进行分析，可以掌握变压器状态随时间的变化情况，便于及时发现变压器故障；甚至在还未发生故障时，从油中气体的变化趋势曲线图推断出各气体的不正常变化，从而发现变压器将要发生的故障，防患于未然。

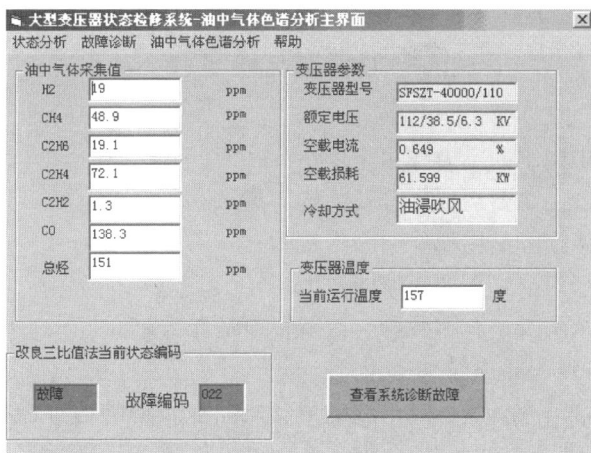

图 6-8 大型变压器状态监测与故障诊断系统主界面

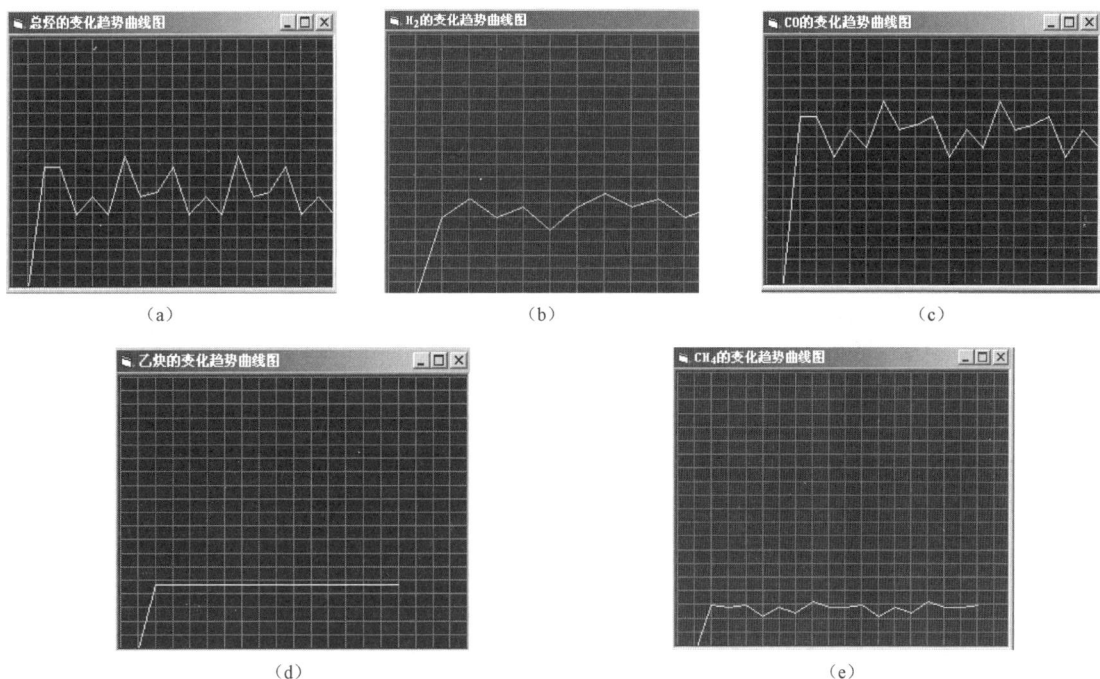

图 6-9 油中气体的变化趋势曲线图

（a）总烃的变化趋势；（b）H₂ 的变化趋势；（c）CO 的变化趋势；

（d）乙炔（C₂H₂）的变化趋势；（e）CH₄ 的变化趋势

对于变压器油中溶解气体色谱分析的在线监测方法，虽然仍以油中溶解气体为反映故障的特征量，但该方法是直接在变压器现场实现油色谱的定时在线智能化监测与故障诊断，不仅能够及时掌握变压器的运行状况，发现和跟踪存在的潜伏性故障，并且可以及时根据专家系统对故障自动进行诊断，以便迅速做出判断和处理。同时，可以在主控室对变压器油色谱分析进行巡回在线监测，提高了变电站运行的管理水平，又可以为从预防性维修向状态维修过渡奠定基础。

思考题与练习题

1. 电力变压器在电网中的主要作用是什么？

2. 简述电力变压器的主要组成部分及结构特点。

3. 变压器绕组绝缘损坏是由哪些原因造成的？

4. 变压器铁芯、绕组损坏主要有哪些原因？

5. 电力变压器的故障类型有哪几种？故障特征是什么？

6. 简述电力变压器状态监测的主要内容。

7. 什么叫变压器油中特征气体？充油电力变压器在长期的运行过程中产生哪些特征气体？电力变压器运行中要注意什么？

8. 如何实现电力变压器的在线监测与故障诊断？

第 7 章　高压断路器状态监测与故障诊断

　　高压断路器是发电厂和变电站配电装置中必不可少的设备，是电力系统中最重要的控制和保护设备。高压断路器控制、保护的对象主要有发电机、输电系统、配电系统及其他电力设备。当高压断路器发生故障时，直接的危害是被其所保护的线路、设备受损；间接的危害则是造成电量损失及电网事故或扩大事故，用户大面积停电，影响正常的生活、生产甚至社会稳定，造成很大的经济损失及社会影响。据统计，在变、配电系统中，高压断路器所导致的非计划停电事故无论是在事故次数上，还是在事故所造成的停电时间上都占据总量的 60%以上。因此，高压断路器的可靠运行对电力系统的安全、稳定至关重要。

　　电力系统中，高压断路器数量多、检修量大、费用高。有关统计表明，变电站维护费用的一半以上用在高压断路器上，而其中 60%又用于断路器的小修和例行检修上。据统计，10%的断路器故障是由于不正确的检修会导致的。断路器的大修需要完全解体，既费时间，费用也很高，而且解体和重新装配会引起很多新的缺陷。因此，及时了解断路器的工作状态、有缺陷部位，减少过早或者不必要的停电试验和检修，降低维修费用，提高电力系统可靠性和经济性。

　　对高压断路器实现在线监测和故障诊断，其主要作用有：能及时准确地判断断路器的各种异常状态，发现事故隐患，预防和消除故障，防患于未然，提高高压断路器运行可靠性、安全性以及有效性，把故障损失降低到最小水平。

7.1　高压断路器的结构与分类

7.1.1　高压断路器的作用

　　断路器是能开断、闭合和承载运行状态的正常电流，并能在规定的时间承载、闭合和开断规定的异常电流（如过载电流和短路电流）的高压电气设备。国际电工委员会（IEC）对断路器标准的定义如下：所设计的分、合装置应能关合、导通和开断正常电流，并能在规定的短路等异常状态下，在一定时间内进行关合、导通和开断。无论电力系统处于什么状态，当要求断路器动作时，它都能可靠地动作，或者关合，或者开断电路。

　　高压断路器在电网中起着两方面的作用：①控制作用，根据电网运行要求，在正常运行时倒换运行方式，将设备或线路接入电网或退出，转为备用或者检修状态；②保护作用，在电气设备或者线路发生故障之时，迅速切除故障回路，将故障部分从电网中迅速切除，保证无故障部分正常运行，保护电网。

7.1.2　高压断路器的结构

　　断路器的典型结构如图 7-1 所示。高压断路器主要由操动机构和开断元件即灭弧室两部分组成。在图 7-1 中，开断元件即为开断电流的灭弧室，断路器的触头、灭弧介质等都在灭弧室内，共同完成正常电流和故障电流的关合、承载和开断任务；操动机构为灭弧室提供动、静触头开合的动力。

1. 灭弧室

以真空灭弧室为例来介绍。真空灭弧室也称为真空管，是真空断路器切断电流的直接场所。真空断路器的灭弧室为一个不可拆卸的整体，动、静触头分别焊在动、静导电杆上。静导电杆焊在上法兰盘上，动导电杆上焊一波纹管，在导向套内运行。波纹管及导向套焊在下法兰盘上，由瓷柱支撑的金属圆筒屏蔽在动、静触头外面，再与玻璃外壳形成密封的腔体，该腔体经过抽真空处理，真空度一般在 $1×10^{-6}$ Pa 以上。当合、分闸操作时，动导电杆上下运动，波纹管被压缩或拉伸，使真空灭弧室的真空度得到保持。

关于真空灭弧室的基本构造，各个制造厂都大致相似，但材料和触头结构方面却差别巨大。真空灭弧室基本组成部分有动、静触头，绝缘外壳，屏蔽罩和波纹管等，如图7-2所示。

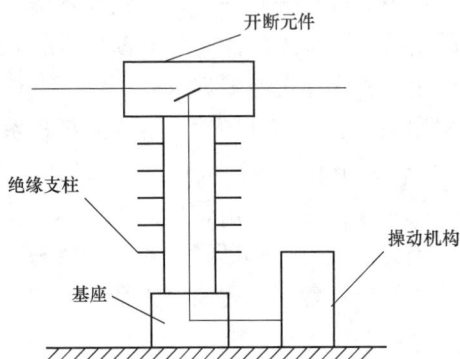

图 7-1　断路器典型结构

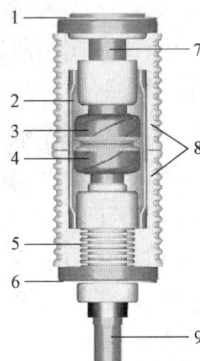

图 7-2　真空灭弧室结构图

1—静端盖板；2—屏蔽罩；3—静触头；4—动触头；

5—波纹管；6—动端盖板；7—静导电杆；

8—绝缘外壳；9—动导电杆

外壳是为真空灭弧室制造一定真空度的机械承力的空间，是真空灭弧室的密封容器。它不仅要容纳和支持真空灭弧室内的各种零件，而且在动、静触头处于断开的位置起绝缘作用。按照制造材质，外壳可分为玻璃、陶瓷和金属壳（将金属屏蔽罩露于空气中，而在两端绝缘）。我国以往使用玻璃外壳居多，但是陶瓷外壳的烘焙温度高，可实现一次排封封接技艺，易于实现机械化、自动化高效生产，而且比玻璃外壳具有更高的机械强度和真空度。

真空灭弧室内的一对触头，既是闭合时的同流元器件，又是开断时的灭弧元器件，因而触头是真空灭弧室里面最重要的元器件。其几何造型和金属元素成分由于制造厂商不同而各不相同。触头材料大致分为两大类：铜-铬合金，主要是用于高电压；铜-硒-碲合金，主要用于低压大电流。触头的材料和性能与断路器的开断性能、电压耐受能力、过电压均有密切的联系。

触头的结构形式对断路器的开断性能影响也很大。真空灭弧室开断电流主要有两种方式：①在真空电弧上施加于弧柱相垂直的磁场，即横向磁场。产生横向磁场的触头结构典型的有螺旋槽触头和杯状横向磁触头。②在真空电弧上施加和弧柱方向相平行的磁场，即纵向磁场，使得电弧在大电流的情况下也处于扩散状态。纵向磁场的产生主要是依靠线圈式触头和杯状纵磁头。因触头在真空环境中工作，表面不容易生成氧化膜，所以一方面要求能抗熔焊，截流值小，这就要求金属饱和蒸气压高；另一方面却又要求材料含气杂质少，开断电流大，过零后介质强度高，这要求金属的饱和蒸气压不能太高。

经研究发现，纵向磁场触头结构能提高断路器的开断能力。当动、静触头在操动机构作用下带电分闸时，触头间隙将燃烧真空电弧，并在电流过零时熄灭电弧。由于触头特殊结构，燃弧期间触头的间隙会产生适当纵向磁场，这个磁场可使电弧均匀分布在触头的表面，维持低的电弧电压，并使得真空灭弧室具有较为高的弧后介质强度、吸附能力强，电磨损小，从而提高断路器开断短路电流的能力。

波纹管保证了真空灭弧室的完全封闭。波纹管是由厚度为 0.1～0.2mm 的不锈钢制成的薄壁元器件，它使得动触头在真空的状态下运动成为可能，从而被普遍用于动触头运动的真空密封。波纹管的一端固定，连在灭弧室的一个端面上；另一端运动，连在动触头的导电杆上，从而使动触头有一定的活动范围而不会使灭弧室内真空空间压强发生变化。用金属波纹管来承担触头活动时的伸缩。波纹管是真空灭弧室的一个重要结构零件，它是保证真空灭弧室机械寿命的重要零件。真空断路器每分合闸一次，波纹管就会产生一次机械变形，因此波纹管是真空灭弧室里最易损坏的部件，其金属材料的疲劳寿命决定了真空灭弧室的机械寿命。一般采用不锈钢、磷青铜等作为制作波纹管的材料，不锈钢的性能最好。常见的制造工艺有液压成型和膜片焊接这两种。液压成型制造成本低，疲劳寿命相对要短些，而且工作行程小于波纹管长的三分之一。膜片焊接能使工作行程达到波纹管长的三分之二，疲劳寿命长，但成本较高。

在触头周围设置屏蔽罩，主要是用来吸附真空电弧产生的金属蒸气分子，使其在罩壳上冷却并恢复到金属的固化状态，吸附后灭弧室的真空度得以恢复。灭弧室的屏蔽罩由主屏蔽罩、波纹管屏蔽罩和均压屏蔽罩组成。主屏蔽罩可以在开断电流时有效地防止金属喷溅到绝缘外壳的内表面，避免内表面绝缘性能下降。当交流电流过零时，主屏蔽罩的存在有利于电流过零后弧隙介质强度的提高，改善灭弧室的开断性能。主屏蔽罩的存在会影响动、静触头间电场的分布。屏蔽罩设计得当，有利于触头间绝缘强度的提高。波纹管屏蔽罩包在波纹管四周，可有效防止金属蒸气溅到波纹管上，可以提高波纹管的使用寿命。均压屏蔽罩安装在触头附近，可以改善触头间的电场分布。

2. 操动机构

断路器触头的分合动作主要是靠操动机构来带动的。高压断路器的操动机构由手动操动机构发展到手动弹簧储能操动机构、电动弹簧储能操动机构、压缩空气气动操动机构、液压操动机构等。弹簧操动机构有以下优点：①可靠性高，功能原理简单，要求的电源容量小，交直流都可用，暂时失去电源仍能操作一次；②没有油压和气压，也不需要这些压力的监控装置，因此弹簧操动机构广泛应用于中小型断路器。

高压断路器对弹簧操动机构的动作方面有一定的要求，要求其能配合完成合闸，保持合闸、分闸，具有自由脱扣与防跳跃及复位等功能。操动机构通过杠杆机构及绝缘拉杆与真空灭弧室导电杆连接，带动真空灭弧室动触头进行分合运动。

真空断路器弹簧操动机构结构示意图如图 7-3 所示。弹簧操动机构按其功能可分为储能系统、电气控制系统和分合闸操作系统等部分，它们之间相互配合，将电动机的电能转换成触头的机械能。断路器要进行自动操作，实现对用电系统的控制和保护，就要求其操动系统除了在结构上有自动操作能力之外，还要求有一个专门的电气控制回路实现对操动机构的控制。电气控制系统作为操动机构的组成部分，其功能是对分合闸和自动重合闸等操作进行控制，由分合闸线圈、脱扣器、储能保持锁扣和辅助开关、接线板等组成。

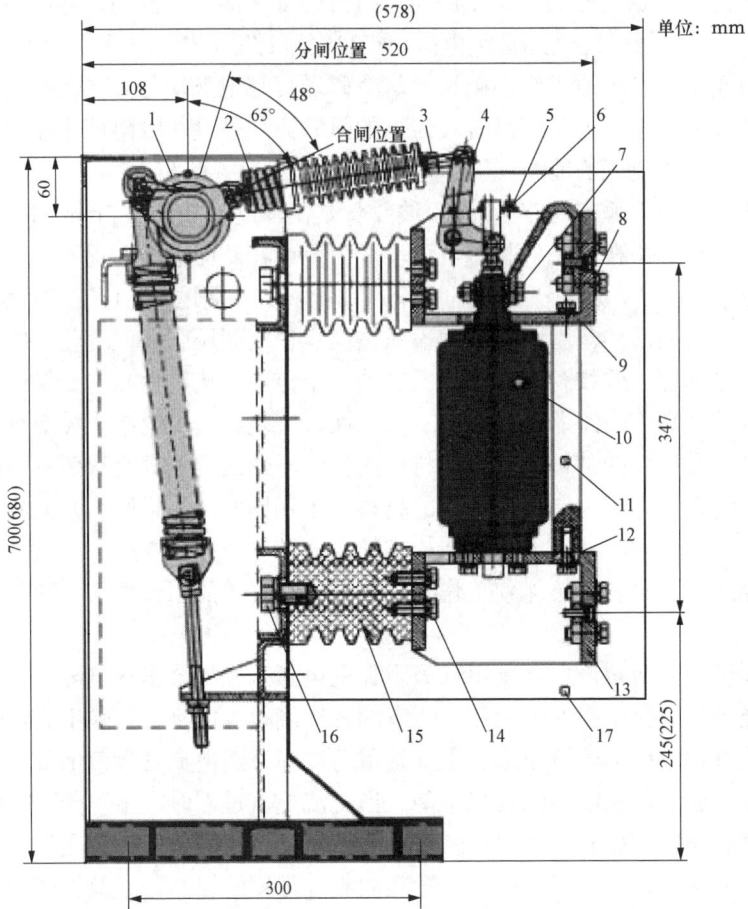

图 7-3　真空断路器弹簧操动机构示意图

1—主轴；2—触动弹簧；3—接触行程调整螺栓；4—拐臂；5—导向板；6—导向杆；

7—导电夹紧固螺栓；8—动力架；9—螺栓；10—真空灭弧室；11—绝缘支撑杆；

12—真空灭弧室紧固螺栓；13—静支架；14—螺栓；15—绝缘子；16—绝缘子固定螺栓；17—绝缘隔板

　　分合闸操作系统是执行断路器分断与关合任务的部分。真空断路器弹簧操动机构的分合闸操作系统包括三相触头弹簧、传动连杆和传动主轴等。当控制电路发出分闸信号时，通过自由脱扣装置释放分闸弹簧储存的能量，使触头进行分闸动作。简而言之，就是控制电路发出分、合闸信号，操动系统牵引触头物理上分、合闸。

7.1.3　高压断路器的分类

　　根据控制和保护对象的不同，高压断路器可分为发电机断路器、输电断路器、配电断路器和控制断路器。控制、保护发电机用的断路器称为发电机断路器，其额定电压在 40.5kV 以下，额定电流大，不需要快速自动重合闸；用于 110（63）kV 及以上输电系统中的断路器称为输电断路器，其除了具备快速自动重合闸功能以外，还具备开合近区故障、失步故障和架空线路和电缆线路充电电流的能力；用于 35（63）kV 及以下的配电系统中的断路器称为配电断路器，除了快速自动重合闸的功能外，有时候还要求其具备开合电容器组合电缆线路充电电流的能力；用于控制、保护经常需要启动停止的电力设备的断路器称为控制断路器，要求其能频繁操作并具备较长的机械寿命和电寿命，例如电动机启动控制。

　　按断路器灭弧原理来划分，有油断路器（少油和多油）、压缩空气断路器（简称空气断路器）、六氟化硫断路器（SF$_6$断路器）、真空断路器、磁吹断路器。我国目前应用最多的是少油断路器、真空断路器和六氟化硫断路器。少油断路器一般用在电压等级较低的配电系统中；而随着触头材料的发展，真空断路器也已经抢占了中低压等级的市场；六氟化硫断路器一般电压等级在110kV以上，在高压输电系统中占据绝对优势地位。

　　（1）油断路器。多油和少油断路器统称油断路器，是最早出现的、历史最悠久的断路器。多油断路器（见图7-4）用油量大，油同时起灭弧和绝缘的作用；少油断

图 7-4　多油断路器

路器中油只用作为灭弧介质和触头开断后的弧隙绝缘介质，而带电部分和地之间的绝缘采用瓷介质。油断路器的缺点是油量多（尤其是多油型），钢材消耗多，油量大不仅给检修带来困难，而且增加了爆炸和火灾的危险。在真空断路器和六氟化硫断路器出现之后，油断路器逐渐被二者替代，退出运行。

　　（2）真空断路器。真空断路器（见图7-5）用真空作为触头间的绝缘和灭弧介质。由于近年来真空工艺、材料技术水平等发展迅速，目前真空断路器广泛应用于10、35kV配电系统中，在中低压市场中占据主流地位。真空灭弧室的绝缘性能好，触头开距小，要求操动机构提供的能量也小；电弧电压低，电弧能量小，开断时触头表面烧损轻微。因此，真空断路器的机械寿命和电寿命都很高，通常机械寿命和开合负载电流的寿命都可达到1万次以上，特别适用于操作频繁的场合，如配电线路断路器。

　　（3）六氟化硫断路器。六氟化硫断路器（见图7-6）利用六氟化硫气体作为灭弧介质，六氟化硫是目前高压电器中使用的最优良的灭弧和绝缘介质，它的化学性能非常稳定。采用六

图 7-5　真空断路器

图 7-6　六氟化硫断路器

氟化硫作为熄弧和绝缘介质，灭弧能力强，介质强度高，单断口电压可以做得很高，在同一额定电压等级下，与少油和空气断路器相比，六氟化硫断路器所用的串联单元数较少。六氟化硫的介质恢复速度特别快，开断近区故障的性能好，不容易产生过电压。六氟化硫气体的电弧分解物中不含有碳等影响绝缘能力的物质，在严格控制水分的情况下没有腐蚀性，且触头在六氟化硫中的烧损轻微，因此六氟化硫断路器允许开断的次数多，检修周期长。

7.2　高压断路器状态监测

断路器状态监测主要包括机械性能状态监测、电气性能状态监测以及触头电寿命监测等，监测内容有：分合闸监测、储能弹簧状态监测、合（分）闸线圈电流监测、振动波形监测、气体密度监测、泄漏电流监测、开断次数监测、开断电流监测、断路器红外成像监测和操作机构油压监测等。

7.2.1　高压断路器的状态监测项目

根据可能出现的故障种类，高压断路器状态监测主要有以下各种项目：

（1）合（分）闸线圈通路状态。

（2）合（分）闸线圈电流。

（3）合（分）闸线圈电压。

（4）断路器合、分闸时间。

（5）断路器动触头行程：断路器合、分闸行程大小等。

（6）断路器动触头速度：包括合、分闸动触头速度等。

（7）断路器过程中的机械振动：反映机械部分的卡滞和非正常碰撞、机构零件脱落、缓冲器性能等。

（8）静态回路电阻：反映触头的磨损和腐蚀的程度和接触情况。

（9）合闸弹簧状态：弹簧机构的储能弹簧压力、刚度等工作情况。

（10）导电接触部位的温度：监测导电接触部位的发热情况，间接监测断路器灭弧室及弧触头（包括灭弧介质）烧损情况。

（11）真空灭弧室的真空度。

（12）六氟化硫气体的温度、压力和密度。

（13）局部放电：局部放电是罐式六氟化硫断路器、封闭式组合电器（GIS）和气体输电管道（GIL）的一个重要监测项目。

7.2.2　高压断路器的状态监测方法

（1）分、合闸时间同期测量。分、合闸时间同期性是高压断路器的重要机械特性参数之一。测量原理如图7-7所示。在断路器端口上下接线端子上接上测量信号线，当断路器合上时，信号线上有电流通过，经过光电隔离器、电压比较器，输出高电平信号。当断路器分开时，信号线上无电流通过，输出低电平信号。测量系统以一定时间周期读取所有断口信号，以操作线圈电流信号为起点，计算出各个相的各断口的分、合时间和相间与相内的同期差。

（2）合（分）闸动触头行程和速度测量。测量系统可选用增量式旋转光电编码器或者直线式光电编码器作为传感器，其特点是质量轻，力矩小，可靠性高。把直线式行程式传感器安装在操动机构的直线运动的连杆上，或把旋转式光电编码器安装在断路器或操动机构的转动轴上，通过传感器测量合（分）闸操作动触头的运动信号。

旋转式光电编码器是输入轴角位置传感器，采用圆光栅，通过光电转换，将轴旋转位脉转换成电脉冲信号。当输入轴转动时，编码器输出 A、B 相两路相位相差 90°角的正交脉冲串，通过信号处理电路，能从 A、B 相两路信号的相对位置确定转轴的转动方

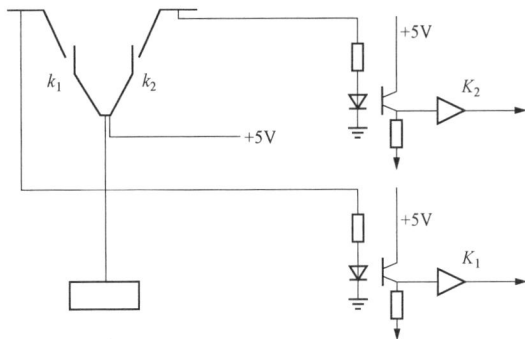

图 7-7 分、合闸时间同期测量原理图

向。通过加减计数器对 A、B 相两路信号计数，能得到转轴转动的角位移的正负，从而可以测出断路器运动部分的反弹情况。旋转式光电编码器的结构如图 7-8 所示。

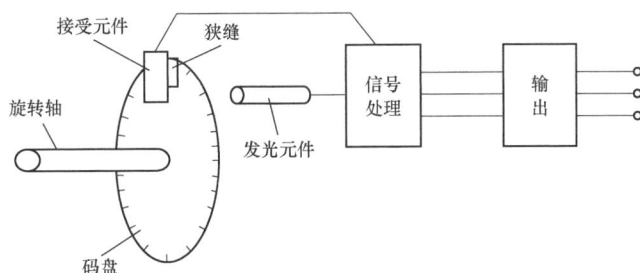

图 7-8 旋转式光电编码器结构

旋转式光电编码器是带有 A、B 两组正交的角位传感器。装置上有一固定光源，光线通过光栅时，可射到光电转换装置，得到信号。光栅移过后，光线受阻，光电转换装置无输出。当轴连续转动时，仪器将输出一连串的电脉冲信号，两脉冲的间隔长度正比于转轴瞬时角速度。由于编码器有 A、B 两组光栅，因此可以输出 A、B 相两路相位相差 90°角的正交脉冲串。从旋转光电编码器或直线式光电编码器输出的两路正交脉冲，经过光电隔离后，再由施密特电路整形得到 A，$\overline{A}$，B，$\overline{B}$ 四路方波信号。直线式光电编码器，其工作原理与旋转式光电编码器基本相同，只是旋转式光电编码器用的是圆光栅盘，输入的是转动轴的转动，而直线式光电编码器用的是直尺光栅，输入的是连杆的直线运动。

两路加减脉冲信号经加减脉冲信号计数，输出的 10 位二进制编码，其值与断路器操作过程的行程相对应。测试系统以一定的采样频率读取这 10 位结果，从而得到断路器操作过程的行程时间特性。

通过分析动触头的行程特性变化，可发现较多的机械故障隐患，并预测可能出现的故障。根据动触头的行程-时间特性曲线再结合其他参数，可提取各种机械动作的参数，如可计算动触头分合闸操作的运动时间、动触头行程、动触头的刚分速度和刚合速度及动触头运动的平均速度和最大速度。目前，测量高压断路器行程-时间特性曲线，多采用光电式位移传感器和旋转式光电编码器。

（3）储能弹簧状态监测。高压断路器的操动机构分为液压机构、电磁机构、永磁机构和弹簧操动机构等。弹簧操动机构内设有触头弹簧、分闸弹簧和合闸弹簧。合闸弹簧状态包括

了操动机构的故障信息。合闸弹簧状态监测方法一般有两种：一种是用压力传感器直接监测；另一种使用电流传感器间接监测。

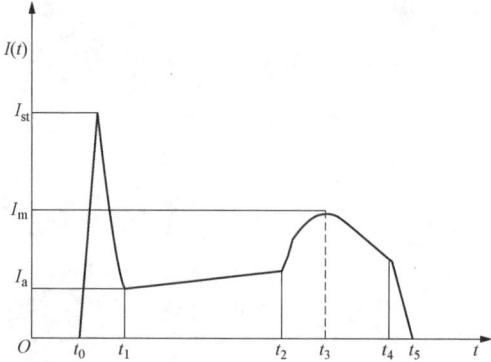

图 7-9　ZN12-10 型真空断路器储能电动机电流波形

直接监测：应用压力传感器或者扭矩传感器，通过测量合闸弹簧压力值的大小，判断弹簧的压缩状态。这种方法需要在机构上安装压力传感器。

间接监测：应用电流传感器，通过测量储能电动机的工作电流波形及工作时间，监测储能弹簧的状态。ZN12-10 型真空断路器储能电动机电流波形如图 7-9 所示。

1）阶段Ⅰ，$t=t_0 \sim t_1$。t_0 时刻开始通电，到 t_1 时刻电动机启动终止，开始平稳工作。这一阶段的特点是有较大的启动电流。I_{st} 为启动电流的峰值。

2）阶段Ⅱ，$t=t_1 \sim t_2$。在这一阶段，电动机电流基本不变，电动机电流为 I_a。

3）阶段Ⅲ，$t=t_2 \sim t_3$。在 t_3 时刻，电动机负荷力矩最大，电动机电流达到最大值 I_m。

4）阶段Ⅳ，$t=t_3 \sim t_4$。在 t_0 时刻，辅助开关分断，电流被切断。

分析电流波形时，可以把 t_0、t_1、t_2、t_3、t_4、I_a、I_m 作为特征参数。对比这些特征参数的变化，可以判断储能弹簧力特性的改变。如果知道储能电动机的类型和电动机及相关机构的参数和尺寸，还可以估算出弹簧力行程特性。

（4）开断电流加权累计监测。断路器的电磨损或电寿命，取决于在开断过程中电弧对触头、灭弧室和灭弧介质的烧损。对于真空断路器及带弧触头的六氟化硫断路器来说，则主要是触头的磨损决定断路器的电寿命。监测方法是在分闸过程中，由高压电流互感器和二次电流传感器测量高压开关的主流波形，通过测量触头每次开断电流，经过数据处理得到该次开断电流的有效值，然后根据下式计算

$$Q = \sum_{n=1}^{n} I_n^a \tag{7-1}$$

式中　n——开断的次数；

　　　I_n——该次开断电流的有效值；

　　　a——开断电流指数；

　　　Q——开断电流的加权累计值。

当 Q 值超过阈值时，表示应当检修、更换。由一定型号断路器触头电寿命曲线（开断电流的有效值—开断次数）可以确定断路器的 a 值和阈值。由于进行断路器多次开断试验所需费用太高，有时厂家只提供在额定开断电流下的允许开断次数，此时常取 $a=2$。

（5）合（分）闸线圈电流监测。电磁铁是高压断路器操动机构的重要元件之一，高压断路器一般是以电磁铁作为第一级控制元件。当线圈中通过电流时，在电磁铁内产生磁通，铁芯受电磁力作用吸合，使断路器合闸或分闸。线圈中的电流波形包含着不少信息，反映了电磁铁本身以及联锁触头在操作过程中的工作情况。电磁铁动态工作过程如图 7-10 所示。

1）阶段Ⅰ，$t=t_0 \sim t_1$。线圈在 t_0 时刻开始通电，到 t_1 时刻铁芯开始运动。这一阶段的特

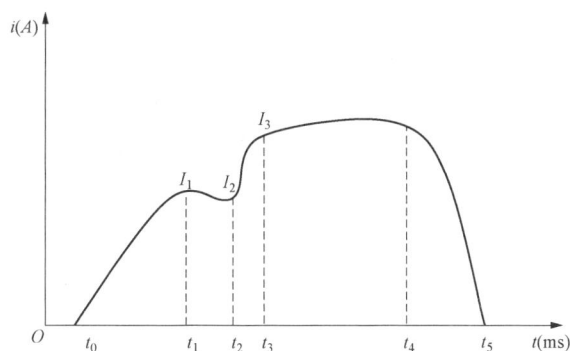

图 7-10　典型的线圈电流波形

点是电流上升, 铁芯还没有运动。

2) 阶段 Ⅱ, $t=t_1 \sim t_2$。在这一阶段, 铁芯运动。

3) 阶段Ⅲ, $t=t_2 \sim t_3 \sim t_4$。在这一阶段铁芯运动停止, 电流重新上升, 其预期的稳定电流 $I=U/R$。

4) 阶段Ⅳ, $t=t_4 \sim t_5$。此阶段为电流切断阶段。

电磁铁的工作过程可以用电路的微分方程分析如下

$$U = iR + \frac{\mathrm{d}\Psi}{\mathrm{d}t} \tag{7-2}$$

$$\Psi = Li \tag{7-3}$$

式中　Ψ ——线圈的磁链。

将式 (7-3) 代入式 (7-2), 可得

$$U = iR + \frac{\mathrm{d}(Li)}{\mathrm{d}t}$$

$$U = iR + L\frac{\mathrm{d}i}{\mathrm{d}t} + i\frac{\mathrm{d}L}{\mathrm{d}t}$$

$$U = iR + L\frac{\mathrm{d}i}{\mathrm{d}t} + i\frac{\mathrm{d}L}{\mathrm{d}s} \cdot \frac{\mathrm{d}s}{\mathrm{d}t}$$

$$U = iR + L\frac{\mathrm{d}i}{\mathrm{d}t} + i\frac{\mathrm{d}L}{\mathrm{d}s}v \tag{7-4}$$

式中　$\dfrac{\mathrm{d}L}{\mathrm{d}s}$ ——线圈电感 L 对铁芯行程 s 的导数, 即电感对行程关系曲线在某一行程上的斜率;

v ——铁芯运动速度。

第Ⅰ阶段, 电流从零开始上升, 铁芯吸力尚小不能运动, 即 $v=0$。由式 (7-4) 可见, 电流按指数曲线上升直到铁芯开始运动为止。

第Ⅱ阶段, 铁芯开始运动而且速度不断提高, 由式 (7-4) 可见, 最右一项的反电动势不断加大, 迫使电流不但不上升反而急转直下。这一情况直到铁芯完全吸合为止。

第Ⅲ阶段, 铁芯运动速度重又为零, 即 $v=0$。此时电流根据式 (7-4) 重新按指数上升。

第Ⅳ阶段, 在此阶段辅助开关分断, 在辅助开关触头间产生电弧并被拉长, 电弧电压快速升高, 迫使电流迅速减小, 直到熄灭。

分析电流波形可知, 电流有两个峰值点和一个谷值点。以 t_0 为命令时间的零点, 特征参数可以有 t_1、t_2、t_3、t_4、t_5、I_1、I_2、I_3。在简单情况下, 也可选 t_1、t_2、I_1、I_2 四个特征参数。

断路器在每次分合闸过程中, 线圈电流随时间变化, 其变化波形蕴藏着极为重要的信息。分、合闸线圈的电流波形中含有很多信息, 反映电磁铁本身、所控制的锁门或阀门及联锁触头在操动过程中的工作情况, 如铁芯运动机构有无卡滞、脱扣、释能机械负载变动的情况, 线圈的状态 (如电阻是否正常) 与铁芯顶杆连接的锁门和阀门的状态。通过对分、合闸线圈电流的监测, 可以大致了解断路器二次控制回路的工作情况与机械操动机构状况等, 为检修

提供辅助判据。分、合闸线圈是控制断路器动作的关键元器件，应用霍尔电流传感器即可监测多种信息的分合闸电流波形。引起线圈电流变化的因素很多，如电压、铁芯空行程、摩擦阻力、卡滞，以及操动机构的机械状况，不同故障均可反映在不同的特征参数上。

（6）机械振动监测。在高压断路器的分、合闸操作过程中，机构部件的运动和撞击都会引起振动响应。这种机械振动会有一定的随机性，但对于同一台高压断路器的多次操作过程中，振动信号重复性还是较好的。利用高压断路器这方面的特性，以外部振动信号、结合计算机和信号处理技术，可以进行高压断路器的机械状态监测。机械振动监测系统框图，如图7-11所示。

图 7-11　机械振动监测系统框图

从振动理论可知，只要振动源和振动传播途径不发生变化，所得的振动信号就保持相对稳定。实验表明，同类型的断路器动作时所产生的振动信号相似，这就使得通过比较同种类型不同断路器的振动信号监测断路器故障成为可能。断路器运行中产生的机械振动信号包含丰富的信息，振动分析是一种体外测量的手段，通过安装在断路器表面的一个或者多个加速度传感器可获取断路器运行过程中的振动信号，提取特征值，进行故障诊断。该系统由计算机、A/D板、测量机械振动信号用的压电晶体式加速度传感器、电子放大器、高压断路器行程传感器、操作线圈电流传感器及处理软件组成。

7.3　高压断路器故障分析

分析高压断路器的故障原因，其故障主要有以下几类：拒动、误动故障，绝缘故障，开断与关合故障及其他故障。这些故障中，拒动（包含拒分和拒合）故障占多数。拒动和误动故障有些是由操动机构的机械部分导致的，有些是由其电气控制回路造成的。

开断与关合故障是由断路器本体造成的，对于真空断路器而言，表现为灭弧室及波纹管漏气、真空度降低、投切电容器组重燃、陶瓷管破裂等。绝缘故障表现为外绝缘对地闪络击穿、内绝缘对地击穿、相间绝缘闪络击穿、雷电过电压闪络击穿等。其他故障包括开关柜隔离插头接触不良导致触头烧熔、异物撞击、自然灾害等。

国家电网公司电力科学研究院的调查结果表明，在1989~1997年间高压断路器发生的4632次故障中，开断与关合故障占总故障的4.6%，绝缘故障占总故障的18.1%，操动机构机械部分导致的故障占总故障的39.3%，操动机构的电气控制回路造成的故障和其他类型的故障总共占38%。这说明在我国高压断路器中，由操动机构（包括机械部分和电气控制回路）引起的故障是最主要的故障，其中，由机械部分引起的故障占了总故障的主要部分。

7.3.1　高压断路器的故障类型

断路器故障可以大致分为机械类故障和电气类故障两类。故障处理的原则一般为先机械后电气。机械故障大致有设备老化、传动机构磨损或失灵，电气故障大致有各种线圈或继电器烧坏、控制回路断线等。外部原因（如雷电冲击过电压、外部线路短路形成大电流等）造成设备绝缘水平降低或气密性降低等。

故障外部表现可分为：断路器拒合、断路器拒分、合闸误闭锁、分闸误闭锁、断路器偷跳或误跳。不同断路器还有自己的特殊故障，如六氟化硫断路器低压闭锁故障。

（1）油断路器的故障类型。油断路器的故障往往是过热，随着通断次数的增加，触头部分磨损使触头压力不够而接触不良过热；随着多次的开断电流，灭弧室和触头受到电磨损，产生裂纹、损伤面达到了寿命限度。

套管故障往往是破损、裂纹所致。其他的故障有漏油、油变色、套管电晕放电、绝缘能力降低及闪络等故障。

归纳起来，油断路器的故障主要类型有：操作失灵；绝缘故障；开断、关和性能不良；导电性能不良；渗漏油。

（2）六氟化硫断路器的故障类型：六氟化硫气体的含水量超标；六氟化硫气体泄漏；六氟化硫断路器操作机构拒合、拒分；无信号自分。

（3）真空断路器的故障类型。真空断路器在运行中会出现真空灭弧室漏气，接触电阻增大，操动机构卡滞，分合闸线圈烧毁等故障。外部故障常见有绝缘子、绝缘套管、外壳等裂痕、损伤、变形等。

7.3.2　高压断路器的故障机理

断路器因其部件受到热、电的应变及机械应变或环境的影响，导致断路器整体性能降低，严重影响断路器安全可靠运行。

1. 热劣化

热劣化是对物质加上热能，其结果是在物质内部的分子状态结构上引起了不可逆的化学或物理的变化，出现性能降低的现象。橡胶密封垫的热劣化，断路器触头受电弧灼伤也属于这种劣化。

（1）密封垫的劣化。密封垫的密封效果是以垫的压缩复原力来维持。失去了压缩复原力，即由于压缩不当永久变形率超过了某一定值时则密封垫失去应有的密封效果。

（2）绝缘物的热劣化。高分子材料绝缘物因热而发生的变化有氧化、热变化及热分解等。氧化是绝缘物长期在高温下与氧进行氧化反应，引起绝缘物变质、变色、龟裂及收缩等现象。氧化不单是达到某温度以上急剧发生的现象，在较低的温度下也在缓慢进行着，使机械强度或电气的特性劣化。

（3）绝缘油的热劣化。油断路器的绝缘油由于被油断路器的电弧分解，除析出游离碳外还飞散出电极上的材料或它的金属化合物使绝缘油变黑劣化。

（4）触头的消耗。因受电弧影响产生的触头消耗量取决于断路电流、断路次数和电极材料等。在 SF_6 气体中的断器电流与触头消耗量之间的关系可用式（7-5）表示

$$V=\alpha I^{\beta}t \tag{7-5}$$

式中　V——消耗量；

　　　I——断路电流；

　　　t——电弧时间；

　　　α、β——由触头材料决定的常数。

气体 SF_6 在常温下非常稳定，但接触到高温电弧时 SF_6 气体就发生高温分解，电弧熄灭后温度降低分解的离子又再结合，但是再结合之后，还要生出一些分解生成物。

根据电极材料、放电电流、气体中水分含量多少等，分解生成物的组成比例变化很大。特别是含有水分时，活性的分解气体 SO_4、SOF_2 与水进行反应，对金属材料或绝缘材料表面起着劣化作用。

2. 电气性劣化

电气性劣化由于电场及电场集中引起的材料劣化现象。长期加高电压的绝缘物，其材料的电气特性是随着时间而降低的，当绝缘劣化尚处于在较小的时间内，它的降低对实际使用是无影响的，若绝缘劣化进展到一定程度绝缘材料就容易遭到破坏。

在绝缘层内如存在异物或空隙，加压后在此处产生局部放电。局部放电从形态来说可分为内层空隙而产生的内部放、在表面产生的表面放电以及在电极尖端而产生的电晕放电等三种，引起绝缘物的热劣化。

3. 机械性劣化

机械性应变，即由于应力使材料随时间而变形，或者应力的集中使局部缺陷伸展的现象。机械性劣化从材料状态来看有蠕变和疲劳两种形态。从部件与部件的相互作用来看，凡是摩擦面上的磨损或者螺栓的松弛等也可看作机械性劣化。

断路器部件疲劳破坏的主要原因是在冲击负荷下的疲劳破坏。对金属材料来说，冲击疲劳强度劣化的倾斜趋势比一般的低循环疲劳强度劣化倾斜趋势要大，随着材料使用寿命的提高，两者疲劳强度之差缩小，会出现逆转倾向。随着断路器滑动面的摩擦，滑动的表面逐渐发生减量，这叫作磨耗（摩擦损耗）。程度严重时表面形状及尺寸发生变化，滑动功能或润滑特性降低。滑动面的摩擦因受润滑状态的影响，在长时间静止状态之后，它的启动摩擦力可以说是相当大的，特别是在滑动盘根部分，因密封作用，经常受着盘根与滑动面之间的密封压力，这种倾向更为显著。

4. 环境劣化

在某些环境下部件因受导线过载、化学反应、溶解和膨胀等原因而使性质降低，称为环境劣化。

电气的触点部件不仅用在主回路上，更多是用在控制回路上，触点在断路器的功能上占着极为重要的位置。特别是分和弱电流的继电器等触点部件，它的接触表面若有微小的变化也直接影响着可靠性。从部件的环境条件来看，在城市中受到工厂煤烟和汽车排气中的硫化氢的影响也会造成劣化。

实际断路器的劣化，例如在高温下绝缘物蠕变的加速、氧化反应的加速，像这种热劣化与机械劣化、电气劣化构成了复合因素，或这种热劣化与环境劣化构成了复合因素，因而有很多劣化未必都是单一形态的劣化。图 7-12 为断路器在复合劣化因素作用下故障的形成过程。

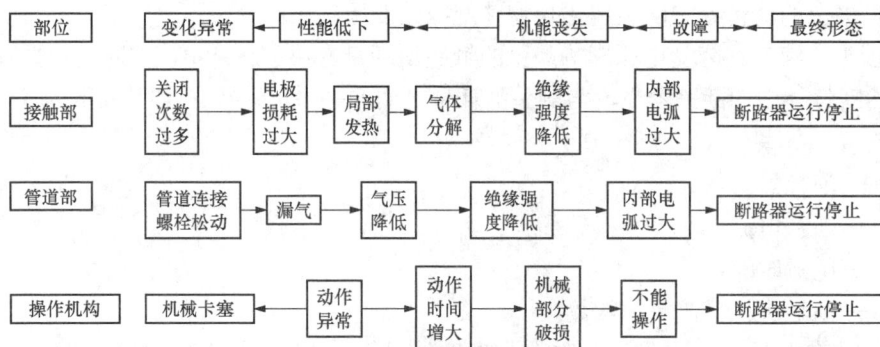

图 7-12　断路器故障形成过程

7.4　高压断路器状态监测与故障诊断系统

高压断路器状态监测与故障诊断系统监测信号内容包括触头行程、分合闸线圈电流、分合闸线圈电压、主回路电流、振动、分合闸弹簧状态、分合闸时间同期等。根据这些监测信号，进行信息处理：行程信号能够算出速度和加速度信号；根据主回路电流，可以得到开断电流；根据分合闸时间同期性、平均分合闸速度等信号，可对高压断路器电磨损及电寿命做出综合评判；根据行程信号、分合闸线圈电流、振动信号、分合闸弹簧状态，可对高压断路器的操动机构做出故障诊断。

不同类型的高压断路器，在线监测的内容有较大差别，而且对于不同的监测对象，监测方法和手段也不尽相同。高压断路器在线监测一般采用上位机和下位机联合工作，共同完成数据的采集、存储、处理和显示功能。

根据高压断路器状态监测的基本项目，设计出如图 7-13 所示的系统，其由信号变送、数据采集、信号传输、状态识别和诊断、维修决策等单元组成。

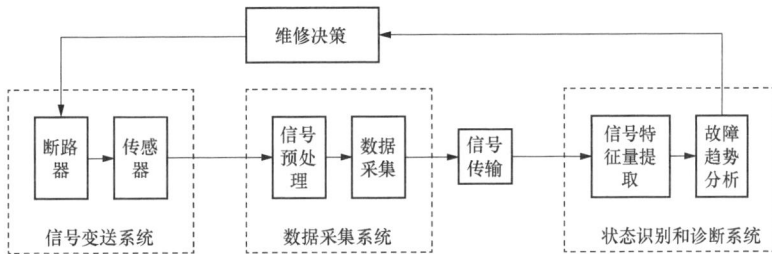

图 7-13　断路器状态监测与故障诊断系统组成单元

高压断路器是机电一体化的开关设备，在运行过程中必然会有声、光、电、热、力等各种物理量的变化。选择能表征高压断路器工作状态的多种信号是十分必要的，这些信号一般由不同的传感器获取。广义上讲，传感器是一种能把物理量或化学量转变成便于利用的电信号的器件。传感器从断路器上监测出那些反映各状态的物理量，如电流、电压、温度、压力等，并将其转换成为电信号，传送到后续单元。随着传感技术的不断发展，可以获取到越来越丰富的断路器运行状态信息。

信号变送系统中传感器的选择运用对后续处理至关重要。对传感器的基本要求包括以下三个方面：

（1）能监测反映设备状态特征参量的信号，有良好的静态特性和动态特性。静态特性是指传感器的灵敏度、分辨率、线性度、准确度、稳定度和迟滞特性。其中的线性度可以用非线性度表示，它是传感器输出量和输入量之间的实际关系与它们的拟合直线（可用最小二乘法确定）之间的最大偏差与满量程输出值之比；迟滞特性是指正向特性和反向特性不一致的程度。动态特性是指传感器的频率响应特性。

（2）对被监测设备无影响或影响很微弱，吸收待测系统的能量很小，能与后续单元很好地匹配。

（3）可靠性好，寿命长。在电气设备状态监测的应用中，传感器反映设备状态的各种物理量，如电、机械力和化学等各种能量形式的信息，是状态监测和故障诊断的第一步，也是最重要的一步。由于电信号容易进行各种处理，因此无论这些物理量是电量还是非电量，一般都通过各类传感器转换为电信号之后再进一步进行处理。

　　上位机部分一般用 VC++，C++Builder，Delphi，Labwindows 语言编程。下位机部分采用单片机或数字信号处理（DSP）为核心的数据采集模块。下位机采集数据后通过 RS-232 接口传送给上位机。主机主要负责数据的采集、分析、打印及存储。考虑到该故障诊断系统诊断测试参数种类多，故其对测试精度、数据分析处理能力和智能化程度等方面有较高的要求。由于系统所监测信号的特点是信号众多、数据量大、具有突发性、动作速度快，相对于单片机和 DSP 等器件，现场可编程逻辑门阵列（FPGA）具有速度快、可扩展性强、功能设置灵活等优点。下位机采用以 FPGA 为核心的数据采集模块，是提高系统集成度、可靠性的最佳选择之一。图 7-14 所示为高压断路器下位机在线监测系统框图，每台高压断路器下位机系统采集过程由 FPGA 控制。系统有多路模拟量和数字量输入，根据模拟量的不同特性，对其信号进行调理，调理成可供 A/D 采样的信号，经 A/D 转换后送入 FPGA。数字传感器对数字信号进行采集，直接送入 FPGA。FPGA 是数据采集中心控制芯片，数据采集完之后，发送至上位机。

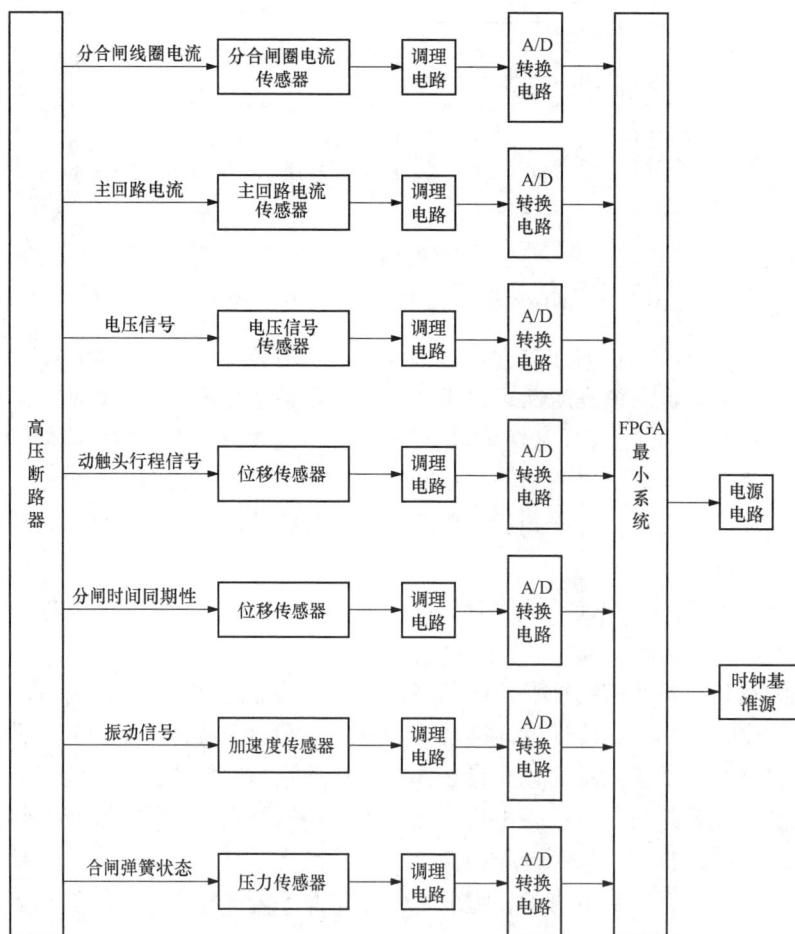

图 7-14　高压断路器下位机在线监测系统框图

　　在图 7-14 中，模拟传感器主要采集分合闸线圈电流、主回路电流、分合闸电压、振动、动触头行程、分闸时间同期性、合闸弹簧状态等信号。调理电路主要是将模拟传感器采集到的信号进行放大、滤波并调理成适合 A/D 采集范围的模拟量。A/D 转换电路主要是将模拟量进行数字化，以适合 FPGA 芯片对信号进行采集分析处理。FPGA 中心控制处理系统主要是将采集到的信号进行分析、储存和处理，并发送至上位机。时钟基准源为 FPGA 提供编码用时钟，存储电路临时存放所采集的监测数据。

　　FPGA 核心板主要由 FPGA 最小系统和 A/D、时钟、复位、存储以及 RS-232 通信接口电路组成。其中，A/D 电路的主要芯片有 AD9243 和 AD7490，存储电路的主要芯片是IS61LVC25616。各路信号的采集，以及监测数据的传输需要在外部信号的触发下开始工作。例如，当断路器合闸或分闸动作时，下位机开始对上述各路信号进行采集，并发送至上位机，触发电路就是产生此控制信号的电路。合闸或分闸时，控制回路中相应的触点会动作，所以，可对控制回路中的一个辅助触点状态进行采样。

　　上位机软件系统模块结构框图如图 7-15 所示。软件系统由数据采集、数据的文本存储、数据处理和分析、故障诊断模块、数据和曲线显示、历史数据、帮助七大模块组成。其中，数据采集单元用来采集下位机的各个数据，包括位移、振动、各种电流和电压等数据；数据处理和分析单元的功能包括小波包降噪、提取特征值、计算采样电流、计算速度；故障诊断单元的功能包括数据融合、综合判断、人工智能的专家诊断；历史数据单元的功能包括数据存储、数据读取和数据打印。

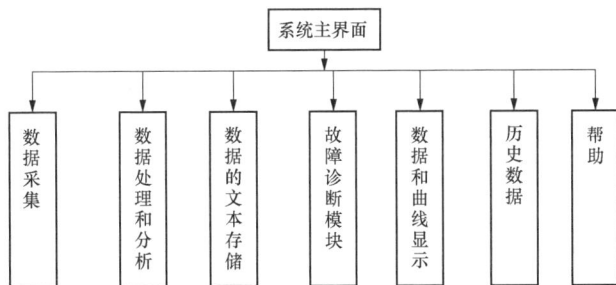

图 7-15　上位机软件系统模块结构框图

思考题与练习题

1. 试阐述高压断路器的主要作用是什么。
2. 阐述高压断路器的结构。
3. 高压断路器中常采用的灭弧介质有哪些？
4. 高压断路器的故障类型有哪几种？故障特征是什么？
5. 为什么监测高压断路器的机械振动是断路器状态监测重要项目之一？
6. 高压断路器状态监测和故障诊断的内容有哪些？

第 8 章 高压开关柜状态监测与故障诊断

高压开关柜是电力系统中非常重要的电气设备之一。现代电力系统对电能质量的要求越来越高，对高压开关柜的可靠性也提出了更高的要求。随着传感器技术、信号处理技术、计算机技术、人工智能技术的发展，对开关柜的运行状态进行在线监测，及时发现故障隐患并对累积性故障做出预测成为可能。这对于保证开关柜的正常运行，减少维修次数，提高电力系统的运行可靠性和自动化程度具有重要意义。

8.1 高压开关柜的分类与结构

高压开关柜在电力系统中可以运用于发电、输电、配电、电能转换，在电力系统控制中起着通断、控制或保护工作等作用。它是以断路器为主的电气设备，高低压电器（包括断路器、互感器、避雷器、继电器）、测量仪表、控制与保护电路以及母线、绝缘子等被装配在这种封闭的金属柜体内，如图 8-1 所示。

高压开关柜分户内式和户外式两种，10kV 及以下多采用户内式，根据一次线路方案的不同，可分为进出线开关柜、联络开关柜、母线分段柜等。10kV 进出线开关柜内可安装少油断路器或真空断路器或 SF_6 断路器，断路器所配的操动机构多为弹簧操动机构或电磁操动机构，也有的配手动操动机构或永磁操动机构。

8.1.1 高压开关柜的分类

（1）按断路器安装方式分类。

1）手车式：断路器通常是安装在手车上的，因为手车便于更换，这样就可以大大提高高压开关柜的可靠性。

2）固定式：断路器和负载开关均为固定式安装，固定式开关柜较为简单经济。

（2）按安装地点分类。

1）户内式：高压开关柜只能在户内安装使用。

2）户外式：高压开关柜可以在户外安装使用。

（3）按柜体结构分类。

1）金属封闭铠装式开关柜：主要组成部件（例如断路器、互感器、母线等）分别装在接地的用金属隔板隔开的隔室中的金属封闭开关设备。

2）金属封闭间隔式开关柜：在单独的隔离室安装各个元件，但是至少有一个具有一定防护等级的非金属隔板。

3）金属封闭箱式开关柜：开关柜外壳为金属封闭式的开关设备。

4）敞开式开关柜：无保护等级要求，外壳有部分是敞开的开关设备。

8.1.2 高压开关柜的结构

高压开关柜主要包括高压隔离开关、高压断路器、接地开关、高压操作机构、继电器仪表室等部分。高压开关柜的结构如图 8-1 所示。

（1）手车。根据功能作用，手车可分为断路器手车、互感器手车、避雷器手车、熔断器手车等。手车需配用专用推进机构，能实现工作、试验位置的互换。同类手车有极高的互换性。

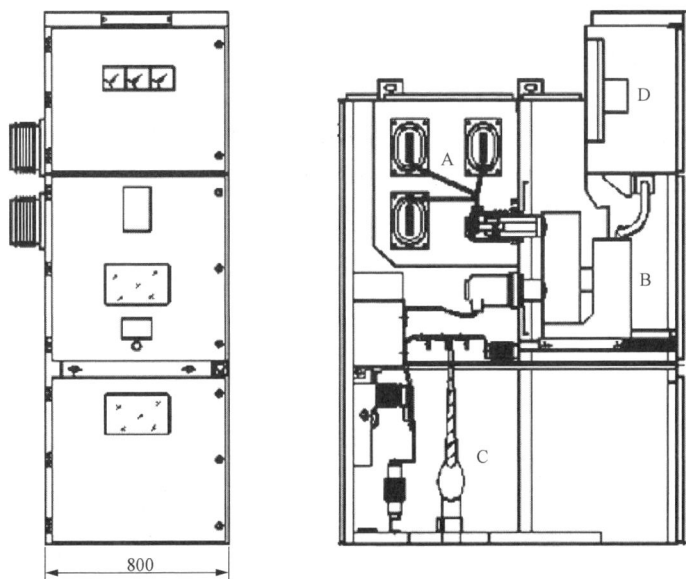

图 8-1　高压开关柜的结构图

A—母线室；B—断路器手车室；C—电缆隔离室；D—继电器仪表室

（2）断路器隔离室。断路器手车就是在断路器隔离室的特定轨道上移动的。断路器保持在工作位置和检修位置移动，隔离活门打开或者关闭，保证工作人员不会触电而受到伤害。只有在柜门关闭的情况下手车才能进行操作，在柜体的观察窗就可以确定手车在柜子里的位置，同时工作人员可以看到手车上的任何标志。

（3）母线室。主母线通过静触头盒和分支小母线固定，在穿过侧板时用母线将套管固定。全部母线采用热缩绝缘管塑封。

（4）电缆隔离室。空间大的电缆隔离室不但可以连接很多根电缆，而且可安装接地开关等。

（5）继电器仪表室。继电器室内板和面板可安装控制、保护元件，计量、显示仪表、带电监测指示器等二次元件。

（6）接地装置。在电缆室内，单独设有 $4 \times 40 \ \text{mm}^2$ 的接地母线，此母线能贯穿相邻各柜，与柜体良好接触。

8.2　高压开关柜状态量监测

8.2.1　高压开关柜的状态量

高压开关柜的状态量见表 8-1。

（1）机械特性。高压开关柜的机械性状态量主要包括：断路器动触头行程，断路器触头速度，合闸弹簧状态，断路器动作过程中的机械振动，断路器操作次数统计等。

（2）电气性能。高压开关柜的电气性状态量主要包括：分（合）闸线圈回路电流、电压，开断电流加权累计值，灭弧室真空度。

利用每次开断电流的相对磨损值，算出相对应的电磨损曲线，利用触头累计的磨损量来判定断路器的电寿命。

（3）温度。高压开关柜的温度状态量主要包括：断路器触头的温度以及母线连接处的温度。

（4）绝缘性。高压开关柜的绝缘性状态量主要是高压开关柜内部绝缘性。高压开关设备内部绝缘部分的缺陷或劣化、导电连接部分的接触不良都使安全运行受到威胁。根据统计，因为绝缘引发的故障安全事故占了所有开关柜故障的40.2%，其中由于绝缘性发生闪络现象后造成的安全事故占绝缘事故当中总数的79.0%。

表 8-1　　　　　　　　　　　　　　高压开关柜的状态量

高压开关柜的状态量	机械特性	断路器动触头行程
		断路器触头速度
		合闸弹簧状态
		断路器动作过程中的机械振动
		断路器操作次数统计
	电气性能	合、分闸线圈回路电流、电压
		开断电流加权累计值
		灭弧室真空度
	温度	母线连接处的温度
		断路器触头温度
	绝缘性	高压开关柜内部绝缘性

8.2.2　高压开关柜监测方法

针对高压开关柜的不同故障类型，相应有不同的状态监测项目。

（1）机械特性在线监测。监测的内容有：合（分）闸线圈回路、合（分）闸线圈电流电压，断路器动触头行程，断路器触头速度，合闸弹簧状态，断路器动作过程中的机械振动，断路器操作次数统计等。

断路器机械状态监测主要有行程和速度的监测、操作过程中振动信号的监测等。断路器操作时的机械振动信号监测是根据每个振动信号出现时间的变化、峰值的变化，结合合（分）闸线圈电流波形来判断断路器的机械状态。机械性能稳定的断路器，其合（分）闸振动波形的各峰值大小和各峰值间的时间差是相对稳定的。振动信号是否发生变化的判别依据是对新断路器或大修后的断路器进行多次合（分）闸试验，测试记录稳定的振动波形，作为该断路器的特征波形"指纹"，将以后测到的振动波形，与"指纹"比较，以判别断路器机械特性是否正常。行程时间特性监测是指通过光电传感器，将连续变化的位移量变成一系列电脉冲信号，记录该脉冲的个数，就可以实现动触头全行程参数的测量；同时，记录每一个电脉冲产生的时刻值，就可计算出动触头运动过程中的最大速度和平均速度。因此，测得断路器主轴连动杆的分合闸特性，即可反映动触头的特性。监测储能电动机负荷电流和启动次数可反映负载（液压操动机构）的工作状况，也可判断电动机是否正常，同时反映液压操动机构密封状况。

（2）温度在线监测。高压开关柜的温度在线监测主要有主动式测温与被动式测温两种方式，主动式测温是直接利用温度传感器来测量测试点的温度，被动式测温是指接受测试点发出的远红外线波来确定测量点温度。

因为高压开关的触头一直处在高电压、高温度、强磁场以及强电磁干扰非常的恶劣情况下，如果要对断路器的触头进行温度测定，必须使用较为先进的电子测量装置才能在上述高强度的环境下正常测量。

高压开关柜触头及母线连接处温度测量常用的传感器有光微薄硅温度传感器、石英传感器、吸收型光纤温度传感器，它们以砷化镓（GaAs）晶体作为感温元件。光纤也是温度传感器理想的感温元件，用这种元件可以很好地解决电磁干扰的影响问题。

光纤测温是指所用的温度传感器是光纤，当光纤所通过的光强发生变化说明了温度也在发生变化，这个测试方法对光源、发射和接收电路的要求比较高。以半导体温度传感器作为探头，是光纤测温的另外一种形式，光纤在这里仅作为光的传导介质存在，测量系统中将测温点与光调制器封装成一体化结构，因为在高压开关柜内减少了绝缘空间，不利于开关柜的安全运行，这个方法还需要额外添加一个外加工作电源，更换电源时需要停电会影响系统的稳定运行。以 GaAs 晶体作为感温元件的光纤测温法具有体积小、抗强电磁干扰、稳定性好、测量精度高等优点。GaAs 晶体光纤温度传感器可以直接安装到开关柜内希望监测的接触点上，就可以准确测出高压开关柜的温度，从而实现温度的在线监测，这是普通温度传感器无法比拟的。特别是采用光纤传输时，可以解决绝缘问题，并且传输信号不会受到外界强的电磁场干扰。所以，目前技术比较先进的高压开关柜的温度在线监测系统都是由光纤测温法来实现的。

（3）电气性能在线监测。高压开关设备内部绝缘部分的缺陷或劣化、导电连接部分的接触不良都使安全运行受到威胁，在事故潜伏可能产生放电现象，可以通过对放电的监测得到相关的信息。

1）局部放电监测。局部放电监测是利用探头采集高频信号，通过接收柜体内局部放电产生的超高频电磁波，实现局部放电的监测和模式识别。可在设备不停电的情况下安装探头，并对设备状况进行实时动态监测，具有极强的抗干扰能力和较高的灵敏度。在 LabVIEW 软件平台基础上开发的高压开关柜超高频检测系统，其原理如图 8-2 所示。

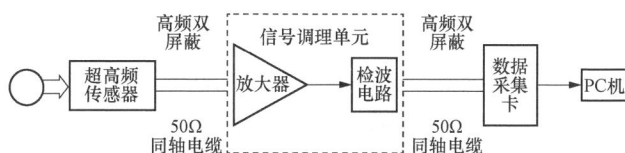

图 8-2　高压开关柜局部放电监测

2）绝缘子表面泄漏电流监测。开关绝缘特性涉及范围很广，比较实际的做法是：选取故障概率较高、开关绝缘难以控制的薄弱环节，同时又易于实现的特征量。由于高压开关设备内绝缘子及套管对地绝缘距离较小，对地绝缘是最薄弱的环节，故选取绝缘套管对地泄漏电流为特征量。

现场测量泄漏电流采用接触式电流传感器。套管泄漏电流正常情况下仅为几微安，绝缘劣化时也只有几十至几百微安。首先要保证泄漏电流采集的准确性，之后还要对信号进行放大处理。其原理和安装位置如图 8-3 所示。

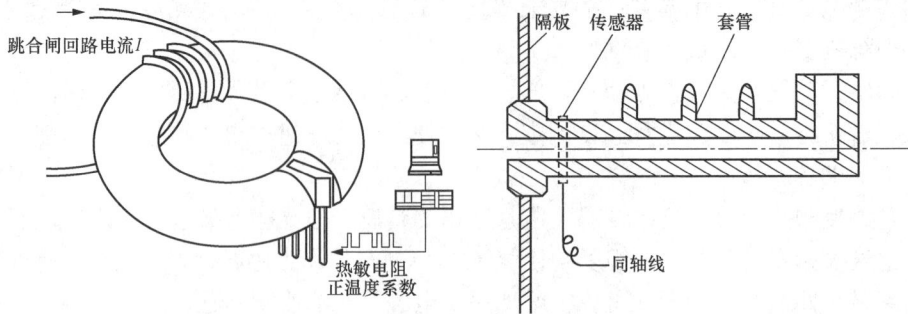

图 8-3　　测量绝缘套管泄漏电流

8.3　高压开关柜的故障分析

8.3.1　高压开关柜故障分类

高压开关柜的故障主要包括：

（1）拒动、误动故障。这是开关柜发生故障最多的两种情况。发生故障的原因可以分为两种：①由于辅助回路故障和电气控制发生问题；②因为传动系统或者操动机构机械性能下降等原因造成的。

（2）开断与关合故障。根源是断路器本身发生故障。少油断路器常见的故障表现为关合时爆炸喷油、开断能力不足、灭弧室烧损、短路等。真空断路器常见的故障为陶瓷管破裂、切电容器组重燃、真空度降低、灭弧室及波纹管漏气等。

（3）绝缘故障。故障原因：外绝缘被破坏，绝缘子断裂、爆炸、击穿、电流互感器闪络、雷电过电压闪络击穿、相间绝缘闪络击穿、内绝缘对地闪络击穿、地闪络所击穿等。

（4）载流故障。发生载流故障的主要原因是电压等级在 7.2～12kV 的高压开关柜发生了隔离柜插头接触不良的现象，从而导致断路器触头被烧毁。

（5）外力及其他故障。主要包括异物撞击，自然灾害，小动物短路等。

8.3.2　高压开关柜故障机理

（1）拒动故障分析。

1）机械原因。高压断路器发生拒动的很大一部分原因是系统出现了机械故障，机械故障所占比例高达 65%以上。操动机构及其传动系统发生的故障主要有轴销松断、脱扣失灵、分合闸铁芯松动卡涩、部件变形、位移、损坏。其中，发生卡涩故障的频率是最高的，因为在分（合）闸的过程中线圈和铁芯的配合精度很难达到要求，卡涩时它们不易于运动而发生故障；还有的原因是某些传动部件已经损坏或者发生了形变；也可能是某些传液压机构已经生锈造成的。造成这类故障的主要原因是在生产、安装、检修时出现了问题。

2）电气原因。高压断路器发生拒动的另外一部分原因是辅助回路或者电气控制部分出现了问题，这类故障大概有 32%左右。发生这类故障的主要原因有熔断器烧断、操作电源故障、分闸回路电阻烧毁、二次接线故障、合闸接触器故障、辅助开关故障、分合闸线圈烧损。这类故障一般都是伴随着机械故障同时产生的。它们虽然表现为二次故障，实际情况是因为机械原因产生的。

（2）误动故障分析。误动故障诱发的原因是二次回路接线绝缘性降低或者是操动机构有机械故障。

1）发生二次回路接线故障的主要原因是二次回路接线端子受到某些原因影响导致绝缘性能降低，使得分（合）闸回路之间有短路现象，短路回路放电使得断路器误动。还有是因为二次元件的质量不符合要求，导致二次电缆损坏，断路器产生误动故障或者是因为继电保护装置的误动作。还有可能是因为在外界的干扰下，最低操作电压不符合要求值，导致断路器误动。

2）液压机构原因。由于断路器生产时质量不合格、有清洁度差、阀体紧固程度不够等原因，使得密封圈不符合标准，机械机构泄压或者液压油不慎泄漏，导致断路器发生了误动操作。

3）对高压断路器检修时，弹簧机构分（合）闸垫子的大小、长度不适合使弹簧机构提前压缩量不准确，就可能造成弹簧起不到对断路器的控制作用，引起断路器的自分和自合。

（3）绝缘故障分析。高压断路器的绝缘故障发生的次数是最多的，发生的故障主要有：外绝缘对地闪络击穿，内绝缘对地闪络击穿，相间绝缘闪络击穿，雷电过电压引起的闪络击穿，绝缘拉杆闪络，瓷套管、电容套管闪络、污闪、击穿、爆炸，电流互感器闪络、击穿、爆炸等。其中，内绝缘故障、外绝缘和瓷套闪络故障发生次数较多。

1）内绝缘故障。主要原因是在断路器的内部存在异物，这些异物有的是在安装过程中产生的，也有的是在断路器运行一段时间后本体内产生的剥落物，这些异物的存在导致了断路器本体内部发生放电故障。另外，由于触头及屏蔽罩磨损而造成金属颗粒脱落，导致断路器发生内部放电的故障也时有发生，这主要是由于触头及屏蔽罩的安装位置不正引起摩擦所致的。

2）外绝缘和瓷套闪络故障。瓷套故障的主要原因是瓷套的外绝缘泄漏比距和外形尺寸不符合标准要求，还有就是瓷套的制造质量存在缺陷。高压开关柜外绝缘故障主要有柜内放电、电流互感器闪络和相间闪络等形式，主要原因是由于断路器与开关柜不匹配，绝缘尺寸不够，柜内隔板吸潮，爬电距离不足，老旧开关柜改造不彻底，没有进行加强绝缘措施等。另外开关柜内元件存在质量缺陷，如电流互感器、带电显示器等存在缺陷，也多次导致相间短路故障。

（4）开断与关合故障分析。开断与关合故障主要集中在 7.2～12kV 电压等级，少油断路器和真空断路器出现此种故障的较多。少油断路器发生故障的原因主要是由于喷油短路引起灭弧室烧损，导致断路器开断能力不足，在关合时发生爆炸事故。真空断路器发生故障最主要的原因是真空灭弧室真空度下降，导致真空断路器开断关合能力下降，引起开断或者关合失败。SF_6 断路器发生开断与关合故障主要是因为 SF_6 气体泄漏或者微水含量超标引起灭弧能力下降而导致的。

（5）载流故障分析。高压断路器的载流故障主要是由于触头接触不良、过热或者引线过热造成的。触头接触不良主要是由于动触头与静触头没有完全对中，在操作时喷口与静弧触头撞击而导致灭弧室喷口断裂造成开断关合事故；或者由于触头过热或引线过热而导致载流和绝缘事故。动触头与静触头的对中问题主要是因为在装配过程中没有有效保证触头对中的措施，造成动静触头对中偏差过大，最终导致故障。在 7.2～12kV 电压等级发生载流故障的开关柜，主要是由于开关柜隔离插头接触不良过热、触头烧融而导致引弧烧毁开关柜。

（6）外力及其他故障分析。外力及其他故障绝大多数只造成了断路器的障碍，没有造成事故，但是它反映了开关设备存在的事故隐患，威胁到设备的安全运行。液压机构漏油、气动机构漏气、断路器本体漏油占此类故障的55%以上，部件损坏占20%左右，打压频繁占19%。外力及其他故障的主要原因是泄漏故障和部件损坏。

1）泄漏故障。此种故障主要是液压机构漏油和气动机构漏气，打压频繁也是因为机构内漏引起的。主要原因是由于密封圈（垫）老化损坏、阀系统密封不严、压力泵接头质量差、压力表接头泄漏和清洁度差引起的。另外由于安全阀动作值不正确，环境温度升高时安全阀误动，还有就是安全阀动作后不复归造成机构泄压。液压机构泄漏油频繁在国产断路器中普遍存在，主要是由于厂家制造水平的问题。SF$_6$断路器本体或者气动机构泄漏，泄漏点主要出现在表计和管路的接头部位。

2）部件损坏。部件损坏的部位主要有密封件、传动机构部件、拉杆、阀体等。也可能是由于密封件损坏主要有两方面的原因：一是传动部件机械强度不足，密封件质量差、易老化、寿命短；二是在检修或装配过程中，密封件受损、位置安装不正或者紧固力过大使密封件变形严重，因而影响其使用寿命。

8.3.3　高压开关柜故障诊断

（1）分闸故障诊断。

1）故障现象：当红灯不亮时电动不能分闸是辅助开关故障；分闸线圈烧坏时有冒烟、异味、熔断器熔断等明显现象发生；控制回路开路故障是指转换开关及其他部位断线，这时跳闸线圈不能得电。

2）在检查线圈故障时可以用万用表测量线圈两端电阻，电阻过小或为零时内部匝间短路，电阻无穷大时内部开路。查找开路故障的方法是用万用表测量电压、电阻进行判断。开路点有电压，电阻无穷大。

（2）合闸线圈故障诊断。合闸故障可分为电气故障和机械故障。合闸方式有手动和电动两种。手动不能合闸一般是机械故障。手动可以合闸，电动不能合闸是电气故障。

1）保护动作。开关送电前线路有故障保护回路，防跳继电器发生作用。合闸后开关立即跳闸，即使转换开关还在合闸位置，开关也不会再次合闸连续跳跃。另外，对于负荷开关+熔断器柜，如果一次熔断器烧坏，也可引起开关不能合闸。

2）防护故障。高压柜内都设置了"五防"功能，对于中置柜，要求开关不在运行位置或试验位置不能合闸，也就是位置开关不闭合，电动不能合闸。防护故障在合闸过程中经常遇到，此时运行位置灯或试验位置灯不亮，将开关手车稍微移动使限位开关闭合即可送电。如果限位开关偏移距离太大，应当进行调整。对于环网柜，应检查柜门是否关上，接地开关是否在分闸位置。

3）电气联锁故障。在高压系统中，为了系统的可靠运行，设置了电气联锁功能。例如在两路电源进线的单母线分段系统中，要求两路进线柜和母联柜这三台开关只能合两台，如果三台都闭合将会有反送电的危险，且短路参数发生变化，并列运行短路电流增大。进线柜联锁电路串联母联柜的动断触点，要求母联柜分闸状态进线柜可以合闸。母联柜的联锁电路分别用两路进线柜的一对动合触点和一对动断触点串联后再并联，这样就可以保证母联柜在两路进线柜有一个合闸、另一个分闸时方可送电。在高压柜不能电动合闸时，首先应当考虑是否有电气联锁，不能盲目地用手动合闸。电气联锁故障一般都是操作不当，不能满足合闸要求。例如合母联操作，虽然进线柜是一分一合，但是分闸柜内手车被拉出，插头没有插上。如果联锁电路发生故障，可以用万用表检查故障部位。

利用红、绿灯判断辅助开关故障的方法简单方便，但是可靠性低。可以用万用表检查确定。检修辅助开关的方法是调整固定法兰的角度，调整辅助开关连杆的长度等。

4）控制回路开路故障。在控制回路中，控制开关损坏、线路断线等，都会使合闸线圈不能得电。此时合闸线圈没有动作的声音，测量线圈两端没有电压，检查方法是用万用表检查开路点。

5）合闸线圈故障。合闸线圈烧毁是短路故障。此时有异味、冒烟、熔断器失效等现象发生。合闸线圈设计为短时工作制，通电时间不能太长。合闸失败后应当及时查找原因，不应该多次反复合闸。特别是 CD 型电磁操动机构的合闸线圈，由于通过电流较大，多次合闸容易被烧坏。

在检修高压柜不能合闸的故障时，经常使用试送电的方法。用这种方法可以排除线路故障（变压器温度、瓦斯故障除外）、电气联锁故障、限位开关故障，故障部位基本可以确定在手车内部。所以在应急处理时可以用试验位置试送电更换备用手车送电的方法进行处理，这样可以起到事半功倍的效果并且可以减少停电时间。

（3）高压开关柜过载跳闸故障诊断。

1）故障现象。这种故障原因是保护动作。高压柜上装有过电流、速断、瓦斯和温度等保护。当线路或变压器出现故障时，保护继电器动作使开关跳闸。跳闸后开关柜绿灯（分闸指示灯）闪亮，转换开关手柄在合闸后位置即竖直向上。高压柜内或中央信号系统有声光报警信号，继电器掉牌指示。微机保护装置有"保护动作"的告警信息。

2）判断方法。可以根据继电器掉牌、告警信息等情况判断故障原因。在高压柜中瓦斯、温度保护动作后都有相应的信号继电器掉牌指示。过电流继电器动作时不能区分过电流和速断，在定时限保护电路中过电流和速断分别由两块电流继电器保护，继电器动作时红色的发光二极管亮，可以明确判断动作原因。

3）处理方法。过电流继电器动作使开关跳闸，是因为线路过负荷造成的，在送电前应当与用户协商减少负荷防止送电后再次跳闸。速断跳闸时，应当检查母线、变压器、线路，找到短路故障点，将故障排除后方可送电。过电流和速断保护动作使开关跳闸后继电器可以复位，利用这一特点可以和温度、瓦斯保护加以区分。变压器发生内部故障或过负荷时瓦斯和温度保护动作。如果是变压器内部故障使重瓦斯动作，必须检修变压器。如果是新移动、加油的变压器发生轻瓦斯动作，可以将内部气体放出后继续投入运行。温度保护动作是因为变压器温度超过整定值，如果定值整定正确，必须设法降低变压器的温度，可以通风降低环境温度，也可以减少负荷降低变压器温升；如果整定值偏小，可以将整定值调大。通过以上方法使温度触点打开，开关才能送电。

（4）高压开关柜储能故障诊断。电动不能储能分别有电动机故障、控制开关损坏、行程开关调节不当和线路其他部位开路等，表现形式有电动机不转、电机不停、储能不到位等。

1）行程开关调节不当。行程开关是控制电动机储能位置的限位开关，当电动机储能到位时将电动机电源切断。如果限位过高，机构储能已满，故障现象是电动机空转不停机、储能指示灯不亮，只有打开控制开关（HK）才能使电动机停止。限位调节过低时，电动机储能未满提前停机，由于储能不到位开关不能合闸。调节限位的方法是手动慢慢储能找到正确位置，并且紧固。

2）电动机故障。如果电动机绕组烧毁，将有异味、冒烟、熔断器熔断等现象发生。如果电动机两端有电压，电动机不转，可能是电刷脱落或磨损严重等故障。判断是否是电动机故障的方法有测量电动机两端电压、电阻或用更换电动机进行检查。

3）控制开关故障或电路开路。控制开关损坏使电路不能闭合及控制回路断线造成开路时，故障表现形式都是电动机不转、电动机两端没有电压。查找方法是用万用表测量电压或电阻。测量电压是控制电路通电情况下，将万用表调到电压挡，如果有电压（降压元件除外），则被测两点间有开路点。测量电阻时应当注意旁路的通断，如果有旁路并联电路，应将被测线路一端断开。

8.4　高压开关柜状态监测和故障诊断系统

8.4.1　温度在线监测系统

在高压开关柜内设置 6 个温度监测点需要测量，将 6 个温度传感器连接到每个温度采集模块上，采用 RS-485 总线来实现数据的传输，系统硬件结构如图 8-4 所示。

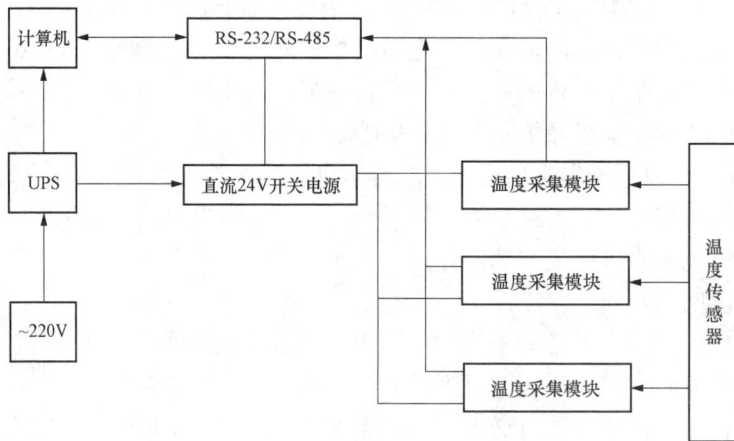

图 8-4　温度在线监测系统结构图

在整个系统中，温度传感器是保证系统能够采集到数据的关键，它在整个监测系统中的底层工作，需要保证它能够持续稳定地提供数据，以保障系统正常运行。因此，可选用光纤式温度传感器，采集数据也使用光纤传输。对开关柜，采用的温度传感器型号为 DS1820。光纤式温度传感器需要紧紧贴住母线接口处，以及高压断路器及高压隔离开关等。在每个高压开关柜上都需要安装一个温度采集模块。

PC 端通常是监测中心的主体。PC 端通过系统软件对接收到的温度信号进行适当处理，完成显示、报警等功能。该系统的软件主要有在线监测与数据分析两个重要的组成部分。系统软件能够实现数据的在线采集、数据的监测，完成分析数据的任务，包括温差分析、温升分析以及超温分析，并且在开关柜发生温度故障时能够及时做出报警的反应，以及记录出现不良状况的时间、温度情况。

系统功能模块可大致由开关柜自检模块、温度管理模块温度报警模块、日志记录等组成。各模块需要完成的任务如下：

（1）自检模块。系统在通电后对温度传感器以及温度采集模块进行设备的自检。在系统自检的同时，通过与以往的数据相比较就可以发现异常，及时提醒工作人员可能会有故障发生。设计自检模块能提高温度在线监测系统的可靠性，其目的是方便工作人员对设备的检修，同时也能保证设备的安全运行。

（2）温度设置模块。该模块可实现温度报警值的设定。报警值决定了系统出现故障的严重程度，需要根据系统报警值对数据进行计算，然后做出报警。既可以设置上限温度也可以设置下线温度，以及温度差，这样就可以根据不同要求来设置对应的报警值。

（3）温度报警模块。该模块通常要通过 A/D 转换器来实现，让采集来的数据和报警值数据相比较，看是否应该发出报警信号。应该用不同的灯光来表示系统故障的严重程度，报警时，灯光与数值都表现为故障颜色，同时有报警声音，提醒检修人员进行维护。检修人员可以通过 PC 端查看故障温度以及故障位置。

（4）日志记录模块。在报警过后应该生成一个报警日记，记录发生的时间以及发生时间前后温度的变化曲线，方便了日后的查询和计算开关柜发生故障的频率。

8.4.2　高压开关柜在线监测系统

如果对高压开关柜进行全方位监测，则需要开发一个功能比较齐全的高压开关柜在线监测与故障诊断系统，通过温度传感器、电流传感器、电压传感器以及旋转编码器等传感器传回的数据，由 A/D 转换器转换成数据传送给单片机，再由单片机传送给 PC 端处理，就可以很好地完成高压开关柜的在线监测和故障诊断。

表 8-2 所示为高压开关柜在线监测所使用的传感器。

表 8-2	高压开关柜在线监测所使用的传感器
位置	传感器种类
电缆室	温度传感器
手车室	温度传感器
隔离触头外绝缘套筒	热电偶传感器
分合闸控制回路	电流传感器
	电压传感器
操作电源回路	电流传感器
高压开关柜电流互感器	电流传感器
断路器主轴	旋转编码器

（1）通过温度传感器，可以得到手车室温度、电缆室温度，这样可以监测高压开关柜内环境情况，并且自动控制风扇。

（2）通过热电偶传感器，可以得到隔离触头外绝缘套的隔离出头温升，从而判断隔离触头的情况。

（3）通过电压传感器，可以得到直流电源电压和分（合）闸回路电压，从而可以判断操作电压是否合格、分（合）闸回路是否完好。

（4）通过旋转编码器，可以监测到断路器触头行程，从而知道分（合）闸速度；通过电流互感器，可以知道分（合）闸线圈电流大小，从而知道分（合）闸时间。通过这两点，可以知道断路器的机械寿命。

（5）通过监测开断电流，可以知道开断电流加权累计值，从而知道断路器剩余电寿命。

图 8-5 为高压开关柜的在线监测与故障诊断系统框图。系统的硬件由传感器电路（如系统监测温度传感器、电流传感器和信号变换器），信号滤波电路，数据采集和处理电路，数据存储与监控电路，以及监控中心服务器与网络打印机组成。

该系统具有数据采集和故障诊断以及一定的控制功能，采用单片机作为核心器件。系统包括模拟量输入、开关量输入、开关量输出、串行通信等单元。当数据返回 PC 端后就可以监控到手车室、电缆室等各个地方的温度、电压及其电流，通过对比正常运行时候的数据就可以判断出是否出现故障，从而做出相应的处理。

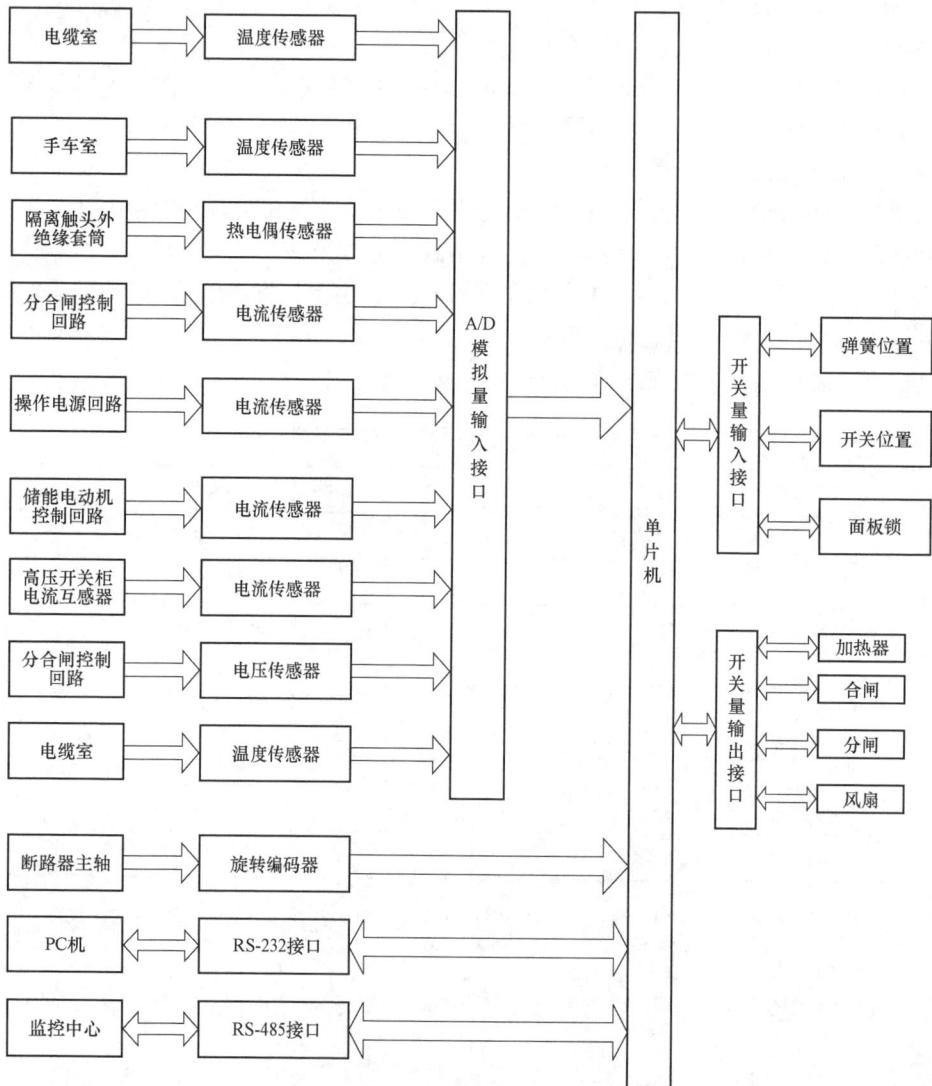

图 8-5　高压开关柜的在线监测与故障诊断系统

思考题与练习题

1. 简述高压开关柜的作用及结构。
2. 高压开关柜状态监测和故障诊断的内容有哪些？
3. 高压开关柜的故障类型有哪几种？故障特征是什么？
4. 怎样构成高压开关柜温度监测系统？并简要说明其工作原理。

第 9 章　GIS 组合开关状态监测与故障诊断

　　气体绝缘全封闭组合电器（gas insulated switchgear，GIS）内部充有一定压力的 SF$_6$ 绝缘气体，故也称 SF$_6$ 全封闭组合电器。GIS 设备自 20 世纪 60 年代实用化以来，不仅在高压、超高压领域被广泛应用，而且也应用于特高压领域。

　　GIS 的优点在于结构紧凑、占地面积小、安装方便、可靠性高、配置灵活、安全性强、维护工作量小、环境适应能力强，其作用相当于一个开关站，用于分配高、中压电能。GIS 设备所占有的优势越来越明显，应用也越来越广泛，各种问题也逐渐显现。室外 GIS 系统发生故障的时所产生的危害是很严重的，而室内 GIS 系统发生故障的后果更为严重。因此需要对 GIS 进行状态监测，故障发生时，能进行故障诊断和定位，快速解决故障，避免 GIS 突发事故，提高供电可靠性，减少事故损失和影响。

9.1　GIS 组合开关的结构

　　GIS 主要由断路器、隔离开关、接地开关、互感器、避雷器、母线、连接件和出线终端等组成，这些设备或部件全部封闭在金属接地的外壳中，在其内部充有一定压力的 SF$_6$ 绝缘气体，如图 9-1 所示。

图 9-1　GIS 组合开关

9.1.1　GIS 主要元件

　　（1）断路器。断路器组件由三相共厢式断路器和操动机构组成。每相灭弧室采用独立的绝缘筒封闭。灭弧室为单压式，采用轴向同步双向吹弧式工作原理，结构简单，开断能力强。断路器是 GIS 中最重要的设备之一，由于 SF$_6$ 气体具有优良的绝缘性能和灭弧性能，因而 SF$_6$ 气体绝缘断路器具有尺寸小、质量轻、开断容量大、维护工作量小等优点。除了采用压气式灭弧室外，还出现了采用旋弧式和自吹弧式灭弧室的新型 SF$_6$ 断路器。新型材料及多种触头形式（自动触头、多点触头等）的出现，使断路器的开通和通流能力大大提高。灭弧结构中利用了电弧能量或开断电流产生的磁场,不仅降低了断路器的机械应力,而且减小了灭弧结构的径向尺寸。

(2) 隔离开关和接地开关。接地开关可以配手动、电动或电动弹簧机构。接地开关可用作一次接引线端子,因此在不需要放掉 SF$_6$ 气体的条件下,用于检查电流互感器的变化和测量电阻等。隔离开关可以配手动、电动或电动弹簧机构。图 9-2 和图 9-3 分别为钢壳体隔离接地开关组合和铝壳体隔离接地开关组合。

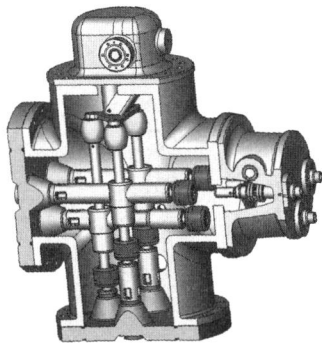

图 9-2　钢壳体隔离接地开关组合

图 9-3　铝壳体隔离接地开关组合

(3) 气隔。GIS 的每一个间隔,用不通气的盆式绝缘子(气隔绝缘子)划分为若干个独立的 SF$_6$ 气室,即气隔单元。各独立气室在电路上彼此相通,而在气路上则相互隔离。设置气隔具有以下几个优点:①可以将不同 SF$_6$ 气体压力的各电气元件分隔开;②特殊要求的元件(如避雷器等)可以单独设立一个气隔;③在检修时可以减少停电范围;④可以减少检查时 SF$_6$ 气体的回收和充放气工作量;⑤有利于安装和扩建工作。每一个气隔单元有一套元件,包括六氟化硫密度计、自封接头、六氟化硫配管等。其中,SF$_6$ 密度计带有六氟化硫气体压力表及报警触点,除可在密度计上直接读出所连接的气室的六氟化硫压力外,还可通过引线,将报警触点接入就地控制柜。当气室内六氟化硫气体气压降低时,则通过控制柜上光字牌指示灯及综自系统报文发出“六氟化硫气体压力降低”的报警信号,如压力降至闭锁值以下,则发闭锁信号,同时切断断路器控制回路,将断路器闭锁。

(4) 电流互感器和电压互感器。长期以来,GIS 一直采用电磁式电流互感器取得测量和保护信号,这种电流互感器是按机电式继电器的要求设计的,需要较大的输入功率,功率损耗大,体积大并且笨重;而且受铁芯磁饱和的影响,大大降低了互感器的测量精度,使用中必须将测量信号和保护信号分开;高压电流互感器内部充油,假如密封不好,则极易漏油,故障时容易发生爆炸等。

GIS 中的电压互感器分为电容分压式和电磁式两种,因电磁式高电压的电压互感器在制造上有困难,300kV 以上的电压互感器一般采用电容式,300kV 及以下的电压互感器一般采用电磁式。无论哪种形式,和电流互感器一样,也都存在易饱和、易渗油、易爆炸、精度低、体积大、笨重等缺陷。

(5) 避雷器。避雷器为氧化锌型封闭式结构,采用六氟化硫绝缘,有垂直或水平接口,主要由罐体盆式绝缘子安装底座及芯体等部分组成,芯体以氧化锌电阻片作为主要元件,它具有良好的伏安特性和较大的通容量。

9.1.2 GIS 产品结构与主要技术参数

GIS 产品结构如图 9-4 所示，其主要技术参数如表 9-1 所示。

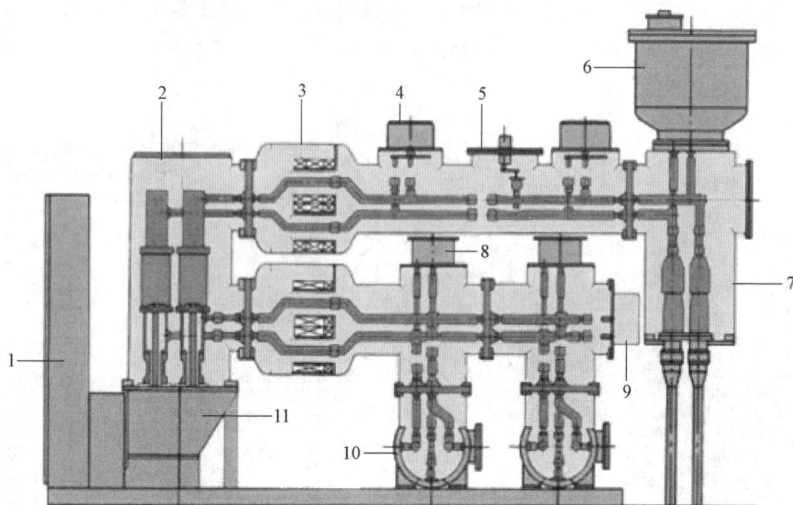

图 9-4　GIS 产品结构

1—汇控柜；2—断路器；3—电流互感器；4—接地开关；5—出线隔离开关；6—电压互感器；7—电缆终端；

8—母线隔离开关；9—接地开关；10—母线；11—操动机构

表 9-1　　　　　　　　　　　　　GIS 产品主要技术参数

项　　目		单位	参　　数	
额定电压		（kV）	72.5	126
额定电流		（A）	2000，2500，3150	
额定频率		（Hz）	50	
额定短时耐受电流		（kA）	31.5，40	
额定短路持续时间		（s）	4	
额定峰值耐受电流		（kA）	80，100	
六氟化硫气体漏气率，≤		（%/年）	0.5	
断路器、快速隔离开关、快速接地开关气室六氟化硫气体水分含量，≤		（μL/L）	150	
其他气室六氟化硫气体水分含量，≤		（μL/L）	250	
套管的端子静拉力（N）	水平纵向 F_{thA}		1250	
	水平横向 F_{thB}		750	
	垂直 F_{tv}		1000	

9.2　GIS 组合开关状态监测

GIS 在运行中，受到 SF_6 气体的泄漏、导电杂质的存在、外部水分的渗入、绝缘子老化等因素影响，都可能发生内部故障。由于 GIS 采用了全密封结构，因此故障的定位及检修比较困难，检修工作繁重复杂，事故后的平均停电检修时间比常规设备长，而且其停电范围大。

根据运行经验，隔离开关和盆式绝缘子的故障率最高，分别为 30% 及 26.6%；母线故障率为 15%；电压互感器故障率为 11.66%；断路器故障率为 10%；其他元件故障率为 6.74%。因此，GIS 组合开关状态监测就显得尤为重要。

9.2.1 GIS 组合开关的状态量

SF_6 断路器是 GIS 中的主要元件，其开断性能和机械操作特性的状态是 GIS 工况的重要判据。由于断路器结构的多样性和特有的运行方式，对该类设备状态的检测和判断变得非常复杂，要得到正确的状态判断，必须对大量的相关信息进行采集、分析。GIS 断路器运行状态主要反映在导电连接、电气绝缘、操动机构和机械传动部分、储能系统等方面。结合目前的测试水平，表 9-2 给出了 GIS 断路器运行状态的主要特征量。

表 9-2   **GIS 断路器运行状态的主要特征量**

状态量	所反映状态或用途	获取途径
控制箱内温度、湿度	监测控制箱及液压机构周围环境温度、湿度，反映加热除湿器工作状态和计算气体密度等	在线监测
辅助回路电压	监测断路器直流电源和系统辅助电源状况	
辅助开关位置	监测辅助开关的转换状态	
分合闸线圈电压、电流	监测线圈的电气连续性、完整性，反映二次系统状态，间接反映结构运动性能	
油泵电动机 5s 时的稳定工作电流	监测电动机启动电流、稳定工作电流、启动次数、打压时间，反映机构密封及电机工作状态	
液压（气动）机构压力	监测油（气）泵启动、停止压力，分、合、重合闸操作下压力下降值，反映机构内部和行程开关工作状态	
分合闸时间、速度、行程、超程	监测动触头运动特性，反映动力、同期性、传动机构运行和连接状态	
合闸电阻投入时间	监测合闸电阻与主触头机械特性的配合	
SF_6 气体密度（压力）	监测气体密度或利用温度、压力计算气体密度，反映本体密封状态	
累计开断电流	计算 $\sum i^2 t$，用于评估断路器喷口腐蚀、触头烧损和绝缘劣化程度	
支柱表面泄漏电流	反映支持绝缘子是否受损和表面积污情况	在线或带电测量
接头温升	反映导电回路连接点接触状态	带电测量
SF_6 气体微水	监测气室中潮气侵入状况	预防性试验
回路电阻值	反映触头的接触、磨损状况	
合闸电阻值	监测合闸电阻电气性能	
并联电容器绝缘电阻、电容量、tanδ	监测并联电容器电气性能	
氮气预压力	反映储压筒活塞密封、隔离状况	
闭锁、防跳跃及防止非全相合闸等辅助控制装置	监测辅助控制回路运行状态	

从表 9-2 看到，在对断路器状态特征量采集的过程中，根据各状态量产生、变化特点和目前能够实现的技术条件，分别采用了在线、带电、停电等多种试验手段，在线监测能够实

时反映所测量的变化，为状态分析提供及时、准确的信息。

9.2.2　GIS 组合开关状态监测的重点内容

要全面提高 GIS 的可靠性，一方面既要从生产制造上减少故障发生的条件，另一方面也要积极创造条件对 GIS 运行状态实施准确监测，以事实为依据，及时判断 GIS 的运行状态，防患于未然。除了提高 GIS 的安装质量，保证元件的洁度，防止异物进入 GIS 气室内外，在运行过程中还应开展以下内容的状态监测：

（1）GIS 的局部放电监测及超声定位。这种方法对监测盆式绝缘子及支柱绝缘子的内部缺陷，特别是监测经过长期运行后的绝缘子老化状态效果较好，同时也可以监测 GIS 的内绝缘损伤，以及 GIS 内部是否存在影响主绝缘的带电颗粒。

局部放电监测是判断运行中的 GIS 绝缘状态最有效的手段之一，配合现场 GIS 的主绝缘耐压试验实施效果更好。但局部放电用于现场的 GIS 监测需要解决两个困难：一是因监测的局部放电量太小而对精度造成的影响；二是因外界干扰噪声太大而对准确度造成的影响。

（2）SF_6 气体系统的监测。SF_6 气体系统是 GIS 内绝缘的基本保障，一般 GIS 制造厂家都规定了不同温度下可靠运行的最小密度。如何确保 GIS 在不同温度下的 SF_6 密度不低于最小运行密度也是 GIS 绝缘状态监测的重要内容。GIS 设备上自身带有 SF_6 气体密度继电器，可充分利用密度继电器的触点监控 SF_6 气压，实现对 SF_6 气体系统的监测。

（3）液压机构的监测。对液压机构渗漏油的监测，可考虑在不影响开关性能的前提下对电动机电流/电压、启动频率、操作压降、补压时间等内容进行监测，可制作集中监控系统到集控室随时监测，也可做成就地监测系统，采取定期取样的方式。通过对以上液压机构参数监测结果的分析，特别是通过对历次监测结果的纵向比较和不同机构监测结果的横向比较，可以较准确地判断液压机构的内部泄漏情况。

（4）接地系统的监测。合格的接地系统是保障 GIS 可靠性的重要内容之一，接地系统主要影响 GIS 的地电位，特别是当避雷器动作或内绝缘闪络时可能会引起地电位升高。地电位过高主要有两方面的危害：一是威胁运行人员的人身安全；二是影响 GIS 的控制和保护系统，容易造成系统失灵。对设备的接地监测和地网的接地监测均可采用定期测量的方法，将测量结果绘制成时间阻值变化趋势图，以准确判断接地状态的变化。

（5）运行环境的监测。运行环境的监测主要包括两个方面的内容：即 SF_6 气体浓度的监测和含氧量的监测。对 SF_6 气体浓度的监测，一是可以保障运行人员不因 SF_6 浓度过高而出现窒息；二是能够间接反映 GIS 中 SF_6 气体的泄漏量，当环境中 SF_6 气体的浓度增加或过高时应加强 GIS 中气体压力的监测。含氧量的监测主要是为保障运行人员的安全而实施。具体实施方法是在 GIS 运行环境中安装 SF_6 气体浓度报警仪和含氧量检测仪。

9.3　GIS 组合开关故障分析

9.3.1　GIS 组合开关故障分类

GIS 的常见故障可分为以下两大类：①与常规设备性质相同的故障，如断路器操动机构的故障等；②GIS 特有的故障，如 GIS 绝缘系统的故障等。一般认为，GIS 的故障率比常规设备低一个数量级，但 GIS 事故后的平均停电检修时间则比常规设备长。

运行经验表明，GIS 设备的故障多发生在新设备投入运行的一年之内，以后趋于平稳。

GIS 的常见特有故障如下:

(1)气体泄漏。气体泄漏是较为常见的故障,严重者将造成 GIS 被迫停运,因此 GIS 需要经常补气。

(2)水分含量高。SF_6 气体水分含量增高通常与 SF_6 气体泄漏有关。因为泄漏的同时,外部的水汽也向 GIS 室内渗透,致使 SF_6 气体的含水量增高。SF_6 气体水分含量高是引起绝缘子或其他绝缘件闪络的主要原因。

(3)内部放电。运行经验表明,GIS 内部不清洁、运输中的意外碰撞和绝缘件质量低劣等都可能引起 GIS 内部发生放电现象。

(4)内部元件故障。包括断路器、隔离开关、负荷开关、接地开关、避雷器、互感器、套管、母线等内部元件的故障。

9.3.2　GIS 组合开关故障原因

(1)设计、制造和安装问题。

1)设计不合理或绝缘裕度较小,是造成故障的原因之一。例如,GIS 中支撑绝缘子的工作场强是一个重要的设计参数。目前,环氧树脂浇注绝缘子的工作场强可高达 6kV/mm 而不致发生问题。如果场强高达 10kV/mm,起初可能没有局部放电现象,但运行几年后就可能会被击穿。

2)装配清洁度差。GIS 制造厂的制造车间清洁度差,特别是总装配车间,金属微粒、粉末和其他杂物残留在 GIS 内部,留下隐患,导致故障。在装配过程中,可动元件与固定元件发生摩擦,从而产生金属粉末和残屑并遗留在零件的隐蔽地方,在出厂前没有清理干净。

3)不遵守工艺规程装配。在 GIS 零件的装配过程中,不遵守工艺规程,存在把零件装错、漏装及装不到位的现象。当 GIS 存在材料质量不合格缺陷时,在投入运行后,可能导致 GIS 内部闪络、绝缘击穿、内部接地短路和导体过热等故障。

4)不现场遵守安装规程。安装人员在安装过程中不遵守安装规程,金属件面被划损、凹凸不平之处未得到处理;安装现场污染物过多,导致绝缘件被腐蚀、受潮,外部的灰尘、杂质等侵入 GIS 内部;安装人员在安装过程中出现装错、漏装的现象,例如螺栓、垫圈忘记安装或者紧固不牢。

(2)运行和维护问题。

1)在 GIS 运行中,由于操作不当也会引起故障。例如将接地开关合到带电相上,如果故障电流很大,即使是快速接地开关也会损坏。在运行中,GIS 可能受到雷电过电压、操作过电压等的作用。雷电过电压往往使绝缘水平较低的元件内部发生闪络或放电。隔离开关切合小电容电流引起的高频暂态过电压可能导致 GIS 对地(外壳)闪络。

2)运动部件运动时可能脱落粉尘,导致 GIS 内部闪络。

3)维修过程中,由于绝缘件表面破坏,绝缘件表面没有清理干净,粉尘粘在绝缘件上,密封胶圈润滑硅脂油过多等,在 GIS 投入运行后,可能导致其内部闪络、绝缘击穿、内部接地短路和导体过热等故障。

9.4　GIS 组合开关状态监测与故障诊断系统

绝缘故障是 GIS 内部主要故障,且严重程度高。绝缘故障产生的主要原因如下:

(1)固体绝缘材料生产过程中(如环氧树脂的浇铸件)因质量问题导致内部缺陷损伤。

（2）生产过程中由于制造工艺不良、触头烧损、滑动部分磨损和安装不慎等原因，在 GIS 内部残留的导电微粒引起局部放电。

（3）由于各种因素，高压导体表面突出，从而引起电晕放电。

（4）由于触头接触不良，金属屏蔽罩固定处接触不良造成浮电位而引发重复的火花放电。

上述现象产生的后果主要表现为产生局部放电，使 SF_6 气体分解，电场畸变导致绝缘材料损伤严重。而金属微粒在交流电压作用下会不断地旋转移动，会造成局部放电、外壳振动，还会形成导电通道。因此，局部放电是 GIS 内部绝缘故障普遍的早期症状，应作为绝缘故障监测的主要内容。

9.4.1　监测系统单元的功能分析

GIS 设备在现场安装前，都只进行耐压试验，验证其在运输和安装过程中是否有受损情况以及检查其是否正确组装。统计表明，通过试验的 GIS 设备如果还存在一些缺陷，前期可能无害，也不容易察觉，但随着运行年限的增长，在静电力和开关操作振动的影响下，在杂质碎屑的移动或是绝缘介质的老化等情况下都有可能产生局部放电现象，导致最终发展成击穿放电事故。

GIS 设备的局部放电往往是绝缘性故障的先兆和表现形式。一般认为，GIS 设备局部放电会使 SF_6 气体分解，严重影响电场的分布，导致电场畸变，绝缘材料腐蚀，最终引发绝缘击穿。事实证明，进行局部放电监测可以有效避免 GIS 设备事故的发生。因此应构建由硬件和软件相结合的 GIS 设备的状态监测和诊断系统，系统必须具有较高的灵敏度、很强的抗干扰性。

（1）状态监测单元。主要由测量气体密度的传感器装置和监测局部放电的传感器装置等功能器件组成，监测设备的运行状态，完成信号测量的模数转换以及预处理。其中针对监测中要求的抗干扰性和检测灵敏度，以及满足避免 GIS 设备内部传感器的要求，采用 GIS 局部放电 UHF 信号传感技术对其进行局部放电监测。

（2）数据预处理单元。通过接口接收状态监测数据信息，对接收到的设备气体密度等数据与标准数据进行对比，如果超出正常范围则报警；提取接收到的局部放电信号，并与典型波形进行初步比对，实现初步判别；将状态信息上传至服务器，建立数据库。

（3）服务器单元。系统服务器主要实现以下功能：大量数据的处理以及存储，掘取关键特征量，对 GIS 设备进行分层次并且多次的故障诊断分析，实现对 GIS 设备重要参数的长期状态监测。数据存储采用分布式。系统不仅要提供 GIS 现有的状态，还要通过对这些数据的重要参数的分析，预判其变化趋势，察觉出 GIS 设备可能存在的故障以及隐患，从大量的监测数据中将有利于动态分析的数据提取出来，组成故障特征数据样本，由浅入深地对监测到的 GIS 设备数据从不同层面进行动态分析。

与智能化解决方案相结合，对异常数据进行动态分析并对其趋势进行分析，识别设备状态，随时监测存在故障隐患的设备，并适时报警，做出对 GIS 设备更为科学、更为合理的维修以及更换策略。根据系统中所得出的设备状态结论，实现以可靠性为中心的维修、预防性维修、状态维修等维修模式，合理制订 GIS 设备检修计划。同时，对每次维修的成本进行总体量化，对电网中的多个 GIS 设备的维修做出合理的决策。

9.4.2　在线监测系统设计

GIS 在线监测系统，可完成信号的耦合、放大、采集、传送、分析以及判断有无局部放电脉冲、确定绝缘故障类型和初步定位功能。该系统由 UHF 传感器、信号采集前端监测装置和后台服务三大部分构成。其中 UHF 传感器中包含了信号宽带前置放大和带通滤波部分，其输出分为 UHF 信号和检波信号两路；信号采集前端装置包括高速 DSP 集成的采集装置、光纤接口部分和高速数字储存示波器，光纤通信令牌环网连接前端和后台；服务器主要是实现数据接收、去除噪声、抑制干扰、提取特征参数、进行模式识别、确定故障类型、报警、查询等功能。

由于运行中的 GIS 内部充满高气压的 SF_6 气体，其绝缘强度和击穿场强都很高。当局部放电在小范围内发生时，气体击穿过程很快，会产生很陡峭的脉冲电流。对信号进行频谱分析发现其中的频率成分可以达到数吉赫兹，因此利用 UHF 传感器来采集到的 UHF 信号数据量非常大，不可能采集整个工频周期的 UHF 信号。

系统实时采集从传感器出来的经过放大、调理之后的检波信号，在高速 DSP 内对其进行判别放电时间和相位的处理。将检波和 UHF 两路信号分别用不同的算法进行去除噪声、抑制干扰处理后，提取其特征向量，再利用人工神经网络就可以实现绝缘故障模式识别，确定故障类型。

基于高速 DSP 的数据采集系统中包括以下内容：主控芯片，控制器，隔离系统，采样系统，存储系统和通信系统。

对于高速大容量的数据采样处理来说，目前普遍使用的高速、高精度 A/D 采样器件是用 DSP 芯片为主控，并且可以进行信号的实时处理、快速数字滤波等。

系统采样模式主要分为高速单次采样、高速连续采样、高速连续与串行低速的同步采样三种，其中采集工频信号的工作由高速与低速的同步采样过程来完成。图 9-5 所示为信号采样流程。

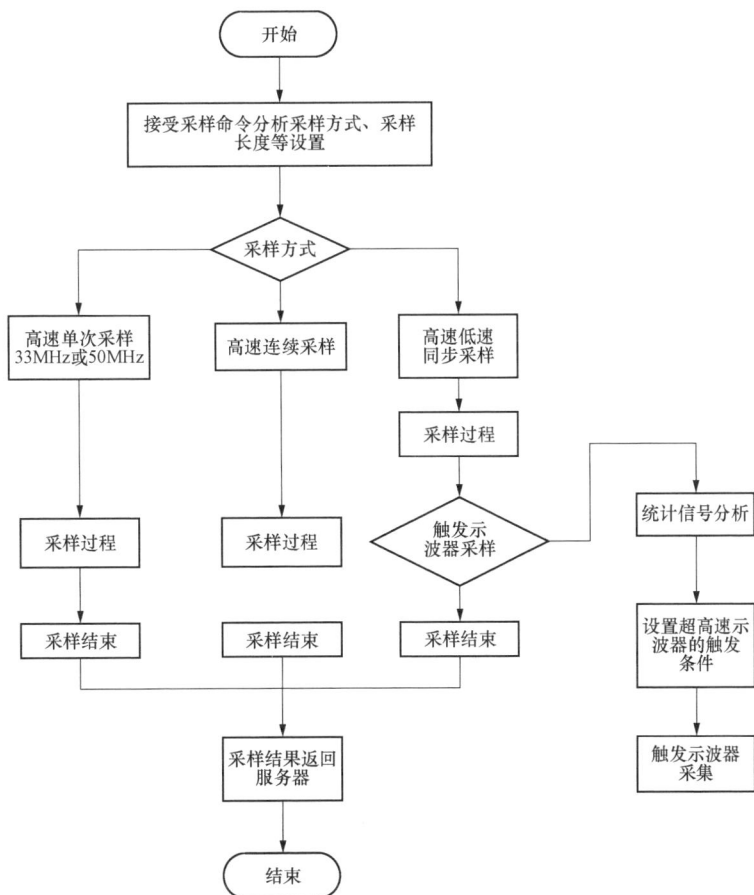

图 9-5　信号采样程序流程图

思考题与练习题

1. GIS 设备的结构特点是什么？
2. 隔离开关和接地开关的功能有什么区别？应注意哪些问题？
3. 简述 GIS 组合开关的特点、优越性及经济性。
4. 分析 SF_6 气体的性质以及水分对 GIS 组合开关的影响。
5. GIS 故障分为哪几种？故障原因是什么？
6. 如何构建 GIS 组合开关状态监测和故障诊断系统？

第 10 章　输电线路状态监测与故障诊断

输电线路作为电网输电环节中极为重要的组成部分，承担着电力直接输送的重任。发电站与变电站、变电站与变电站之间以及变电站与配电网之间的联系都离不开输电线路。在如今大电网联网的背景下，输电线路更是起着联结各区域电网的作用。作为电力系统的大动脉，输电线路如果出现故障，将影响一片甚至几片区域的供电安全和可靠，直接关系着电网的安全运行。

10.1　输 电 线 路 结 构

输电线路的详细分类如图 10-1 所示。

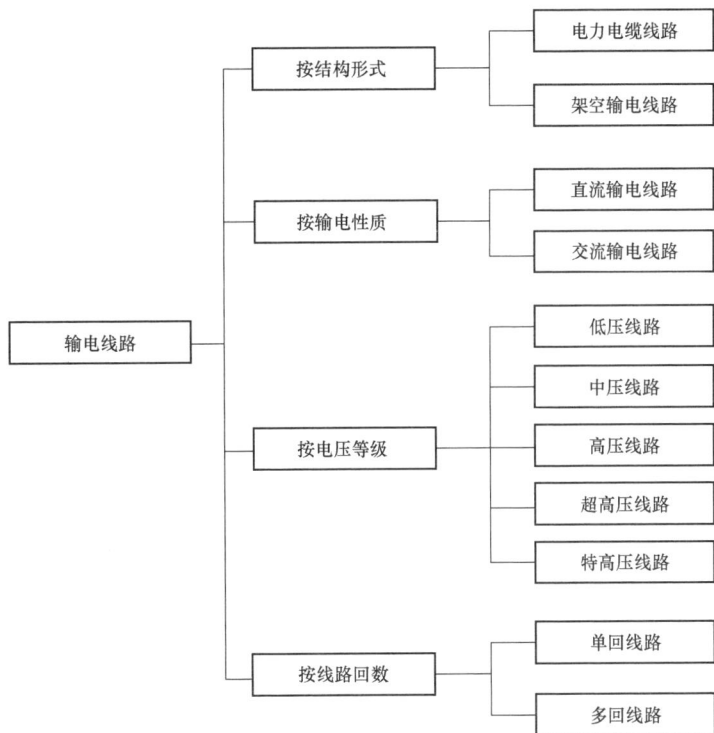

图 10-1　输电线路详细分类

（1）架空输电线路结构。架空输电线路是常见的输电线路，较之其他线路具有电能输送容量大、输送距离远的优点，因此普遍应用于远距离高压输电中。可以说，架空线路的运行状态在很大程度上反映了整个电网的运行状况。但是，由其自身的结构和运行特点，架空输电线路又容易受到运行环境和其他因素的影响而发生故障，因此，实现对输电线路的状态监测，对整个电网的安全运行十分重要。

图 10-2　架空输电线路

架空输电线路（见图 10-2）通常由导线、杆塔、绝缘子、横担、避雷线、接地装置、拉线以及其他用来固定杆塔和导线的金具组成。

输电导线按是否裸露可分为裸导线、绝缘导线；按导线结构分为单股线和多股线；按材质分为铜线、铝线、钢绞线等。由于电力需求的日益增长，对输电线路提出了稳定、优质输送大电能的要求，将一相内的单根导线分裂成若干根导线且相互之间用绝缘间隔器支撑，构成分裂导线输电。分裂导线一般应用于 220kV 及以上的超、特高压架空线路中。

为了增强输电导线的机械强度，将几根导线按照一定的顺序围绕着同心绞线的芯线进行空间排列，使绞线的总截面成圆柱形结构，构成多股同心绞线（见图 10-3）。铝绞线常用于 10kV 及以下配电线路；钢芯铝绞线常用于 35kV 及以上的输电线路。

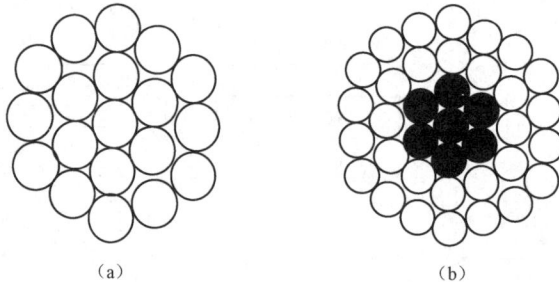

（a）　　　　　　　　（b）

图 10-3　铝绞线和钢芯铝绞线示意图

（a）铝绞线；（b）钢芯铝绞线

（2）电力电缆线路。相比于架空输电线路，电力电缆具有以下优点：①由于电力电缆通常深埋于地下或海底，具有更好的安全性，且不占地表空间；②受天气和环境变化的影响相对不明显；③不影响城市美观；④维护工作量小。在城市化飞速发展的背景下，人们对城市环境提出更高的期望，加上绝缘技术不断提高，电力电缆也得到越来越多的应用。

不过电力电缆建设的投资费用高于架空线路，对绝缘技术的要求也较高，且一旦发生故障，其检测和修复过程也较为复杂。

电力电缆（见图 10-4）是指外包绝缘的绞合导线，有的还包有金属外皮并加以接地。因为是三相交流输电，所以必须保证三相送电导体相互间及对地间的绝缘，而且必须有绝缘层。为了保护绝缘和防止高电场对外产生辐射干扰通信等，又必须有金属护层。另外，为防止外力损坏还必须装有护套等。因此，电力电缆不论种类，其基本结构必须由线芯（又称导体）、绝缘层、屏蔽层和保护层四部分组成，这四部分结构上的差异，就形成了不同的电缆种类。图 10-5 为电力电缆结构图。

由于电力电缆所用内绝缘材料种类较多，电力电缆品种可选择范围大。图 10-6 所示的电力电缆是一种大截面的交联聚乙烯电缆。

图 10-4　电力电缆

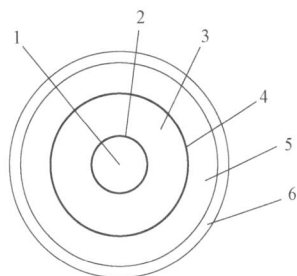

图 10-5　电力电缆结构

1—导电线芯；2—内屏蔽层；3—绝缘层；

4—外屏蔽层；5—金属套；6—外护层

导电线芯是电缆的导电部分，用来输送电能。当电能在线芯中传输时有一定的功率损耗，并使导体发热，当发热和散热平衡时电缆就稳定在某一温度上。由于温度对绝缘材料的绝缘性能有很大的影响，在过高温度下绝缘材料会加速老化，因此要求线芯材料的导电性能良好。电缆的线芯若用单根实芯的金属材料制成，其柔软性势必受到影响而不能弯曲，截面越大弯曲越困难，这样必然给施工带来困难。比较理想的是采用多股导线绞合线作为线芯，这样的结构不仅能使电线的柔软性大大增加，而且能使弯曲时的曲度不集中在一处，而是分布在每股导线上。每股导线的直径越小，弯曲时产生的弯曲应力也就越小，因而在允许弯曲半径情况下不

图 10-6　大截面交联聚乙烯电缆

会发生塑性变形，因而电缆的绝缘层也不致损坏。同时弯曲时每股导线间能够滑移，各层方向相反扭绞，使得整个导体内外受到的拉力和压力分解，这就是采用多股导线绞合形式线芯的原因。

绝缘层是将线芯与大地以及不同相的线芯间在电气上彼此隔离，从而保证电能输送，因此绝缘层也是电缆结构中不可缺少的组成部分。由于电缆导电部分的相间距离及对地距离很近，故绝缘层是处于高电场中，一般在 1～5kV/mm 之间，110kV 的电缆中达 8～10kV/mm，500kV 的电缆中高达 14～16.5kV/mm。电压等级越高的电缆，对绝缘材料的耐压强度的要求越高。由于绝缘介质处于交流电场中，绝缘层中将会有泄漏电流通过，使绝缘层（介质）发热，这部分损耗即为介质损耗。电缆电压等级越高，介质损耗越大，这部分损耗高，发热就大，绝缘就会加快老化，因此要求绝缘材料的介质损耗低。由于绝缘层的气泡或表面在很高电场下，易被电离而产生"水树"放电现象，放电时产生的臭氧对绝缘层具有破坏作用，因此要求选用耐电晕性能好的材料。由于化学性能不稳定的材料，其绝缘水平会发生变化，通

常这种变化会使绝缘性能变差，这对电缆的使用寿命有直接的影响，因此要选用化学性能稳定的材料。

6kV 及以上的电缆一般都有绝缘屏蔽层和导体屏蔽层。导体屏蔽层是用于消除导体表面不光滑所引起的导体表面电场强度的增加，使电缆导体较好地接触绝缘层。同样，为了使绝缘层较好地接触金属护套，常常在绝缘层外表面包一层外屏蔽层。绝缘屏蔽层一般采用半导电纸带。一般用金属化纸带或半导电带作为油纸电缆的导体屏蔽材料。塑料、橡皮绝缘电缆的导体或绝缘屏蔽材料分别为半导电塑料和半导电橡皮。对于无金属护套的塑料、橡胶电缆，在绝缘屏蔽层外还包有屏蔽铜带或铜丝。

10.2　绝　缘　子　结　构

绝缘子是一种特殊的绝缘器件，广泛应用于架空输电线路中。绝缘子在架空输电线路中有两个基本作用，即支撑导线和防止电流回地。绝缘子不应该由于环境和电负荷条件发生变化导致的各种机电应力而失效，否则就会损害整条线路的使用和运行寿命。如果绝缘子发生故障而失去绝缘效果，则很有可能造成输电线路与杆塔或是输电线之间的短路。若绝缘子年久失修老化脱落，则可能造成输电线路的松动，受大风天气干扰则会造成风偏角和弧垂过大甚至断线的危害。图 10-7 是不同型号的绝缘子产品。

图 10-7　不同型号的绝缘子产品

绝缘子的分类如图 10-8 所示。目前，输电线路上使用的绝缘子主要有盘形悬式瓷绝缘子、盘形悬式玻璃绝缘子、棒形悬式复合绝缘子三大类。

下面以输电线路中常用的支柱绝缘子、复合绝缘子、瓷质绝缘子、玻璃绝缘子为例，介绍其结构。

高压支柱瓷绝缘子由上、下金属附件和绝缘件（瓷件）通过胶合剂胶合而成。胶合剂是由硅酸盐水泥和石英砂配制的；金属附件一般由铸铁制成，表面刷上防锈漆或热镀锌。

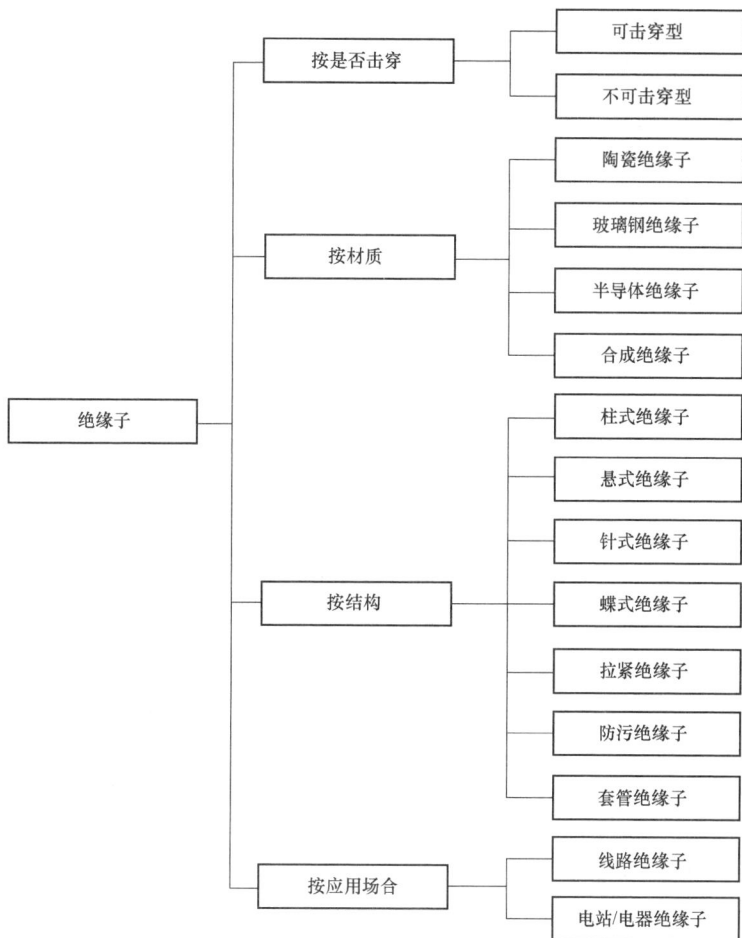

图 10-8 绝缘子分类图

复合绝缘子又称合成绝缘子（见图 10-9），其主要结构一般由伞裙护套、玻璃钢芯棒和端部金具三部分组成。其中伞裙护套一般由有机合成材料制成，如乙丙橡胶、高温硫化硅橡胶等；玻璃钢芯棒一般是玻璃纤维作增强材料、环氧树脂作基体的玻璃钢复合材料；端部金具一般是外表面镀有热镀锌层的碳素铸钢或碳素结构钢。

瓷横担绝缘子采用实芯不可击穿的瓷件与金属附件胶装而成，具有自洁性好、维护简单、线路材料省、造价低、运行安全可靠等优点。

玻璃绝缘子由铁帽、钢化玻璃件和钢脚组成，并用水泥胶合剂胶合为一体。其结构特点是头部尺寸小，质量轻，强度高和爬电距离大。

图 10-9 复合绝缘子

10.3 输电线路状态监测

10.3.1 架空输电线路状态量

（1）输电线路电压（电流）。输电线路的电压（电流）是一个重要的状态量，线路的任何故障都可能影响到电压（电流）的大小，因此电压（电流）能很好地反映线路的运行状态。

电压所反映的故障主要有过电压和电压过低。过电压主要有雷击过电压、操作过电压、谐振过电压等。过电流可能是短路造成的，过电流会导致导线温度的升高、电阻率增大，绝缘子绝缘性能减弱。因此，电压（电流）的状态监测可以反映线路乃至系统的运行状态。

（2）输电导线温度。不同类型的导线有其额定的载流量，电流流过导线时导线会发热升温。温度的高低会影响导线的电阻率，进而电压、电流又发生变化。当线路短路时，虽然持续时间不长，但由于短路电流很大，温度会快速升高，温度过高还会损害导线和绝缘层的寿命。

（3）输电导线舞动。输电导线舞动是指风对导线产生的一种超低频、大振幅的导线自激振动，最大振幅可达导线直径的 5～300 倍。导线舞动很容易引起相间闪络、金具损坏，甚至造成线路跳闸或导线起火烧伤，更严重的则是导线断裂、杆塔倒塌等严重事故，造成重大经济损失。因此，导线舞动也成为超特高压、大跨越等输电线路的重大灾害之一。

导线舞动的形成主要取决于三方面因素，即结构参数、覆冰和风激励。覆冰的状况由气温、降雨和地理环境决定，其随机性大。此外，输电导线是一根或一组悬垂柔性体，其结构和振动时的状态为非线性。输电导线舞动是一种由流体引发的随机性非线性振动，是流体与固体的耦合振动。

（4）输电线路覆冰雪。输电线路覆冰雪程度是指在冰雪天气，输电线路及杆塔表面覆盖的冰雪的厚度和范围。由于冰雪的低温会造成输电线及杆塔骨架变脆，其承重和承受牵引的能力下降。再加上输电线覆上冰雪后本身质量的增加，就可能引发杆塔的倒塌或输电导线的断裂。相邻档的不均匀覆冰或是线路不同期脱冰会产生张力差，导致绝缘子损伤和破裂、杆塔横担扭转变形、导线和绝缘子及导线间隙减少引发闪络。当导线有非对称覆冰时，线路很容易发生舞动，且舞动幅度大，持续时间长，造成很大的危害，轻则相间闪络，损毁导线及金具部件，重则线路跳闸，断线倒塔。可见，在寒冬天气，导线覆冰雪监测也是尤为重要的。

10.3.2　电力电缆的状态量

电力电缆结构复杂且散热差，在恶劣的运行环境下，其绝缘层、内屏蔽层、外屏蔽层、金属套、外护层等部件都会出现问题。为了保护电缆安全运行，必须随时监测电缆运行状态。

电力电缆的状态量主要包括：电缆电流（电压）、线芯直流电阻、芯线对地电容、绝缘层电阻、绝缘层局部放电、外护套及内衬层绝缘电阻、主绝缘介质损耗、电缆的温度、泄漏电流等。

10.3.3　绝缘子状态量

（1）绝缘子污秽度。绝缘子的污秽度是指绝缘子表面的积污程度，也是引起闪络电压降低的主要原因。绝缘子污秽状态包含表面污层积聚情况和受潮程度两方面。判断绝缘子污秽度最直接的方法就是测量污闪电压，但实际工作中污闪电压并不易测量。

（2）绝缘子泄漏电流。当空气中的尘土、工业废物和鸟类的排泄物沉积在绝缘子表面后，经过环境的风化和自然分解必定产生不同种类的盐，在强电场的作用下，湿润的污秽绝缘子表面会产生泄漏电流，泄漏电流的大小可以表明绝缘子表面污秽度。

（3）绝缘子沿面放电。由于绝缘子的绝缘性能发生变化，如表面积污、裂纹，在输电线路电压或过电压作用下，绝缘子表面产生电晕、辉光或电弧现象。

10.3.4　输电线路状态监测方法

（1）架空输电线路状态监测。

1）输电线路电压监测。输电线路电压监测主要是在母线或其他重要负荷节点设置现场数据采样单元，将电压互感器所测到的电压通过连续采样并将电信号换成数字信号，再由远程测控单元发射端将监测信息打包通过通信模块传送到监控中心。监控中心再将所得数据以及当时的环境和天气状态与调度中心的运行数据相结合,判断出线路的实时运行状态,并发出必要的预警。

2)输电导线温度监测。利用实际气象条件和线路的实时温度监测,确定线路动态温度,如图 10-10 所示。输电线动态热容监控(DTCR)包括一个计算机模块,内含各类输电设备(架空线路、电缆等)的热模型,该模块考虑了实时气象条件和其他环境因素、线路温度参数及电气负载等因素。监测设备有小型气象观测台、导线温度传感器、数字化数据单元等,可计算并实时显示线路的动态温度。

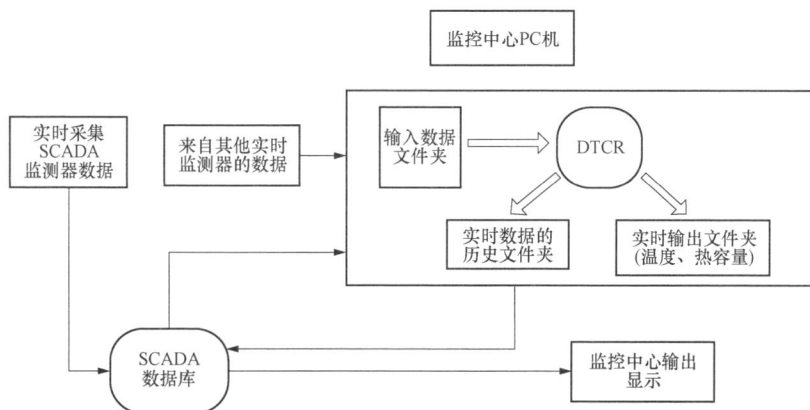

图 10-10 DTCR 计算并实时显示线路的动态温度

3)输电导线舞动监测。输电导线舞动受不同参量的影响,舞动特征不尽相同。选取线路某一档距内的输电导线作为监测对象,根据导线的长度,在上面安装数量不同的加速度传感器、位移传感器,定时或实时发送监测的相关加速度、位移量值至监控中心,再由专家软件根据收到的值,按照特定算法进行拟合,这样就得到较为精确的输电导线舞动轨迹及其他相关特征量。只要加大现场监测、发送数据的频率,就有足够多的点来拟合曲线,就可以定性、定量、全面地分析导线舞动,精确度也可以得到有效保证。根据某一时刻的加速度及相应位移值、当时的气象信息,可估算出未来某一时间段的导线舞动轨迹,这样就便于给出电线舞动的预警。

4)输电线路覆冰监测。早期的输电线路覆冰程度监测主要是由人工来进行的,即通过定点设置观冰站,由相关人员值守,并结合气象部门的预测来实施。随着人工智能化技术的发展,如今输电线路覆冰程度监测方法主要有两种:一是通过安装传感器对导线的质量、绝缘子的偏斜以及输电线的舞动风偏角和弧垂进行实时监测,然后将所得结果与线路设计参数进行比较,从而判断线路的覆冰雪程度;二是通过在现场装设图像实时拍摄和传输装置,监控中心可以很直观地看到现场覆冰雪状况,从而可以减少恶劣环境下不必要的人员配置,又达到了监测要求。在实际工作中通常将两种方法结合使用,以提高监测的精确度和可靠性。

(2)电力电缆状态监测。电力电缆在线监测方面重点监测电流、电压、电气绝缘、电缆温度、局部放电等。

1)局部放电监测。

a)电磁耦合法(高频率电流互感器)。电磁耦合法通常采用宽频带罗柯夫斯基线圈型电流传感器。主要测量位置为电缆终端金属屏蔽层接地引线处。此方法在实际应用中较多采用。

b)超高频电容(电感)耦合法。通过电容或电感耦合器取出局部放电信号,通过监测单元进行分析处理。可以将金属箔贴在电缆上任意位置,金属箔与电缆绝缘、屏蔽层之间构成一个等效电容，构成监测回路，提取出电缆内部的放电信号。

2）超声波法。电力设备中有局部放电发生时，会产生发射信号。通过收集这些信号，并且根据实际应用经验加以分析，对应出相应的局部放电值，可以对电缆的运行状况做出某种程度的安全评估。超声仪器可以监测声信号的幅度、频率成分等，以及进行工频频率相关性分析。

3）温度测量。使用红外测量装置很容易测得运行时电缆线路的温度，则点温仪或热成像仪可以测量某点或某个区域的温度，由于是非接触式测量，人身也比较安全。现有的电力电缆温度在线监测系统，从工作原理上区分，主要有电信号传感器和光信号传感器两大类。电信号传感器包括传统的热偶传感器、热电阻传感器及特殊的半导体传感器等类型。光信号传感器性能优良，主要采用两种工作原理：

a）光时域反射（OTDR）技术。在向光纤注入一定脉宽 Δp 激光脉冲后，通过直接测量背向散射光强度随时间变化的情况进行温度解析和反射点定位。其主要缺点是对测量光功率要求相对较大、技术处理难度较大。

b）光频域反射（OFDR）技术。通过在激光源上施加调频信号，激光以不同的线性频率段耦合入测量光纤，用每个频率段处的背向散射光功率来指示特定距离附近一小段光纤的喇曼散射，据此进行测温和定位。OFDR 也有其固有缺陷：因施加了调频信号，光源的相干性不确定，在多模光纤系统中引用副载波对光源的幅度进行调制，以抑制这种不确定相干性，但由于副载波的频率变化速率低，会大大降低系统的空间分辨率。

（3）绝缘子状态监测。绝缘子泄漏电流是指在电压作用下流过污秽受潮的绝缘子表面的电流，它是电压、气候、污秽三要素的综合作用的结果。随着污秽物增多，绝缘子泄漏电流也大幅度增大。绝缘子泄漏电流监测常用的处理方法大致有两种，即频域法和时域法。频域法有快速傅里叶转换（FFT）分析、功率谱分析分析；时域法有泄漏电流有效值法、脉冲电流法、临闪前最大泄漏电流值法、泄漏电流脉冲计数法。

1）脉冲计数法。脉冲计数法就是在给定的时间内，记录承受工作电压下的污秽绝缘子超出一定幅值的泄漏电流脉冲数。绝缘子表面污秽程度越重，出现的泄漏电流的频率和幅值也越大。正是有了此种关系，泄漏电流脉冲的频率和幅值在某种程度可以表示绝缘子的污秽程度。这种方法可对正常运行下的整条线路或地区的绝缘子进行连续监测。绝缘子脉冲计数方法原理如图 10-11 所示。

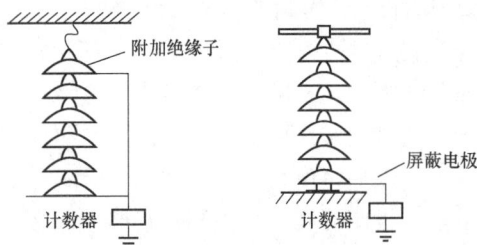

图 10-11　绝缘子脉冲计数方法原理

2）脉冲电流法。绝缘子的脉冲按发生机理可分为三种：①由绝缘子裂缝引起的局放脉冲，常为几微安；②闪络前出现的脉冲群，常为几十至几百毫安；③由存在零值的绝缘子引起的电晕脉冲，常为数微安。其中，脉冲计数以电晕脉冲最为重要和有效。脉冲电流法就是通过测量绝缘子电晕脉冲电流的方法来判断绝缘子的运行状况，由于绝缘子劣化后电阻变得很低，其在整个绝缘子串中的承担电压也必然减小，于是其他绝缘子所承受的电压就会明显高于正常情况时的电压，回路阻抗因而变小，绝缘子电晕现象随之加剧，电晕脉冲电流变大。线路上存在劣化绝缘子时电晕脉冲个数增多、幅值增大，据此利用套入杆塔接地引线的电晕脉冲传感器取出脉冲电流信号，再将信号进行特殊处理，便可在低压端监测出劣化绝缘子。

此方法的难点在于电流传感器的选择、信号采样和辨识、现场干扰的排除等。因为绝缘子正常运行时也可能产生电晕脉冲电流，且随着输电线路电压的波动其值也在变化。

10.4　输电线路故障分析

10.4.1　架空输电线路故障分析

1. 输电线短路

输电线路短路故障指的是输电导线之间或导线与大地之间形成导电通路而使输电线路受到损害的故障。通常有单相接地短路、两相短路、三相短路、两相短路接地。短路故障产生很大的短路电流，容易使线路跳闸，甚至因导线过热而造成线路熔断，其危害性极大（见图 10-12）。

输电线路短路故障一般是由于绝缘失效或异物搭接造成的输电导线之间或线路与大地之间的短路。所谓的异物，比如有飞鸟、风筝、工业废物中的导电纤维等；在山区中的架空输电线路还有可能搭接有从高处掉落的树枝，而这些异物遇到湿润的天气环境就变成导体，进而引起输电线路的短路；在树木多的地区，当树木遇到雷击或者大风而倾倒靠压在输电线路时，通常引起单相接地短路或两相接地短路；在大风天气，导线舞动剧烈，原本松动的导线因线距不够而绞缠在一起，这时就引起相间短路。当线路绝缘子老化失效时，导线与杆塔间同样形成短路。人为的误操作也容易引起线路短路。

图 10-12　输电线路接地短路故障

2. 输电线雷击灾害

雷电是大自然最宏伟壮观的气体放电现象，同时也是常见的自然灾害。雷电放电产生的雷电流高达数十甚至数百千安，从而引起巨大的电磁效应、机械效应和热效应。其引起的雷击过电压（大气过电压）很高，是造成输电线路绝缘劣化和线路跳闸停电事故的主要原因之一。

雷云与大地之间或者两块带异种电荷的雷云之间，会形成强电场，其产生的电位差可达数千千伏甚至上万千伏，但由于距离过大，平均场强一般不超过 100kV/m。一旦在个别地方出现能使该处空气发生电子崩和电晕的场强（达到 25～30kV/cm）时，就有可能引发雷电放电。引发放电的场强一般出现在云层底部，在进一步形成流注之后就出现向下发展的先导放电，开始只是向下推进，并无一定目标。当先导接近地面时，地面上某些高耸的物体顶部周围的电场强度就达到了能使空气电离并产生流注的程度，这时它们顶部会发出向上发展的迎

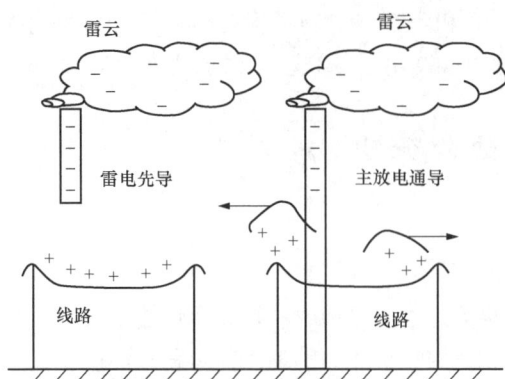

图 10-13　输电线路雷击示意图

面先导。下行先导和上迎先导接通后，立即出现强烈的异号电荷中和过程，此时出现极大的电流。此电荷中和过程并不是一次完成的，而是多次重复雷击。雷电可分为线状雷、球状雷和片状雷。电力输电线路中的大多数雷击故障都是由云—地之间的线状雷引起的（见图10-13）。

3. 输电导线断裂

导线断裂是输电线路最严重的故障之一，因为它会导致输电的直接中断，而且是断路器和自动重合闸系统无法自愈的，是永久性故障。在大风天气，导线舞动剧烈，如果舞动的强度大于导线的承受范围就可能引起断裂，特别是导线覆冰时增加了这种危险性；线路附近大树的倾斜覆压也可能导致线路的断裂；导线过载或短路时产生大量的热量可能烧毁导线甚至断线；杆塔处的绝缘子起着牵引支撑导线的作用，如果绝缘子老化产生机械变形，也有可能导致导线的松动绞缠，进而发生断裂。

4. 输电线路覆冰

输电线路轻度覆冰本身不算故障，但是覆冰较厚则会引发一系列的事故（见图10-14）。

图 10-14　输电线路杆塔因冰灾倒塌

（1）过负载：当导线覆冰厚度超过线路设计的抗冰厚度，即覆冰后质量增加、风压面积增大导致的机械和电气方面的事故。过负载会造成金具损坏、绝缘子串变形、导线断股、杆塔倾斜甚至倒塌等机械事故；还可能由于线路弧垂增大造成的闪络和烧伤甚至断线等电气事故。

（2）不同期脱冰或不均匀覆冰：相邻档线路的不均匀覆冰或脱冰产生的张力差会使导线缩颈和断裂、杆塔扭转变形、绝缘子损伤等。

（3）绝缘子冰闪：绝缘子覆冰可以看作一种特殊的污秽，覆冰的存在明显改变了绝缘子表面电场的分布，而且冰中含有的杂质也容易造成闪络。

输电线路覆冰除了与环境温度和大气湿度有关，还受当时风向、风速、大气压等局部气象因素的影响。

10.4.2　电力电缆故障分析

交联聚乙烯电缆是以交联聚乙烯作为绝缘的塑料电缆。交联聚乙烯（XLPE）属于固体绝缘，它是由聚乙烯（PE）加入交联剂挤压成形后，经过化学或物理方法交联成交联聚乙烯。聚乙烯虽具有优良的电气性能，但属于热塑性材料，即有热可塑性，当电缆通过较大的电流时，绝缘就会熔融变形，这是由聚乙烯的分子结构所决定的。聚乙烯的分子结构是呈链状，而交联聚乙烯是聚乙烯分子间交联形成网状结构，从而改善了聚乙烯的耐热变形性能、耐老化性能和机械性能。

交联聚乙烯电缆由于敷设环境的影响，在绝缘层中会产生水树，使绝缘性能下降。绝缘老化的原因主要有电气、化学两方面。

1. 电气方面

（1）游离放电老化。这是由于在绝缘层与屏蔽层的空隙产生游离放电，而使绝缘受到侵蚀所造成的绝缘老化现象。在正常相电压下，游离放电一般不会发生，而仅在电缆内部有缺陷时才会成为问题。

（2）树老化。所谓树，主要有电树、水树两种。电树是在局部高电场（绝缘与内半导体层的界面等）作用下，某些缺陷在绝缘层中呈现树枝状伸展，最终导致绝缘击穿。水树的形成与敷设环境有关，在有水分和电场共存的状态下，可分为从导体的内半导体层上产生的内半导体水树、从绝缘的外半导电层产生的外半导体水树、从绝缘层中空隙等产生的蝴蝶结形水树三类。特别是从内半导电层上产生的内半导体水树，将使电缆的绝缘强度大幅度降低。

2. 化学方面

化学老化是由于敷设环境所引起的，例如把电缆敷设在含有石油化学物质的地下而造成聚氯乙烯护套产生膨胀。有一种称为硫化的老化现象，对电缆绝缘响最大。由于硫化物（硫化氢等）透过护套及绝缘层与电缆的铜导体产生化反应，生成硫化铜和氧化铜等物质，这些物质在绝缘层中从内导一侧向护套侧呈树枝状伸展，如同水树一样，这种老化现象统称为化学树。化学老化的程度，也因油、药品的种类不同而异，但它们对电缆的影响，使组成电缆的材料膨胀、物理特性降低和电性能降低。此外，还有物理老化、机械老化以及由于生物的侵蚀所引起的老化等。

随着电缆绝缘老化发展到一定程度，在适当的外部环境和自身条件的影响下就会导致绝缘损坏甚至击穿，从而发生电缆故障。电缆故障从形式上可分为串联与并联故障。串联故障是指电缆一个或多个导体（包括铅、铝外皮）断开。通常在电缆至少一个导体断路之前，串联故障是不容易发现的。并联故障是指导体对外皮或导体之间的绝缘下降，不能承受正常运行电压。实际的故障组合形式是很多的，发生的可能性较大的几种故障形式是一相对地、两相对地和一相断线并接地。实际发生的故障绝大部分是单相对地绝缘电阻下降故障。电力电缆故障的分类主要是开路断线故障，低阻和金属性相间或接地故障，高阻相间或接地故障三种类型，其中高阻故障包括高阻泄漏和闪络性故障两种类型。导致电缆故障的因素大致分为以下几类：

（1）机械损伤。机械损伤引起的电缆故障占电缆事故很大的比例。如安装时不小心碰伤电缆，机械牵引力过大而拉伤电缆，城建施工使电缆受到直接的外力损伤等。

（2）过热。电缆绝缘内部气隙游离造成局部过热，使绝缘炭化。另外，电缆过负荷产生过热，安装于电缆密集地区、电缆沟及电缆隧道等通风不良处的电缆、穿于干燥管中的电缆以及电缆与热力管道接近的部分等，都会因本身过热而使绝缘加速损坏。

（3）护层的腐蚀。因受土壤内酸、碱和杂散电流的影响，埋地电缆的铅或铝包遭到腐蚀而损坏。

（4）绝缘受潮。中间接头或终端头在结构上不密封或安装质量不好而造成绝缘受潮。

（5）过电压。过电压主要指大气过电压和内过电压，许多户外终端接头的故障是由大气过电压引起的，电缆本身的缺陷也会导致在大气过电压的情况下发生故障。目前电缆主绝缘耐压试验一般采用直流电压试验，交联聚乙烯电力电缆由于直流电场下空间电荷的作用，电场分布畸变，往往会在不太高的直流电压下损伤绝缘，从而有可能在不利运行条件（如过电压）下发展成电缆故障。

（6）设计、制作和材料缺陷。电场分布设计不周密，材料选用不当，制造工艺不良、不按规程要求制作等问题，都可能使电缆发生故障。

10.4.3　绝缘子故障分析

由于线路绝缘子长期运行在强电场、多种污秽、机械应力、各种温度湿度等恶劣环境中，易出现绝缘子内部裂缝、表面破损、阻抗降低和污闪等多种故障，严重威胁电力系统安全运行。

（1）绝缘子机械变形。绝缘子除了绝缘作用，还有机械固定作用。由于使用年限长，加上导线的经常舞动，可能发生机械松动，使绝缘子偏离原来的位置。这种情况下，导线的线距和输电线路的爬距就会发生变化，从而使得原来的绝缘变得不再可靠，就有可能引发进一步的故障，造成线路的损害。

绝缘子通常处在恶劣环境中，大风、雨雪天气时常侵袭。大风的干扰使得导线舞动加剧，而用于固定导线的绝缘子自然也会受到不同程度的拉扯，加上大雨的冲击、雪的覆压使绝缘子的机械强度受到考验。经历气候侵袭、局部放电以及工业废物的化学腐蚀，绝缘子老化而变脆，机械强度大大降低。这就形成了一个不良循环，长期下来就造成绝缘子变形，甚至是脱落。绝缘子在电网中数量巨大，如不加强监测则会危及电网安全。

（2）绝缘子闪络。架空输电线路绝缘子通常所处的环境较为恶劣，容易受到工业排放污秽和自然界中的盐碱污染。如果绝缘子表面保持干燥，那么即使污染较重，表面也不会有局部电弧放电的现象，同样可以正常运行。但在不利的天气下，如大雾、雨水等，绝缘子表面积累的污秽则会变得湿润，其表面在外界强电压作用下产生局部通路，这时电导和泄漏电流就会大大增加，绝缘子表面的电气性能因此下降进而发生全面闪络。有相关统计显示，由于污秽造成绝缘子闪络的故障已经是电网的第二大事故了。

常说的绝缘污秽放电是指输变电设备在工作电压下的污秽外绝缘闪络。这种闪络，不是由于作用电压的升高，而是由于绝缘子表面绝缘能力降低引起的结果。它有独特的放电机理，与绝缘子表面积污、表面污层湿润以及绝缘子本身耐压特性等因素有关。为了进一步分析绝缘子污闪的原因及有关影响因素，本节简单地介绍一下污秽放电过程。

高压运行的绝缘子，在自然环境中，受到 SO_2、氮氧化物以及颗粒性尘埃等的影响，其表面逐渐沉积了一层污秽物。在天气干燥的情况下，这些表面带有污秽物的绝缘子保持着较高的绝缘水平，其放电电压和洁净、干燥状态下接近。然而，当遇有雾、露、毛毛雨以及融冰、融雪等潮湿天气时，绝缘子表面污秽物吸收水分，使污层中的电解质溶解、电离，导致污层电导增加。这时，绝缘子的表面泄漏电流就会增加。由于绝缘子的形状、结构尺寸的影响以及绝缘子表面污层分布不均和潮湿程度不同等因素，绝缘子表面各部位的电流密度不同，结果在电流密度比较大的部位形成了干燥带，例如悬式绝缘子的钢脚附近、棒式支柱绝缘子裙和芯棒交接处。干燥带的形成使绝缘子表面电压分布更加不均匀，且干燥带承担较高的电压，当电场强度足够大时，将产生辉光放电，继而产生局部电弧。这时，染污介质的表面放电模型，相当于表面局部电弧串联着一段污层电阻。此时局部电弧有可能熄灭，也有可能发展。当局部电弧不断发生和发展，达到和超过临界状态时，电弧贯穿两极，完成闪络。

鉴于绝缘子所处环境的特殊性，通常所说的闪络是指污秽绝缘子的闪络。污秽绝缘子的闪络有以下四个过程，即污秽的沉积、污秽的湿润、烘干区的形成及局部电弧的产生、局部电弧发展成完全闪络。绝缘子裸露在相对恶劣的环境中，鸟类的排泄物和大气中掺杂的工业废物容易沉积在绝缘子表面，污秽在雾、露、雪以及毛毛雨长期的浸润下变得湿润，又经历风吹日晒而被烘干，由于局部介电性能下降而产生泄漏电流，如此长期循环就会逐步促进放电通路的形成，最终产生电弧而失去绝缘效果。

（3）绝缘子老化。由于在恶劣的环境中，长期受到污秽和雾雨中的酸碱腐蚀，加上外部强电压作用，绝缘子面临老化的问题。绝缘子老化会使得原来的电气性能变得很弱，绝缘子一旦被击穿。就会造成线路短路、断路器跳闸等危害，从而整个线路都受到影响。绝缘子老化问题带来的损害巨大。其中绝缘子老化又分为热老化、电老化、机械老化、环境老化：

1）热老化。绝缘子在热的长期作用下发生的老化即热老化。绝缘子所处的露天环境在夏天温度通常较高，加之导线的发热产生的热量，就使得绝缘子长期处于较高温度的环境中。

对于有机绝缘材料来说，其热老化反应主要是指在热环境下材料发生的热降解，包括的反应有：使主链断链的解聚反应或无规则断链反应，使侧基从主链上脱离的消去反应。这些反应产生的大量低分子挥发物，将会引起一系列更为复杂的反应。

在热和氧长期协同作用下发生的化学反应称为氧化反应。热氧化老化初期会产生过氧化氢物，其分解产生的自然基可引发一系列的氧化和断链化学反应，这些反应使分子量下降，含氧基团浓度增加，并不断会发出低分子产物，其结晶度也随之改变。

2）电老化。在电场长期作用下，绝缘子中发生的老化称为电老化。由于绝缘子常处于高压架空输电线路中，因此绝缘子电老化问题不容忽视。放电老化，是绝缘子内部或表面发生局部放电造成的。电老化过程很复杂，它包括局部放电引起的一系列物理和化学效应。

a）热效应。在放电点上，通常会产生大量的热量。介质温度升高会发生热裂解，或促进氧化裂解。温度升高还会提高介质的导电性能和损耗。由此相互催生促进，则产生恶性循环，产生不良后果。

b）分子结构破坏。由局部放电产生的带电质点在强电场作用下可具有很高的能量。这些带电质点撞击到气隙壁时，就有可能打断绝缘的化学键，从而破坏其分子结构。

c）活性生成物。局部放电产生的一系列活性物，如臭氧、氮氧化物、硝酸、草酸等，可进一步与绝缘材料发生化学反应，腐蚀绝缘体，导致介电性能下降。

d）辐射效应。局部放电产生的可见光、紫外线等高能射线会使高聚物裂解，还可能促使某些绝缘材料分子间的交联，从而使材料变脆。

以上几种机理通常是同时存在的，但在特定环境下以某些老化机理为主。

3）机械老化。绝缘子在运行过程中常受到不同机械负荷的作用，如导线的舞动、大雨的冲击以及冰雪的覆压。在这些作用力下，绝缘子发生变形，即使强度比短时破坏强度小得多，发生的为弹性变形时，机械老化也已开始发生。其实质是：机械力作用下，材料中微观缺陷（分子级别）发生规则运动，形成微裂缝及逐渐扩大的过程中，当微裂缝的尺寸及数量达到某临界值时，材料发生破坏。

4）环境老化。大气中的水分、污染、氧化物和辐射都会对绝缘子的性能造成影响。污染和氧化物会对绝缘子表面进行腐蚀，加上强电场作用，沿面放电会产生高温，这将会引起材料的分解。环境中的水分还会使绝缘子内部受潮，绝缘子受潮后其绝缘电阻和介质损耗会增大，进而有可能引起热击穿。

10.5　输电线路状态监测与故障诊断系统

10.5.1　架空输电线路状态在线监测系统

高压输电线路状态在线监测的监测内容较多，特别是线路覆冰监测和绝缘子状态监测一直是难点项目。随着电力系统向智能电网方向发展，迫切需要集远程在线监测与后台数据管理和故障诊断于一体的系统。于是出现了一种集远程分布在线监测与模糊逻辑诊断和数据管理于一体的高压输电线路状态监测系统。

输电线路在线监测网必须有网省公司监测中心、地市局监测中心、通信网络、监测信息网、线路监测采集系统五个部分，如图 10-15 所示。线路监测分机实时/定时完成输电线路导线、杆塔、地线、绝缘子等设备的状态量信息采集，并完成环境温度、湿度、风向、风速、雨量等信息的采集。然后通过通信模块如 GPRS/GSM/CDMS/3G 发送至地市局监测中心，中心的专家软件则利用各种修正理论模型、试验结果、运行经验和现场运行结果来判断输电线路运行状况，并及时给出相关预警信息，从而有效地防止各类事故的发生。

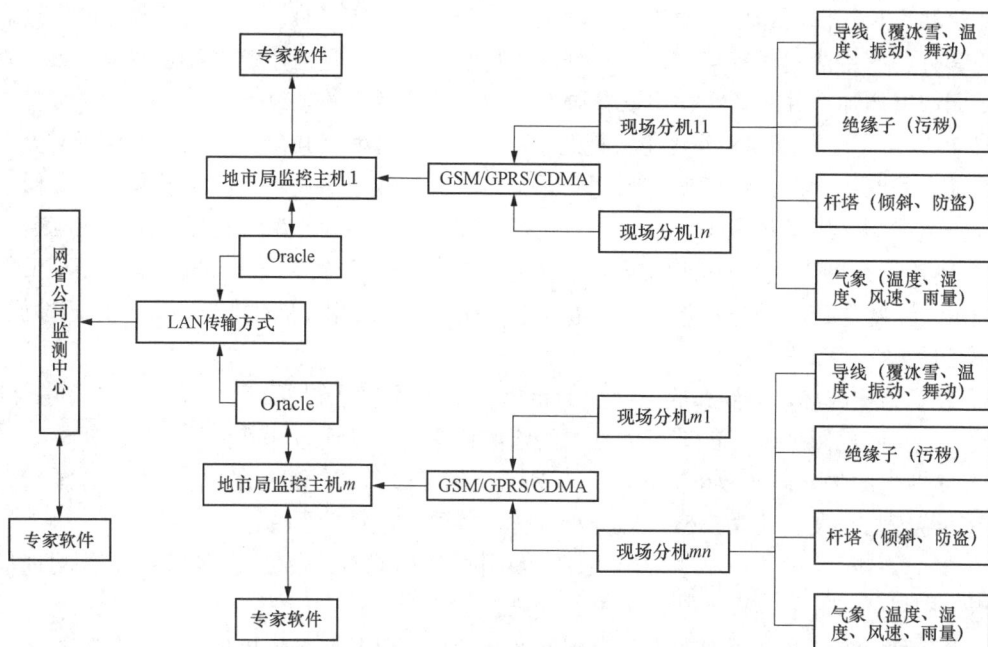

图 10-15　输电线路在线监测系统总体框图

在各输电线路的每级杆塔上安装数据采集单元，自动采样、处理并保存该杆塔上各线路状态量（如绝缘子串泄漏电流）、环境温湿度等信息，同时实现自身工作状态的维护与调整。在每条输电线路的端地址设置一个基站［由无人值守的微控制单元（MCU）担承］，收集整条线路上所有数据采集单元的全部数据，基站与各采集单元之间的信息传递采用接力式无线通信的方法。基站在总站（数据中心）的统一调度下，经过有线方式将数据传输给总站。总站在专家知识的支持下，通过自学习算法，对基站发来的数据进行分析、比较、预警和储存，并形成综合数据库供专业人员查询。另外，总站还能根据采集数据的情况通过基站将修正命令传送到每个数据采集单元。为实现故障预警，系统引入了趋势分析技术。它由分析处理中心的分析软件根据其历史数据和当前数据推断污秽沉积的发展速度与趋势，并确定沿污秽绝缘表面交流电弧周期变化的规律，对反映各绝缘子状态的重要参数做趋势分析，从而为早期预测闪络的发生提供了一个有效的手段。

采样电路循环采样各路绝缘子上的泄漏电流，采样频率根据环境湿度与信号值变化情况实时调整。湿度较大或信号变化急剧时，提高采样频率以捕捉瞬变信号，反之则降低采样频率以减小功耗。采样信号通过具有放大作用的互感器及其相应的电阻匹配网络进入主电路系统，由信号调整电路实现滤波、限幅等功能。经过调理的信号在 MCU 控制下依次通过多路复用器，进入信号放大环节。在信号放大环节中，程控增益放大器根据输入信号幅值对其进行相应倍数的放大，最后通过限幅网络送入 MCU。

系统利用泄漏电流沿面形成的原理，在绝缘子串铁塔侧的最后一片绝缘子上方安装一开口式的引流装置卡，将泄漏电流通过双层屏蔽线引入到安装于铁塔中部的数据采集单元中。

（1）传感器选择。

1）集成温湿度传感器。它将温度感测、湿度感测、信号变换、A/D 转换等功能集成到了一个芯片上。对比于其他传统的测量温度、湿度的传感器，其有着无可比拟的优点。它可以同时测量温度、湿度和露点的传感器，不需外围元件直接输出输电线路温度、湿度和露点的数字信号，可以有效弥补传统温湿度传感器的不足。

2）角度传感器。用来确定物体相对于重力场所处的位置（垂直或水平），以便于监控和测量的传感器称为角度传感器。输电电线路上的角度传感器安装在绝缘子或线夹上，用来测量绝缘子串倾斜角或导线风偏角。将其与压力传感器配合还可计算出覆冰或导线舞动对杆塔造成的水平负荷。

3）压力传感器。压力传感器是工业实践中最为常用的一种传感器，它是一种将压力转换成电压/电流信号的器件，可用于测量压力、位移等物理量。压力传感器种类有很多，如压阻式压力传感器、电阻应变片压力传感器、半导体应变片压力传感器、电容式压力传感器、电感式压力传感器。该系统采用的是电阻应变片压力传感器，将其通过特殊的黏合剂紧密黏合在输电线路塔杆及线路上，当基体受力发生应力变化时，电阻应变片也一起产生形变，使应变片的阻值发生改变，从而使加在电阻上的电压发生变化。

（2）监测采集系统结构。监测分机整个系统采用模块化设计，主要由 6 个模块构成：中心控制模块、信号调理模块、GSM/GPRS 通信模块、电源控制模块、数据存储模块。其结构如图 10-16 所示。

在图 10-16 中，系统监测力、角位移以及环境信息时，角位移传感器、压力传感器输出信号为模拟电信号，雨量、风速传感器输出信号为脉冲信号，温湿度传感器输出信号为数字信号。

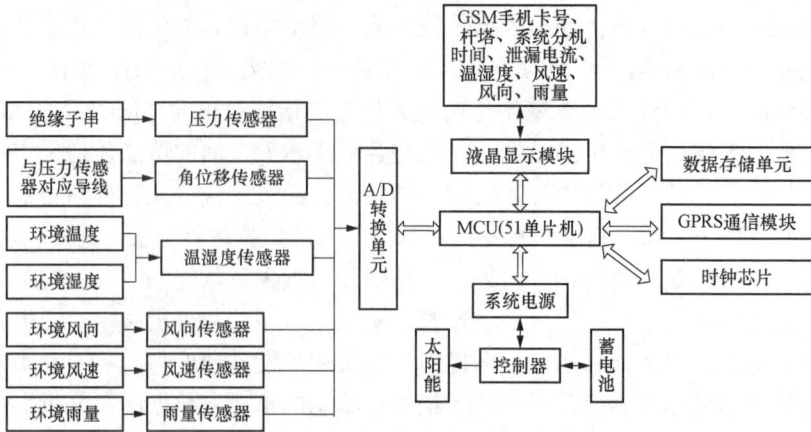

图 10-16　输电线路在线监测分机结构

（3）参数设置。输电线路在线监测系统监测项目内容多，设置参量较多。例如，线路覆冰监测项目，则要根据覆冰模型计算的参量内容，针对导线覆冰载荷变化（压力传感器）、温度、湿度、风速、风向、风偏角、大气压力、雨量等参数进行监测；同时，需要根据杆塔性质、绝缘子类型、导线性质，对每一基杆塔进行不同的设置。由于监测数据庞大，且要求进行实时读取或写入，故需建立一个大容量的数据库。相关专家软件的参数设置，如图 10-17 所示。

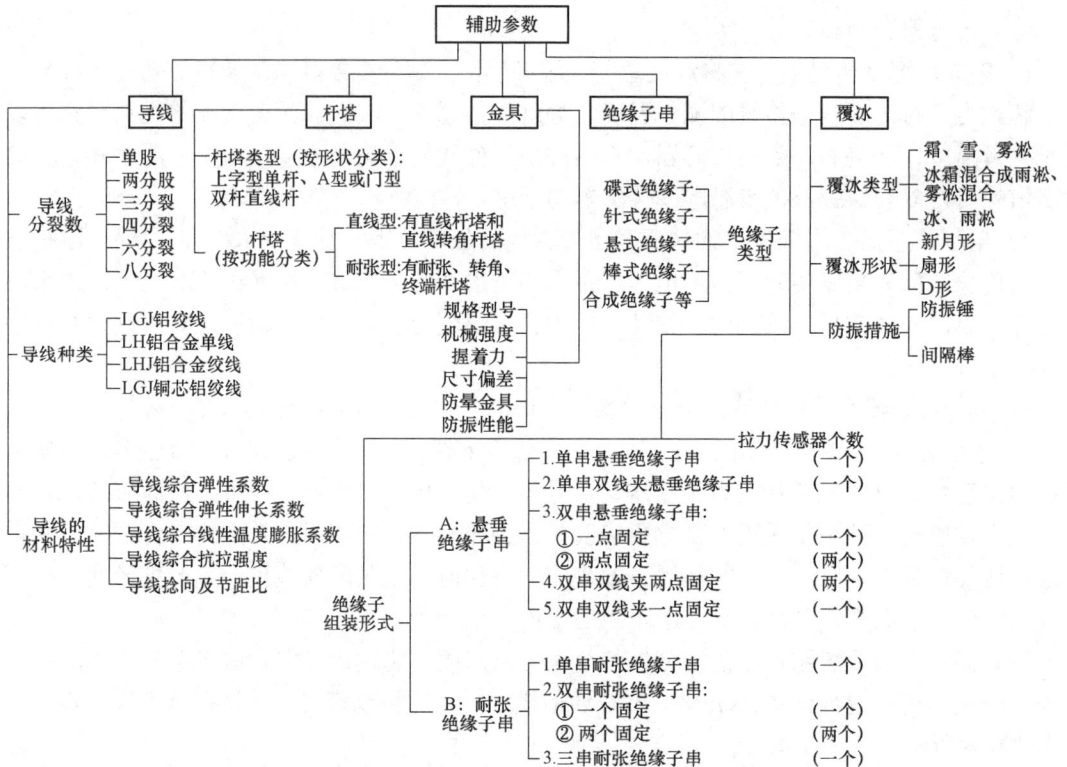

图 10-17　覆冰监测专家软件参数设置

输电线路在线监测系统中的导线、杆塔、绝缘子等固有属性可以手动录入到相应类型并保存后，由计算机监控软件界面上的下拉框选择即可；对于传感器监测量则，可由串行通信线路传输到处理器后自动录入到对应数据项；此外，系统时间、模式、报警设定等均可由工作人员自行设置。根据以上参数设置和报警设置，工作人员只需远程输入各量的警戒阈值，超过阈值后则系统会由自动报警。监测系统软件界面功能如图 10-18 所示。

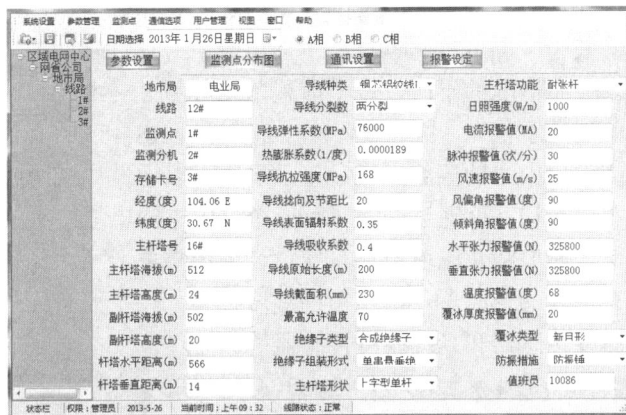

（a）

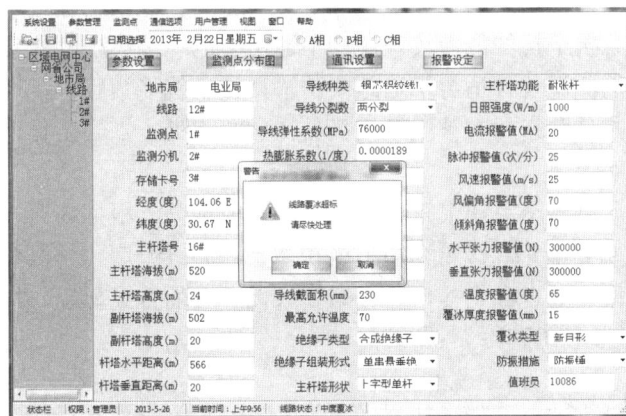

（b）

图 10-18　覆冰在线监测系统专家软件界面

（a）正常状态界面；（b）线路覆冰时界面

10.5.2　电力电缆状态在线监测系统

在由电力电缆供电的电网中，70%以上的故障都是发生在电缆的中间接头处，电缆接头是整个系统中最为薄弱的环节。接触电阻的存在、绝缘材料的性能不佳或制作工艺不完善等，是导致电缆接头频发故障的主要原因。

电缆接头处发生的各类故障，一般不是一个突发的过程，而是一个循序渐进、由量变到质变的过程。开始是由于接触电阻的增加使接头处温度不断升高，绝缘逐步老化、泄漏电流逐渐增加，到达一定程度后就会发生击穿。因此，连续地监测电缆接头处的温度变化，就能够掌握其运行状态，当发现某个接头处的温度过高，与环境温度差别较大或变化较快时，说明此处的绝缘已比较薄弱，继续运行很可能会引发严重故障，此时及时发出报警信号，值班人员及时处理，就可以有效地避免严重故障的发生，确保供电电网安全、可靠地工作。

电缆接头点多量广、集中性差、电磁干扰严重、沟内阴暗潮湿、腐蚀性有害气体多、现场一般没有低压工作电源，由于这些不利情况，目前的各种测温系统均无法应用于电缆接头温度的监测，许多电力公司采用人工定期测量的方法来监视电力电缆接头的温度。由于电缆都敷设在电缆沟内或埋在地下，人工测量十分不便，且易受高压、有毒气体的侵害。

为克服上述缺点，实现对电缆接头温度的自动、连续、精确监测，电缆接头测温系统在每个电缆中间接头处安装一个温度传感器，其输出电流信号通过辅助电缆传送至前置测温单元，根据电缆接头地理分布情况的不同，每个前置单元可与 8～48 个传感器连接，前置单元的监测处理结果可以就地显示打印、越限报警，也可以通过 RS-485 或其他类型的通信网络传输至安装在主控制室或调度中心的监测主机。该主机还可以通过局域网或 Internet 网与其他计算机相连，以便有关人员均能够通过网络了解整个供电电网电缆接头的工作状况。

温度传感器的选取，是电缆头温度监测系统设计中的重要一环。传感器特性的优劣，对整个监测系统的性能有很大的影响。目前常用的温度传感元件主要有红外传感器、热电偶、热敏电阻、集成电路温度传感器和光纤温度传感器等。

红外传感器最大的优点是非接触测量，因而具有很好的安全性，其缺点是结构复杂、抗干扰能力差。热电偶传输信号需用专用补偿线，且传输距离不宜太长，不适用于电缆头分布面很广的实际情况。热敏电阻通常为铂电阻，一般需采用三线式传输，平衡电桥式输出，传输距离也不宜太长，且抗干扰的能力较差，均不适用于电缆接头温度的监测。

光纤温度传感器的测温元件适合于远距离传输，抗干扰能力较强，通常体积较小，可用防腐防潮抗高温的导热硅胶密封在被电缆接头处，被测点处不需要工作电源，比较适合电缆头温度测量的需要。

光纤测温前置单元是整个系统最重要最基本的组成部分。根据需要，每个系统可以包括一个或多个光纤测温前置单元，该单元的主要功能是对光纤温度传感器传来的微弱光电信号进行转换、放大、采集、处理和上传，并根据要求以适当的方式显示、打印、报警和向监测主机转发数据，如图 10-19 所示。

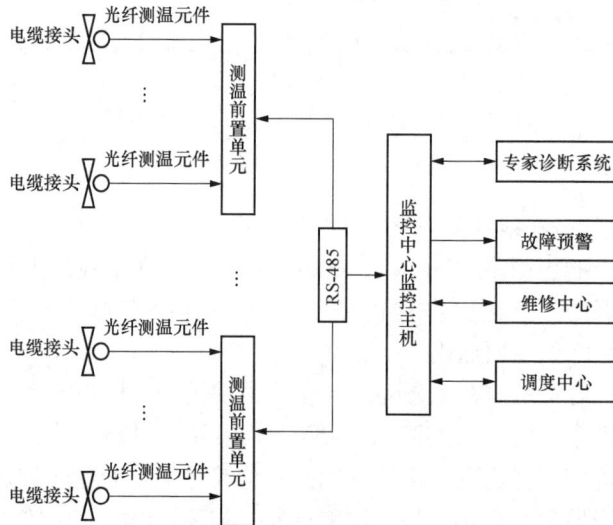

图 10-19　电缆接头温度在线监测系统

思考题与练习题

1. 简述输电线路的结构、分类及特点。

2. 绝缘子表面出现放电烧伤痕迹，是否说明该绝缘子的绝缘已被击穿？

3. 分裂导线有何作用？均压环有何作用？

4. 绝缘子污闪的危害是什么？绝缘子污闪的基本条件是什么？防污闪的技术措施有哪些？

5. 简述输电线路状态监测与故障诊断系统的组成和作用。

6. 电缆线路与架空线路相比有哪些优缺点？

7. 简述电力电缆的组成部分及作用。

8. 交联聚乙烯电力电缆绝缘老化机理是什么？故障分类有哪几种？

第 11 章　避雷器的状态监测与故障诊断

　　避雷器主要用于限制由线路传来的雷电过电压或由操作引起的内部过电压，是保证电力系统安全运行的重要保护设备之一，它的正常运行对保证电力系统的安全供电起着重要作用。传统的避雷器分为保护间隙避雷器、管式避雷器、阀式避雷器。

　　金属氧化物避雷器因其保护特性好、通流容量大、结构简单可靠，在电力系统中已经逐步取代了传统避雷器，获得了日益广泛的应用。目前采用的金属氧化物避雷器大多不带有任何间隙，这样，氧化锌阀片长期直接承受工频电压，运行期间总有电流流过阀片，会引起避雷器阀片老化、阻性泄漏电流增加和功耗加大，导致避雷器阀片温度升高甚至发生热崩溃，引发避雷器故障，发生电力系统事故。因此，为了及时发现避雷器的故障隐患，需要对其运行状况进行在线监测。

11.1　避 雷 器 结 构

　　避雷器是一种能够释放雷电过电压能量或电力系统操作过电压能量，保护电力设备免受瞬时过电压危害的电气装置。避雷器通常接于带电导线与大地之间，与被保护设备并联。当过电压值达到规定的动作电压时，避雷器会立即动作，流过电荷，限制过电压幅值，保护设备绝缘；电压值恢复正常后，避雷器又迅速恢复原状，保证系统正常供电。避雷器有管式和阀式两大类。

11.1.1　管式避雷器

　　管式避雷器主要用于变电站、发电厂的进线保护和线路绝缘弱点的保护。管式避雷器结构如图 11-1 所示。

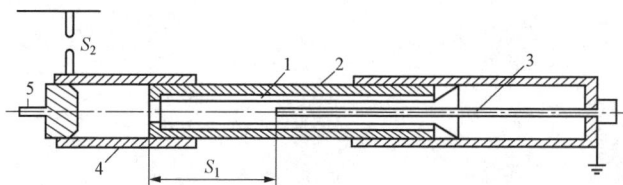

图 11-1　管式避雷器结构

1—产气管；2—胶木管；3—棒形电极；4—环形电极；5—动作指示器；S_1—内间隙；S_2—外间隙

　　内间隙（又称灭弧间隙）置于产气材料制成的灭弧管内，外间隙将管子与电网隔开。雷电过电压使内外间隙放电，内间隙电弧高温使产气材料产生气体，管内气压迅速增加，高压气体从喷口喷出灭弧。管式避雷器具有较大的冲击通流能力，可用在雷电流幅值很大的地方。但管式避雷器放电电压较高且分散性大，动作时产生截波，保护性能较差，主要用于变电站、发电厂的进线保护和线路绝缘弱电的保护。

11.1.2　阀式避雷器

阀式避雷器分为碳化硅避雷器和金属氧化物避雷器。

（1）碳化硅避雷器。碳化硅避雷器的基本工作元件是叠装于密封瓷套内的火花间隙和碳化硅阀片（电压等级高的避雷器产品具有多节瓷套）。火花间隙的主要作用是平时将阀片与带电导体隔离，在过电压时放电和切断电源供给的续流。碳化硅避雷器的火花间隙由许多间隙串联组成，放电分散性小，伏秒特性平坦，灭弧性能好。碳化硅阀片是以电工碳化硅为主体，与结合剂混合后，经压形、烧结而成的非线性电阻体，呈圆饼状。碳化硅阀片的主要作用是吸收过电压能量，利用其电阻的非线性（高电压大电流下电阻值大幅度下降）限制放电电流通过自身的压降（称残压）和限制续流幅值，与火花间隙协同作用熄灭续流电弧。碳化硅避雷器按结构不同，又分为普通阀式和磁吹阀式两类。后者利用磁场驱动电弧来提高灭弧性能，从而具有更好的保护性能。碳化硅避雷器广泛用于交、直流系统，保护发电、变电设备的绝缘。

（2）金属氧化物避雷器。金属氧化物避雷器的基本工作元件是密封在瓷套内的氧化锌阀片（见图 11-2）。氧化锌阀片是以氧化锌（ZnO）为基体制成的非线性电阻体，具有比碳化硅好得多的非线性伏安特性，在持续工作电压下仅流过微安级的泄漏电流，动作后无续流。因此金属氧化物避雷器不需要火花间隙，结构简单，并具有动作响应快、耐多重雷电过电压或操作过电压作用、能量吸收能力大、耐污秽性能好等优点。

金属氧化物避雷器（见图 11-3）保护性能优于碳化硅避雷器，已逐步取代碳化硅避雷器，广泛用于交、直流系统，保护发电、变电设备的绝缘。

图 11-2　金属氧化物避雷器阀片　　　　　图 11-3　金属氧化物避雷器

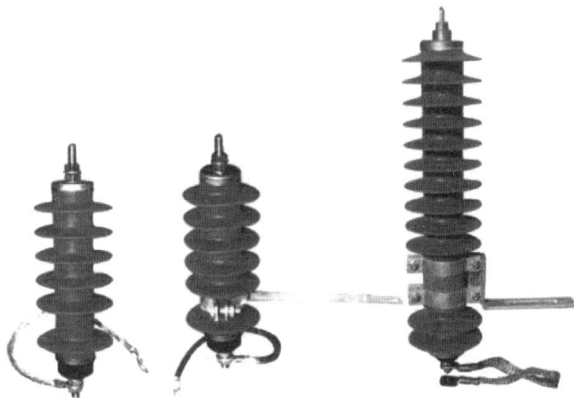

11.2　避雷器故障分析

运行的金属氧化物避雷器（MOA）直接承受长期工频电压、冲击电压和内部受潮等因素的作用，引起氧化锌（ZnO）压敏电阻阀片老化、避雷器阻性泄漏电流增加和功耗加大，导致避雷器内部阀片温度升高直至发生热崩溃，造成避雷器性能劣化，甚至爆炸。引起 MOA 避雷器发生性能劣化的情况主要有如下几种：

（1）工作电压的长期作用。MOA 避雷器在运行中通过泄漏电流，由于长期的工作，其泄漏电流持续增加，从而引起避雷器劣化，特别是其泄漏电流的阻性分量的增加，影响更为显著。已有研究表明，采用现代工艺所生产的 MOV 避雷器，其泄漏电流能基本上保持不变甚至稍有下降，使避雷器在工频电压下稳定工作。

（2）冲击电压的作用。当 MOA 避雷器遭受过电压的冲击时，避雷器中出现的冲击电流会改变其伏安特性，避雷器发生劣化。当电流达到千安级时，特性曲线会上翘，电压剧增，还有可能损坏整个避雷器。

（3）热老化的作用。由于金属氧化物避雷器取消了串联间隙，在电网运行电压作用下，其中要流过泄漏电流，电流中的有功分量即阻性电流虽然较小，但仍会使阀片升温，发生热老化现象。阀片会由于损耗而升温，而温度升高后又使阀片电阻下降再导致损耗加大，这将影响避雷器工作的性能，并可能引起热破坏。

（4）气候环境影响。金属氧化物避雷器受到雨、雪、凝露以及尘埃的污染和大气腐蚀，会由于金属氧化物避雷器内外电位分布不同而使内部金属氧化物阀片与外部瓷套之间产生较大的电位差，导致径向局部放电现象发生，这可能会破坏整支避雷器。

（5）其他因素的影响。避雷器的瓷套、端子和基座由于设计工艺不良或应力疲劳和地震等原因受机械作用，可能会遭受到损坏，出现避雷器开裂、断裂、倾倒等故障。

表 11-1 归纳了金属氧化物避雷器各部件的故障种类及原因。

表 11-1　　　　　　　　　　金属氧化物避雷器各部件的故障种类及原因

部　件	原　因	发展进程	可能结果
阀片	正常电压；冲击电压，受潮	老化—发热—正反馈发热现象	热击穿—爆炸
支持绝缘	长期电压；绝缘性能不足；受潮	绝缘强度下降—漏电流增加	击穿—爆炸
套管	表面异物；表面污染；强度不足；地震	避雷器外部及内部电位分布不同龟裂	局部放电损坏避雷器；破损、倾倒、漏气
接线端子	连接松动；环境腐蚀	高压线松动—断线—脱落；地线松动—断线—脱落	避雷器不起作用；触电
密封部件	质量差；长期老化	永久变形增加	漏气
基座	强度不足；环境腐蚀	地震、大风等造成倒塌	放电—短路
防爆片	强度疲劳；腐蚀；内压上升	变形—破损—漏气	受潮

11.3　避雷器状态监测与故障诊断系统

当金属氧化物避雷器存在内部受潮和阀片老化等缺陷时，一般通过停电试验可以检查出来，但金属氧化物避雷器为非线性电阻元件，在电网电压及环境等因素长期作用下会产生劣化，以至于有时在停电试验时未能发现任何问题，而在正常工作电压下运行几个月后突然爆炸，导致停电事故。对金属氧化物避雷器进行在线监测，判断其潜伏性故障，并由此来确定是否停电进行预防性试验，能够有效发现金属氧化物避雷器受潮和老化等缺陷。

11.3.1　金属氧化物避雷器阻性电流分析

在交流电压作用下，避雷器的总泄漏电流（全电流）包含阻性电流（有功分量）和容性电流（无功分量）。在正常运行情况下，流过避雷器的电流主要为容性电流，阻性电流只占很小一部分，约为 10%。但当阀片老化、避雷器受潮、内部绝缘部件受损以及表面严重污秽时，容性电流变化不大，而阻性电流却大大增加，所以目前对金属氧化物避雷器主要进行阻性电流的在线监测，而监测阻性电流的关键是要从阻容共生的总电流中分离出微弱的阻性电流。

（1）金属氧化物避雷器泄漏电流。因金属氧化物避雷器无串联间隙，在持续运行电压作用下，由氧化锌阀片组成的芯片柱就要长期通过工作电流，即总泄漏电流。严格来说，总泄漏电流是指流过金属氧化物避雷器内部阀片柱的泄漏电流，但测得的金属氧化物避雷器总泄漏电流主要包括瓷套泄漏电流、阀片柱泄漏电流两部分。一般而言，阀片柱泄漏电流不会发生突变，而由污秽或内部受潮引起的瓷套泄漏电流比流过金属氧化物避雷器内部阀片柱的泄漏电流小得多。因此，在天气好的条件下，测得的金属氧化物避雷器总泄漏电流一般都视为流过金属氧化物避雷器阀片柱的泄漏电流。因此，常用阻容并联电路来近似等效模拟金属氧化物避雷器非线性阀片元件，见图 11-4（a）。R_n 是 ZnO 晶体本体的固有电阻，电阻率为 1～10Ω·cm；R_x 是晶体介质层电阻，电阻率为 10^{10}～10^{13}Ω·cm，它是非线性的，随外施电压大小而变化；C_x 是 ZnO 晶体介质电容，相对介电系数为 1000～2000。由于 $R_x \gg R_n$，可略去 R_n 的影响，故又常将图 11-4（a）简化为 11-4（b）的等效电路。

流过金属氧化物避雷器的总泄漏电流 I_x 可分为阻性电流 I_{Rx} 与容性电流 I_{Cx} 两部分，导致阀片发热的有功损耗是阻性电流分量。因 R_x 为非线性电阻，流过的阻性电流不但有基波，而且还含有 3 次、5 次及更高次谐波，这些阻性电流会产生功率损耗。虽然总泄漏电流以容性电流为主，阻性电流仅占其总泄漏电流的 10% 左右，但相对阻性电流随时间的变化量，容性电流的变化很小，容性电流的变化量可忽略不计。因此，对金属氧化物避雷器泄漏电流的监测应以阻性电流为主。

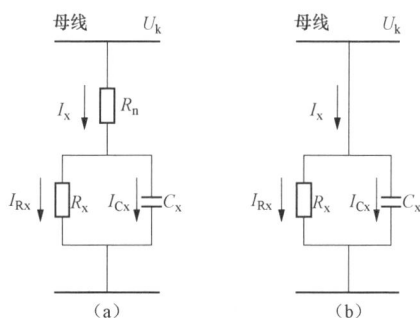

图 11-4　金属氧化物避雷器阀片芯柱的等效电路
（a）阻容电联电路；（b）等效电路

（2）金属氧化物避雷器泄漏电流分析。氧化锌阀片老化和受潮是金属氧化物避雷器性能下降的主要因素：①氧化锌阀片老化使其非线性特性变差，主要表现为在系统正常运行电压下阻性电流高次谐波分量显著增大，而阻性电流的基波分量相对增加较小。②受潮的主要表现为在正常运行电压下阻性电流基波分量显著增大，而阻性电流的高次谐波分量增加相对较小。

对金属氧化物避雷器阻性电流的监测，如果只监测其阻性电流基波分量或只监测其阻性电流高次谐波分量，都不能完整、有效地反映其运行状况。

首先由传感器获得流过金属氧化物避雷器的电流信号和金属氧化物避雷器运行电压信号，利用波形采集装置将此时域波形同步地转换为数字化离散信号，然后利用计算机将两个离散数字波形信号经离散傅里叶变换或快速傅里叶变换，求出电压、电流的各次谐波相角，进而从总泄漏电流中分离出阻性电流基波值和阻性电流各次谐波值。

谐波分析法从总泄漏电流中分离出阻性电流基波值、阻性电流各次谐波值和总阻性电流值，反映了系统电压的高次谐波对测试结果的影响。通过对阻性电流基波值、谐波值和总阻性电流值的监测，与以往的监测值进行纵向比较，可全面地综合分析金属氧化物避雷器的运行工况。当金属氧化物避雷器各阻性电流值发生变化时，应当注意其运行情况。当金属氧化物避雷器在系统正常运行电压下阻性电流高次谐波分量显著增大，而阻性电流的基波分量相对增加较小时，一般是氧化锌阀片老化；而在正常运行电压下阻性电流基波分量显著增大，而阻性电流的高次谐波分量增加相对较小时，一般是氧化锌阀片受潮。

因此，利用数字采样分析即谐波分析法对金属氧化物避雷器的电压、电流波形数据进行分析、计算，得出其阻性电流基波值和各次谐波值及变化，在消除相间干扰及外界干扰的基础上，加以纵向比较和综合判断，才能实现对金属氧化物避雷器的全面监测，确保金属氧化物避雷器的安全运行。

11.3.2　金属氧化物避雷器阻性电流监测

为了实现以泄漏电流分析为主，金属氧化物避雷器在线监测系统可以通过传感器获取电压、电流信号。采用电流传感器采集避雷器底部的小电流信号，经电缆将信号送往前置处理器。前置处理单元完成对信号放大、滤波等处理。锁相倍频单元对信号进行倍频跟踪，以满足数字信号分析的需要，并且与采样保持单元、模数转换单元相配合，达到对电压、电流信号同步采样的目的。信号转换成数字量是由高精度模数转换单元在计算机软件控制下实现的。最后由计算机采用相应的程序和数字处理技术，对数字化的电压、电流信号进行泄漏电流分析计算，提取阻性电流成分。

（1）泄漏电流信号采集。由于金属氧化物避雷器总泄漏电流只有微安级，而现场干扰较严重。因此，必须采用灵敏度高的微电流传感器，串入避雷器的接地回路，在放电计数器下方取电流信号。

电流传感器提取避雷器泄漏电流信号，并配有长线驱动与低损耗同轴屏蔽电缆进行信号传送，其接线如图 11-5 所示。电流传感器一次侧只几匝绕组，它的接入不会改变避雷器的工作状态。同时，为了保证在系统发生接地短路故障时流过电流传感器一次侧的短路电流不至于损伤一次侧绕线及引接线，必须引进热稳定校核。

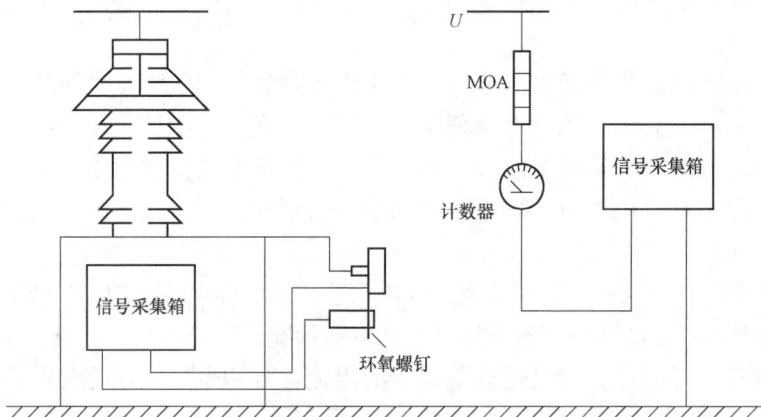

图 11-5　电流传感器采集泄漏电流接线图

（2）信号放大电路及滤波电路。经传感器取得信号后，信号很微弱，且含有部分干扰信号，不能直接进行模数转换和分析，必须经过对信号的预处理，将所需信号放大，抑制和消除干扰，为进一步的处理做好准备。

信号放大电路及滤波电路完成了对电压、电流信号模拟量的前置放大、滤波、程控放大、衰减等功能。其中的放大电路采用集成放大器件组成，达到高共模抑制比、高输入阻抗、低噪声和放大倍数可调的高精度放大，滤波电路依据有源低通滤波原理，采用了二阶压控电压源低通滤波电路，并选用了高精度、低漂移的运算放大器。

（3）A/D 转换及数据采集。由于被监测的金属氧化物避雷器泄漏电流阻性分量比较小，要求在 A/D 转换中对数据的量化误差要尽可能小，且对电压、电流信号要进行同步采样。当采用一个模数转换单元时，要求对两个信号分别用采样保持器同时锁存，由计算机控制 A/D 器件分时采样，即达到同步采样的目的。可采用集成的 12 位高速、高精度数据采集卡进行 A/D 转换，达到 10V/4096 位=2.44mV/位的精度，确保了对电压、电流波形的准确、快速采样，保证了泄漏电流分析的精度。

由于金属氧化物避雷器在布置上通常采用三相一字形排列，且位置靠得较近，相间存在较大的杂散电容，使得每相除本身泄漏电流外，还有邻相耦合电容电流通过。这种耦合电流的加入给泄漏电流的测量带来了误差，引起了相间干扰。

由于空气污染加重，绝缘子表面污秽问题显得较为突出。当湿度较大时，尤其是雨天，绝缘子表面的污秽泄漏电流将增大到微安级，直到毫安级。这一电流是有功电流，与金属氧化物避雷器的阻性电流是同相的，无法消除，反映到监测值上，阻性电流占总泄漏电流的比例显著增大，甚至近似相等，淹没阀片柱的阻性电流。对有污秽的金属氧化物避雷器，在雨天某一次或几次的在线监测值偶尔有大幅的变化，不能作为判断金属氧化物避雷器是否绝缘劣化的依据，应在一个时间段内纵向比较，以免产生误判断。因此，金属氧化物避雷器泄漏电流纵向监测值的比较，必须参考气象条件，只有在气象条件相同的情况下，纵向监测值才有可比性，否则将失去意义。故在监测系统中应加入温度、湿度的监测，作为气象条件分析的基础，以作为纵向比较的依据。

采用谐波分析原理制成的监测系统，所测得的阻性电流不可避免地要受到相间杂散电容、系统谐波电压、绝缘子表面污秽等因素的影响，对这些影响因素进行正确分析和计算，是准确测量泄漏电流阻性分量的关键。

11.3.3　金属氧化物避雷器在线监测系统

（1）监测系统软件设计。软件系统要控制整个硬件的工作，分别要控制 MOA 运行时的电流、电压信号的采集，模拟信号的 A/D 转换，数据通信，同时能进行信号处理与故障分析。在线监测的软件应该满足以下几个方面的要求：

1）实时性。因为在线监测系统是一个实时采集系统，所以应用软件要具有实时性，即要能够在允许的时间间隔对 MOA 的状态参数进行监测，由于要采集多个参数，对实时性的要求比较高，即要求程序代码的执行效率高，占有内存小，实时性强，故多选用汇编语言来编制这部分软件。

2）针对性。所有程序要保证监测系统工作在最佳状态，具有较好的控制效果。还要具有一定的灵活性和通用性，当以后有类似的监测功能扩展时，程序具有移植接口。

3）可靠性。软件可靠性是一个非常重要的指标，因为监测系统软件性能的不完善或不可靠，同样也会影响避雷器在线监测系统的正常运行。

　　监测系统软件实现功能如图 11-6 所示，微机的功能包括人机交互界面、数据接收及处理、绝缘诊断及结果显示、故障报警、数据存储、数据查询、报表打印、向上一级系统传送数据等。

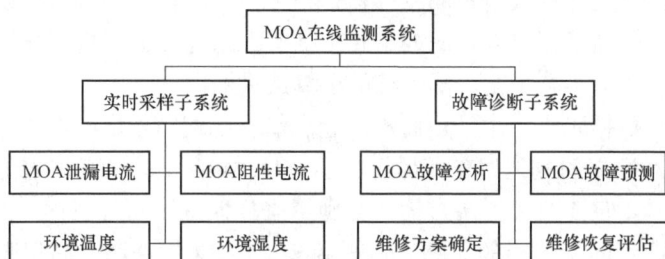

```
                    ┌─────────────────┐
                    │  MOA在线监测系统  │
                    └─────────────────┘
              ┌──────────────┴──────────────┐
       ┌──────────────┐              ┌──────────────┐
       │  实时采样子系统 │              │  故障诊断子系统 │
       └──────────────┘              └──────────────┘
        ┌──────┴──────┐              ┌──────┴──────┐
  ┌──────────┐ ┌──────────┐    ┌──────────┐ ┌──────────┐
  │ MOA泄漏电流│ │ MOA阻性电流│    │ MOA故障分析│ │ MOA故障预测│
  └──────────┘ └──────────┘    └──────────┘ └──────────┘
  ┌──────────┐ ┌──────────┐    ┌──────────┐ ┌──────────┐
  │ 环境温度  │ │ 环境湿度  │    │ 维修方案确定│ │ 维修恢复评估│
  └──────────┘ └──────────┘    └──────────┘ └──────────┘
```

图 11-6　MOA 在线监测系统功能流程图

　　（2）数据处理程序。虽然在硬件设计中采取了各种抗干扰措施，能滤掉一部分干扰信号，但是通过过程通道传输进来的信号往往还携带着干扰。为了尽量消除干扰的影响，可以在程序设计中对采样的数据进行数字滤波处理，然后再通过信号处理数学模型算法得到各种 MOA 运行参数信息。

　　数字滤波是一种程序滤波，即通过一定的算法，对采样信号进行平滑加工，减少干扰在有用信号中的比重。数字滤波程序采用的是防脉冲干扰的平均滤波法，是一种将中值滤波与算术平均滤波法组合起来构成的复合滤波器。这种滤波器有两种滤波法的特点，既可以对采样值进行平滑加工，同时又能很好地消除电网波动、变压器临时故障造成的随机脉冲干扰。

　　（3）数据存储程序。在线监测过程中，监测的时间比较长，因此采集的数据量比较大，测试系统软件将自动把数据存储到数据库中，通过数据库对所有数据进行管理。因为 MOA 老化是一个很缓慢的过程，因此在监测过程中不需要存储所有被采集的数据，可以对采集的数据进行筛选，为此可以采取以下的算法：如果在一段时间内，泄漏电流的变化没有超出设定的变化幅度，则每隔 4min 存储一次，然后每天形成一个数据文件，当泄漏电流增加时，为了及时观察 MOA 的运行状况，将数据存储时间间隔缩小，尽量存储相关数据。另外，如果在监测过程中出现线路中断或数据传输错误的情况，软件能够识别处理并在生成的数据中给予说明。

　　（4）在线监测程序界面。MOA 在线监测程序界面主要是为了让运维人员能直观地观察 MOA 的运行参数，这部分软件要实现以下功能：

　　1）基本运行参数的图形显示。这部分的图形显示方式采用示波器界面，主要实时显示一些基本测试参数，如电压信号、主相和辅助相的电流信号的实时波形。

　　2）谐波分析参数的图形显示。这部分图形显示也是采用示波器界面的形式，主要显示经过快速傅里叶变换得到的 MOA 运行参数，比如阻性电流、阻性基本电流、阻性 3 次谐波电流，如果需要还可以显示相关的容性电流。

　　3）测量参数的数字显示。图形显示具有直观的效果，但不容易确定各个参数的具体值，为了便于量化观察参数的变化，显示界面采用数字万用表模式，对要显示的电压和电流信号的幅值用数字式显示。用户可以通过鼠标对多层下拉式菜单进行操作，功能全面，包括基本的数据采集通道选择、初始设置、波形存储、调用再现、结果分析、打印输出等。

　　图 11-7 为金属氧化物避雷器在线监测系统主界面,图 11-8 为金属氧化物避雷器实时采样系统界面。

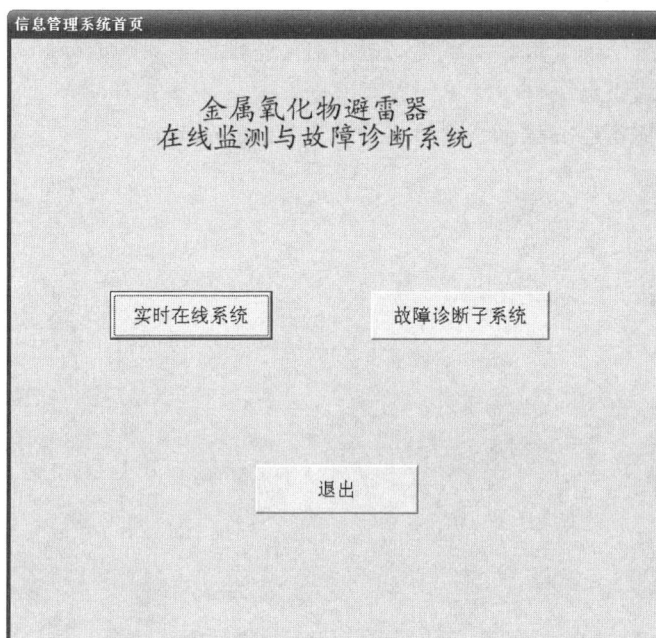

图 11-7　金属氧化物避雷器在线监测系统主界面

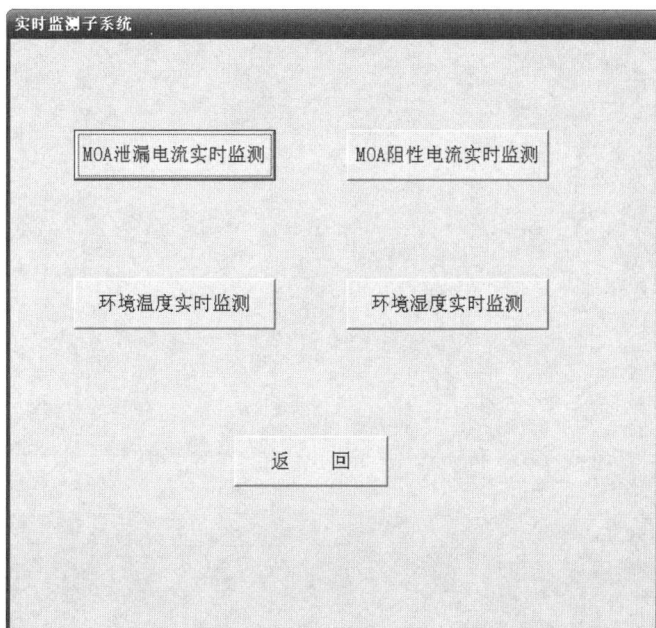

图 11-8　金属氧化物避雷器实时采样系统界面

思考题与练习题

1. 简述金属氧化物避雷器的结构及特点。
2. 金属氧化物避雷器产生故障的原因有哪些？
3. 用电路分析方法，分析金属氧化物避雷器产生泄漏电流的成分。
4. 金属氧化物避雷器运行中常见问题有哪些？
5. 金属氧化物避雷器的状态监测与故障诊断方法有哪些？

第12章　电力电容器状态监测与故障诊断

电力电容器在电网中应用广泛，最常见的是串联电容器和并联电容器，其主要作用是提供无功补偿、降低电压波动等。由于电力电容器在电网中起到的作用巨大，保持电网无功功率的平衡，一旦电力电容器发生故障，电网可能出现短时电压波动，甚至出现局部电网解列。特别要注意的是，目前随着超、特高压直流输电工程的快速发展，电力电容器在直流输电换流站大量使用，其发生故障所造成的经济损失将是巨大的。因此，对电力电容器进行状态监测与故障诊断就显得十分重要。通过分析和预测发生在电力电容器的内部故障，及时维护或切除带病运行的电力电容器，才能保证电网的正常运行。

12.1　电力电容器结构

电容器实际上由间隔不同介质（如云母、绝缘纸、空气等）的两块金属板组成，如图12-1所示。当在两块极板上加上电压以后，两极板上分别聚集起等量的正、负电荷，并在介质中建立电场而具有电场能量。将电源移去后，电荷可能继续聚集在极板上，电场继续存在。

电容元件的元件特性是电荷 q 与电压 U 的代数关系。当电压参考极性与极板储存电荷的极性一致时，线性电容元件的元件特性为

$$q=CU \tag{12-1}$$

式中，C 为电容元件的电容参数。电容器的电容量与两极板重叠区域所确定的极板物理面积成正比，与极板间隔成反比。电容器中，不同的绝缘电介质拥有不同的介电常数，电容量与介电常数成正比。电力电容器常用的固体电介质为纸介质、膜纸复合介质、纯膜介质。

电容器有充电过程和放电过程。充电过程就是把电容器的一个极板与电池组的正极相连，另一个极板与负极相连，两个极板上就分别带上了等量的异种电荷；而放电过程就是把充电后的电容器的两个极板接通，两极板上的电荷由于是等量异种电荷互相中和，电容器就不带电。在充电过程中，电能转化为电场能，即电能被储存了起来，等待后续需要的时候被使用；在放电过程中，电场能转化为电能，即电场能转化为电能被释放出来。

（1）并联电容器结构。并联电容器（见图12-2）过去称为移相电容器，主要通过补偿电力系统中的无功功率，使得系统的功率因数提高，电压质量得到改善，线路损耗得到减低。

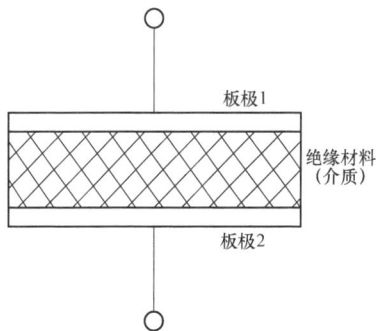

图12-1　电力电容器的简化结构图

单相并联电容器主要由芯子、外壳和出线结构等部分组成。用金属箔（作为极板）与绝缘纸或塑料薄膜叠起来一起卷绕，由若干元件、绝缘件和紧固件经过压装而构成电容芯子，并浸渍绝缘油。电容极板的引线经串、并联后引至出线瓷套管下端的出线连接片。电容器的

金属外壳内充以绝缘介质油。电力系统中的电力负荷，如变压器、电动机等，其中大部分属于感性负荷，在运行过程中这些设备会从电力系统中吸收无功功率。当在电网中安装并联电容器后，并联电容器可以提供感性负载所消耗的无功功率，就地解决了电网电源感性负荷的无功需求，减少了无功功率在电网中的长距离流动，降低线路和变压器因输送无功功率造成的电能损耗。

多元件并联的目的是通过分流获得较大的电容量。例如，低压并联电容器内部元件全部并联。串补用的串联电容器内部为多元件并联，而且每一个并联元件都有熔丝，一旦其中某个元件被击穿，对应的熔丝熔断，以保证电容器继续运行。

并联后的总电容量为

$$C_{total} = C_1 + C_2 + C_3 + \cdots + C_n \qquad (12\text{-}2)$$

如果 $C_1 = C_2 = C_3 = \cdots = C_n = C_d$，则

$$C_{total} = nC_d \qquad (12\text{-}3)$$

即并联的电容元件数越多，总的电容量越大。

（2）串联电容器结构。串联电容器在外形上与并联电容器相似，如图 12-3 所示。串联电容器的结构与并联电容器相似，芯子内部所有元件通过并联连接，各个元件都有熔丝保护。其通常串联在 330kV 及以上的超高压线路中，其主要作用是从补偿（减少）电抗的角度来改善系统电压，以减少电能损耗，提高系统的稳定性。串联电容器广泛应用于电力输电、配电系统中，特别是长距离、大容量的输电系统中，以提高输送容量，提高系统的稳定性，改善系统的电压调整率，同时提高系统的功率因数，降低线路损耗。

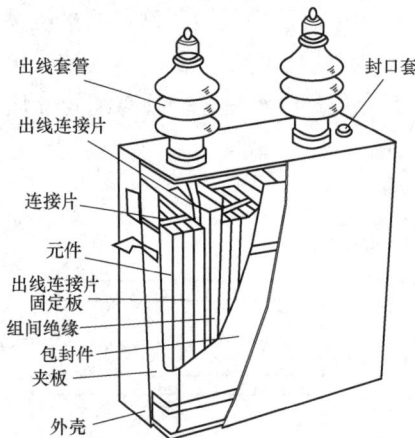

图 12-2　并联电容器结构

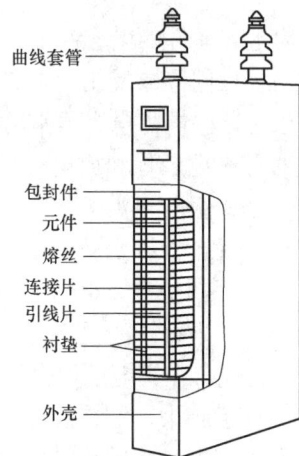

图 12-3　串联电容器结构

多元件串联的目的是通过分压而能够承受较高的电压。例如，耦合电容器的芯子是由多个元件串联组成。串联后的总电容量为

$$C_{total} = \cfrac{1}{\dfrac{1}{C_1} + \dfrac{1}{C_2} + \cdots + \dfrac{1}{C_n}} \qquad (12\text{-}4)$$

如果 $C_1 = C_2 = C_3 = \cdots = C_n = C_d$ ，则

$$C_{total} = \frac{C_d}{n} \tag{12-5}$$

即串接的电容元件数越多，虽然总的电容量越小，但可以承受的电压越高。

12.2　电力电容器状态监测

电力电容器在电力系统中用途十分广泛，在线路中串联电容器改善系统电压，在线路中并联电容器就地解决系统的无功需求。电力电容器在运行中除受到外部环境的影响外，例如环境温度的变化（夏天高温、冬天低温）、雷击，同样还受到内部环境的影响，例如过电压、合闸涌流、内部矿物油高温劣化。

12.2.1　电力电容器状态量

电力电容器作为电力系统中重要的无功补偿装置，其运行状态直接影响电力系统的安全稳定运行。电力电容器的运行状态包括电气状态与非电气状态，状态量见表 12-1。

表 12-1　　　　　　　　　　　　　　　电力电容器的状态量

状态量属性	电气状态量	非电气状态量
状态量	工作电压 工作电流和谐波 电容值 介质损耗角正切 $\tan\delta$ 中性点电流	环境温度 工作温度 局部放电声

（1）工作电压。电容器的无功功率、损耗和发热都与运行电压的二次方成正比，长时间在过电压下运行，会导致电力电容器温度过高，电力电容器内部绝缘介质加速老化。在运行中，倒闸操作、负荷变化、电压调整等因素都可能引起电力系统电压波动，产生过电压，虽然这种过电压经历时间短，但是长期受过电压影响，当能量积累到一定程度也会使电力电容器老化甚至损坏。电力电容器所接入的电网中的电压一般不超过其额定电压，最多不超过其额定电压的 10%。当电力电容器已经工作在 1.1 倍额定电压下时，工作温度过高也会导致电力电容器运行寿命减短。

（2）工作电流与谐波。当电网中有电弧炉、整流器、磁饱和稳压器等谐波源运行时，电网中就会产生高次谐波，谐波越大则通过电力电容器的谐波电流越大，此时电力电容器很容易热老化。

（3）电容值 C_x。通过测量电容 C_x 或者电流 I_x，可以发现内部缺陷，如局部绝缘击穿。如果一组电容屏中，其中一个或几个发生短路、断路，电容 C_x 会发生明显变化，从测得的电容 C_x 就可以判断电容器内部发生的故障。

（4）介质损耗角正切 $\tan\delta$。在电场作用下，电容器电介质中总有一定的介质损耗，包括电导引起的损耗和某些有损极化引起的损耗，电容器绝缘能力的下降直接反映为介质损耗角正切的增大。监测介质损耗角正切 $\tan\delta$ 对判断电气设备的绝缘状况是一种十分有效的方法，可以进一步分析绝缘状态劣变的原因，例如绝缘油受到污染、老化变质、绝缘受潮等。

（5）中性点电流。当电力电容器星形连接时，如果三相电源电压对称，且这三台电力电容器的电容量及介质损耗角正切也分别相同时，中性点无电流通过。然而，当有一台电力电

容器出现缺陷时，就会有三相不平衡电流 I_0 出现在中性点处。

（6）工作温度。电容器工作时，其内部介质的温度应低于 65℃，最高不得超过 70℃，否则会引起热击穿，或是引起鼓肚现象。电容器外壳的温度在介质温度与环境温度之间，一般为 50～60℃，不得超过 60℃。

（7）局部放电噪声。电力电容器在正常运行时是没有声音的，如果电力电容器运行时产生噪声，常常可以认为电力电容器发生了故障。在以下情况下，电力电容器会产生局部放电噪声：

1）套管放电。套管放电现象常常发生在装配式的电力电容器中，因为电力电容器长时间在户外运行，遇到雨雪天气时，雨雪可能进入套管，进而产生放电声。

2）缺油放电。当套管的下端因为严重缺油都已经露出油面时，就有可能发出放电声，这时就需要添加所需的电容器油。

3）脱焊放电：如果电力电容器内部有虚焊或脱焊，电容器油内可能发生闪络放电。

4）接地不良放电。当电力电容器的芯子和外壳接触不良时，会出现浮动电压，进而引起放电声。

12.2.2　电力电容器状态监测方法

对于电力电容器的状态监测，可以针对电气状态量与非电气状态量，采用一些十分有效的监测方法进行。例如，电力电容器内部温度的测量，可以使用红外热像仪进行测量，目前大多数电力公司采用的是便携式热成像仪。

由于电力电容器的工作特点，即长期工作在高电压、大场强下，同时由于其自身的绝缘结构，即采用油纸介质、混合膜纸介质、膜介质的绝缘介质，电力电容器易出现绝缘问题，发生局部放电，所以要注意监测电力电容器内部的局部放电。如果电力电容器运行时产生噪声，常常可以认为电力电容器发生了局部放电故障。由于局部放电会引起声波信号，可通过测量声信号来监测局部放电，因而电力电容器局部放电的监测可采用非电气状态量的声学方法。

脉冲电流法是监测局部放电最常用的方法之一。为了便于安装使用，电流传感器通常选用高频探测线圈，电流传感器安装在电容器低压套管接地线处。基于该方法的监测装置由传感装置、信号处理装置、计算机分析系统三部分组成，如图 12-4 所示。在工况下，耦合电容器任何部位的闪络放电信号都会通过测量端子接地引出线流向大地。因此，通过绕制在此接地线上的罗柯夫斯基线圈，可以准确地测量放电信号。信号经过射频检测装置后送入 A/D 转换，计算机对收集数据与数据库中的规范量进行比对，评判电容器内部绝缘是否处于正态范围，预测内部绝缘故障及位置。

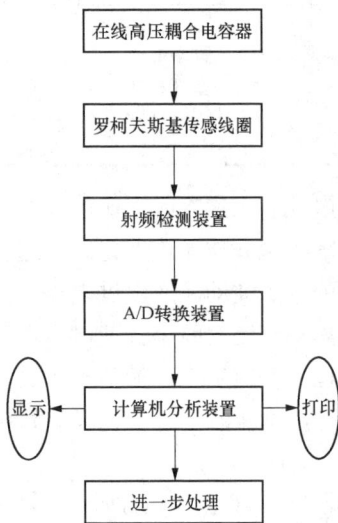

图 12-4　高压电容器局部放电在线监测流程

12.3　电力电容器故障分析

12.3.1　故障表现方式

电力电容器主要有以下几种故障或事故表现方式：

（1）渗油现象。电力电容器是一种密封的电气设备，不应该出现渗油现象。如果出现了渗油现象，肯定就是电容器密封件被破坏，可能是空气或者水分进入了电容器油箱内部，后果很严重。

（2）爆炸现象。从爆炸原理上说，电力电容器的爆炸可能是内部矿物油中产生的气体迅速膨胀超过了外壳的承受能力，也可能是电极间游离放电造成击穿短路超过了外壳的承受能力。

（3）鼓肚现象。电力电容器的外壳通常采用钢材制成，由于受到外部环境温度和内部温度的影响，外壳发生热胀冷缩，这是一种正常现象。然而，鼓肚现象与这种正常的热胀冷缩现象有很大的差别，主要体现在外形发生很大变化，正常的热胀冷缩人眼无法识别，而鼓肚现象却可以轻易识别。

（4）噪声现象。电力电容器是一种静止的电气设备，如果运行中的电容器内部有响声，说明内部已经有严重的放电现象。如果是外部噪声，则有可能是导线连接部位松动，引起放电现象。

电容器在运行过程中受到诸多因素的影响，有其本身故障的影响、所处的工作环境温度的影响、过电压和过电流的影响、恶劣气候因素的影响、电容器附属设备的故障影响、系统运行方式的调整造成的影响以及系统的谐波源接入等，都会影响电容器的正常运行。

12.3.2　故障机理

（1）过电压的影响。电力电容器无论是串联到电网中还是并联到电网中，处于运行中的电力电容器肯定受到系统电压波动的影响。然而电力电容器作为无功调节设备，对电压很敏感。应特别注意的是，电力电容器的有功功率损耗与过电压的二次方成正比。如果过电压过高，则电力电容器的有功功率损耗能急剧增加，使电容器过热，温度急剧升高。

（2）谐波电流的影响。电力电容器投入时的电流过大、电网的谐波超标引起过电流，会使电容器过热、绝缘降低甚至损坏，可能是基波过电压或谐波或此两者叠加引起的。谐波电流对电容器的危害很大，主要表现为下面几种形式：

1）电容器由于谐波电流而过载，因为电容器的容抗随着频率的升高而减小，使得电容器成为谐波的吸收点。电压源谐波在电容器中产生大电流引起电容器熔丝熔断。

2）谐波增加了电容器介质损耗，造成电容器额外发热，运行寿命缩短。

3）电容器和系统中的电感在某一谐波频率产生的谐振会造成谐振过电压现象，出现过电流使电容器过载，出现过电压使电容器的端电压大大高于额定值而导致绝缘损坏。

（3）绝缘不良的影响。绝缘不良产生的原因通常是电力电容器长期处于高压高温运行状态，高温导致热老化、化学老化，高压可能导致局部放电等。在工况事故中，绝缘不良故障产生的影响比较大，一方面绝缘不良会导致电力电容器内部串联元件发生电击穿。从电力电容器的内部结构上分析，电力电容器是由多个元件串联而成的，如果其中某个元件发生电击穿，那么这个元件就会被短路，电力电容器的电容值就会增高。另一方面，绝缘不良故障常常体现为介质损耗角过大，所以通过对介质损耗角正切的监测可以知道电力电容器的绝缘不良故障。

在电力电容器的结构中，已经说明了电力电容器通常使用油纸介质、混合膜纸介质、膜介质作为绝缘介质。当电力电容器内部绝缘介质中发生局部放电时，通常发生的过程如下：绝缘中产生气泡，发生局部放电，由于局部放电产生热，当热量积累到一定量时，逐渐破坏绝缘介质的热稳定性，破坏介质内部离子、电子的稳定，从而形成新的气泡，继而发生电化学腐蚀。对于纸介质，可能发生逐层破坏，从某一层纸介的纸纤维开始，扩展到小孔，继而发展到一系列纸的小孔烧穿，最终发生绝缘击穿。不同绝缘介质的耐电强度是不同的，由于电力电容器的绝缘介质是通过串并联组合而成的，可能在同样电强度下，某一层优先发生局部放电，最终影响到整体的绝缘性能。

在局部放电作用下，电力电容器的寿命是随电场的增加而呈指数式下降的。大量的事实证明，电力电容器内部局部放电是造成电容器膨胀和早期损坏的一个重要原因。一次局部放电对绝缘介质都会有一些影响，轻微的局部放电对电力设备绝缘的影响较小，绝缘强度的下降较慢；而强烈的局部放电，则会使绝缘强度很快下降。

12.4 电力电容器状态监测与故障诊断系统

在线监测电力电容器介质损耗因数 $\tan\delta$ 可以有效地发现电力电容器的内部缺陷。$\tan\delta$ 是评估电力电容器运行状态的重要参数，$\tan\delta$ 能够反映电力电容器绝缘的整体性缺陷。介质损耗功率 P 与介质损耗角正切 $\tan\delta$ 成正比。

图 12-5 所示为一种新型的 $\tan\delta$ 在线监测系统原理图。这种系统应用于电力电容器 $\tan\delta$ 监测能够取得很好的效果。

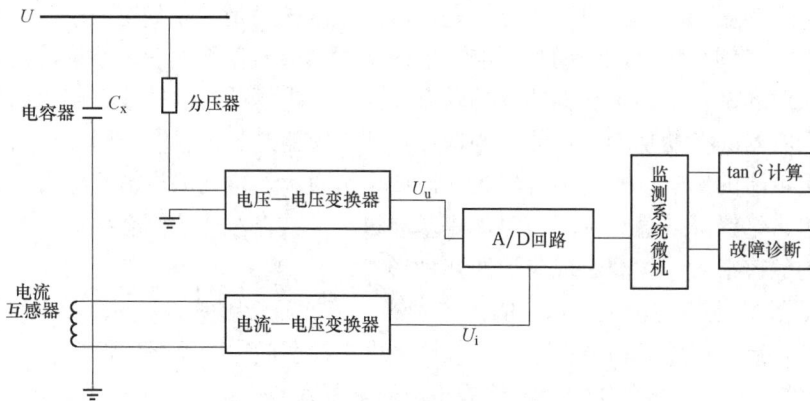

图 12-5 $\tan\delta$ 在线监测系统原理图

首先通过电流传感器和电压传感器采集流过电容器的电流信号和施加在电容器上的电压信号，然后采集装置对波形采集，且通过 A/D 转换模块将时域波形同步转化成数字化离散信号，并利用计算机将离散信号进行快速傅里叶变换，得到两个信号的基波，最后求得两个基波的相位差，得出 $\tan\delta$。

设电力电容器运行电压为 U_x、泄漏电流为 I_x。将 U_x、I_x 分解为直流分量和各次谐波分量之和，即

$$u_x = U_0 + \sum_{k=1}^{\infty} U_{km} \cdot \sin(k\omega t + \alpha_k)$$

$$i_x = I_0 + \sum_{k=1}^{\infty} I_{km} \cdot \sin(k\omega t + \beta_k)$$

$$(12\text{-}6)$$

式中　　U_0、I_0——电压、电流的直流分量；

　　　　U_{km}、I_{km}——电压、电流各次谐波幅值；

　　　　α_k、β_k——电压、电流的各次谐波相角。

从式（12-6）中可以求出两基波相位差，得到电力电容器介质损耗因数

$$\tan\delta = \tan\left[\frac{\pi}{2}-\left(\beta_1-\alpha_1\right)\right] \tag{12-7}$$

谐波分析法要求每周采样 2^N 点（例如 128 个点），然而由于频率发生波动，采样的间隔会发生变化，要保证傅里叶变换的精度，必须保证信号每周期内采样 128 个点。利用谐波分析法计算介质损耗角时，由于对连续工频周期信号的截断和非同步采样，会产生频谱泄漏和栏栅效应，从而影响测量精度，这时在进行快速傅里叶变换处理之前，需要用特殊的对称窗函数对采样值进行加权处理，最好使用矩形窗函数对采样点进行同等加权处理，海宁（Hanning）窗函数使用得较多。如果使用窗函数，采样率和窗口宽度应当同基波频率保持严格同步。一般可以使用锁相电路实现对电压、电流信号同步采样。

谐波分析法的优点在于：计算结果不受高次谐波的影响；硬件环节少，抗干扰能力强；以软件分析为主，该法能减小硬件电路造成的误差，不受硬件电路零点漂移的影响，能有效提高测量精度和稳定性。

因此，电容器 $\tan\delta$ 监测与故障诊断系统包括传感器模块、信号调理模块、锁相倍频模块、A/D 转换模块、信号处理模块等模块。如图 12-6 所示。

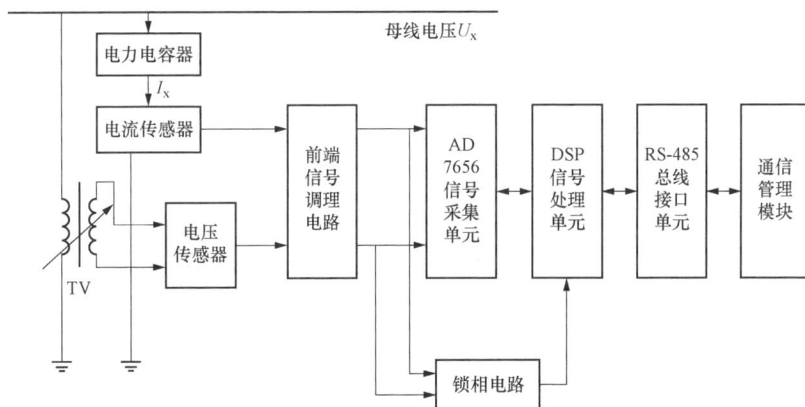

图 12-6　电容器 $\tan\delta$ 监测与故障诊断系统框图

整个监测系统将信号调理、倍频跟踪、模/数转换、算法处理集于一体，并快速计算出所需的介质损耗因数。由传感器获取的交流电压、电流信号通常是微弱的模拟信号，需要对其进行放大调整，使幅值满足 A/D 采样电路的要求，同时减少干扰。DSP 控制 A/D 数据采集和转换，并对采集的数据进行数据处理。为了提高 $\tan\delta$ 的测量精度，在一个周期内采 128 个点，即 50Hz 的工频信号的采样频率为 50Hz×128=6400Hz=6.4kHz。换而言之，每隔约 156.3μs 采集一个点，通过触发脉冲，启动 A/D 转换。

通过电流传感器采集泄漏电流，通过电压传感器采集电压互感器 TV 的电压信号。然后将泄漏电流信号和电压信号送入信号调理电路中进行放大、滤波处理，再将处理好的信号送到 A/D 转换器将模拟信号转换为数字信号，通过 DSP 的谐波分析进行数据处理，计算电力电

容器的介质损耗因数，最后将处理完成的故障诊断数据送到远端的集控中心。

思考题与练习题

1. 电力电容器在电力系统中有哪些作用？
2. 简述电力电容器的结构及特点。
3. 电力电容器在维修前为什么要放电？其常采用哪些放电装置？
4. 电力电容器泄漏电流是如何产生的？
5. 电力电容器故障分为哪几种？故障原因是什么？
6. 电力电容器状态监测与故障诊断方法有哪些？

第 13 章　光伏发电系统状态监测与故障诊断

太阳能光伏发电是直接将太阳光能转换为电能的一种发电形式。在光伏发电过程中，太阳能光伏（电池）板首先将光能转化为直流电能，除供给直流负载，其余经过逆变器转化为交流电，供给交流负载。光伏发电站由多个地理位置分散的光伏发电单元（组件）组成，其工作特点是通过光伏发电单元产生直流电，利用并网逆变器将这些直流电转换成符合电网要求的交流电，输入高压输电网。

太阳能光伏发电系统的运行方式主要可分为独立运行和并网运行两大类。并网光伏技术是使光伏发电进入大规模发电阶段，并网光伏发电也是光伏发电的主流趋势。现阶段，新型电力系统的主要特征是实现新能源高比例接入大电网，加快信息技术与新能源供给的深度融合。因此，采用智能化的状态监测与故障诊断技术，确保光伏发电站的发电系统安全运行。

13.1　光伏发电系统的结构

光伏发电系统是通过太阳能电池的光伏效应，将太阳光辐射能量直接转换为电能的一种新型发电系统。太阳能光伏发电系统主要是由光伏组件、光伏逆变器、控制柜和蓄电池组等构成。

（1）光伏组件。光伏组件（或光伏电池板）是太阳能光伏发电系统中的核心部分，也是光伏发电系统中最重要的部分。在光伏支架上用导线将多个光伏电池连在一起组合成光伏组件（或太阳能电池板），并由其产生所需要的直流电，如图 13-1 所示。光伏组件布设在多个光伏支架上，形成光伏阵列，由这些光伏阵列布置成光伏方阵，如图 13-2 所示。

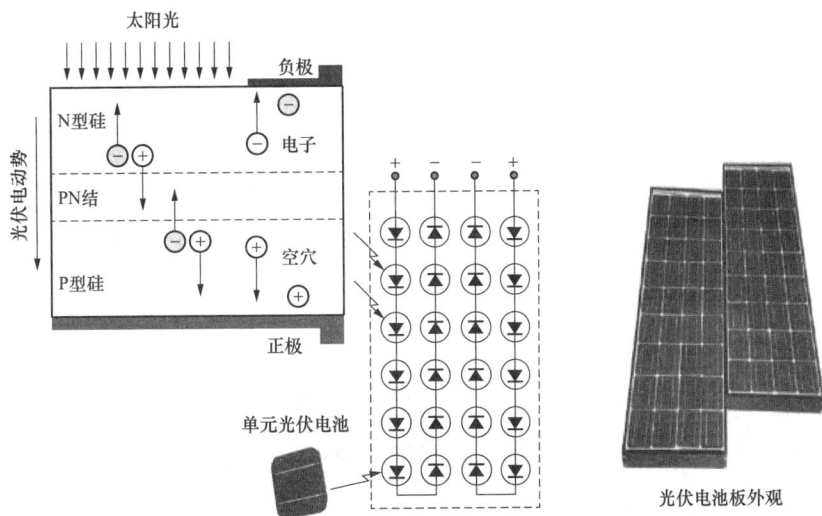

图 13-1　光伏组件结构及光伏效应

图 13-2　光伏阵列构成光伏方阵

（2）光伏逆变器。光伏逆变器是一种将光伏发电产生的直流电转换为交流电的逆变装置，其配合交流供电设备使用。光伏逆变器按布置方式大体可以分为：分布式光伏逆变器，如图 13-3 所示；集中式光伏逆变器，如图 13-4 所示。

图 13-3　分布式光伏逆变器

图 13-4　集中式光伏逆变器

（3）控制柜。控制光伏阵列、逆变器和蓄电池的电能输出，是整个光伏发电系统的核心控制部分。

（4）蓄电池组。它将直流电能转换为化学能存储起来，当需要时再把化学能转换为电能释放出来以供负载使用。在光伏发电系统当中，蓄电池对系统产生的电能起着存储和调节的作用。

（5）电缆。负责整个发电过程中的电流输送工作。

太阳能光伏发电系统按运行方式主要分为独立光伏发电系统和并网光伏发电系统两大类。

1）独立光伏发电系统。由光伏阵列、蓄电池组、控制器、逆变器等组成，将光伏阵列所产生的直流电供给直流负载或利用逆变器将直流电能转换为交流电向交流负载供电。其系统结构如图 13-5 所示。

2）并网光伏发电系统。由光伏阵列、蓄电池组、控制器、逆变器、升压变压器等组成，将光伏阵列所产生的直流电逆变成交流电并入电网。其系统结构如图 13-6 所示。

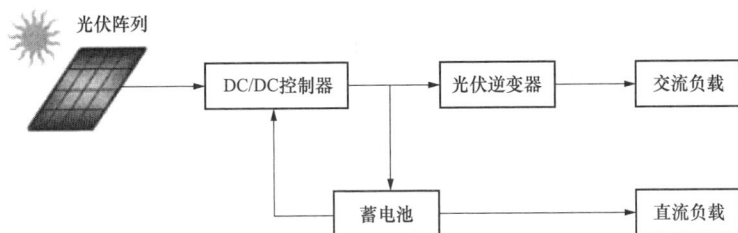

图 13-5　独立光伏发电系统结构图

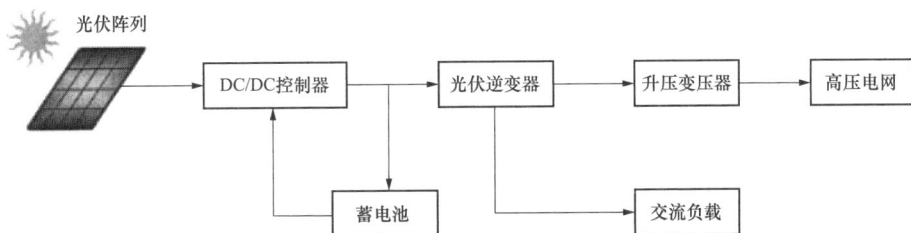

图 13-6　并网光伏发电系统结构图

13.2　光伏发电系统故障分析

在并网光伏发电系统中，太阳能光伏组件（光伏阵列）和并网逆变器是核心部件，关系到光伏电站能否正常运行。根据实际运行数据表明，这两个核心部件是最容易发生故障的。

1. 光伏阵列故障

太阳能光伏组件是由能够将太阳能转变为电能的半导体器件构成，是并网光伏发电系统的核心组成部分。对于光伏阵列而言，产生的故障主要来自以下几方面：热斑损坏；组件脱焊；组件内部连接带断裂；光伏电池效率衰减；恶劣气候（风沙）破坏等。这些将严重影响光伏发电系统的工作效率和稳定性。

（1）热斑损坏。光伏阵列内部的各个单元光伏电池模块在统一光照下，其工作状态是对外输出电能。当其中某一光伏组件被阴影遮挡时，该组件的输出特性就发生了变化，与其他光伏组件的输出特性不一致。有光照的光伏组件所产生的部分或全部电能，都可能被遮挡的光伏组件所消耗，其工作状态变为接受倒灌电流。如果这种倒灌电流所转化的热量不能及时散发掉时，就会在光伏组件上形成热点，对光伏阵列造成热斑损坏。当热斑损坏严重时，则会使光伏组件内的 PN 结击穿，就会严重损坏太阳能光伏组件，造成光伏阵列的永久损坏。

（2）光伏组件输出电压过低。组件的电压差异造成电压损失，这类故障可能是由于光伏电池损坏造成的，也有可能是由于光照不足造成的非故障性表现。

（3）光伏组件电流过大及器件发热。这类故障可能是由于光伏组件的衰减特性不一致以及老化等原因造成的器件内部故障。

（4）漏电流故障。光伏系统对地绝缘电阻变小，漏电流变大。这类故障可能是由于光伏组件的导线连接等地方出现对地短路或者绝缘层破坏等原因造成。

（5）光伏电池效率衰减。在所有影响光伏电站整体发电能力的各种因素中，灰尘对光伏电站的影响不可忽视：灰尘积聚影响散热，从而影响光转换效率；灰尘遮挡达到光伏组件的阳光，影响发电量。

2. 光伏逆变器故障

逆变器电路主要由大功率电子线路、检测线路、控制线路等电路组成。逆变器内部直流侧和交流侧都会通过大功率的电流。然而，逆变器的核心部件功率管（IGBT，绝缘门极双极型晶体管）在过流、过压、元器件过热等情况下容易发生故障，并以 IGBT 开路和短路故障最常见。其运行功率超过在正常工作温度下允许的最大耗散功率，则有可能会导致 IGBT 超过耐受极限而被击穿或被烧毁，甚至是永久性的损坏。一旦逆变器的主电路 IGBT 功率管发生故障，光伏发电系统的正常运行就会严重受阻，无法完成与大电网的并网，造成光伏发电系统产生的电能无法外送。

IGBT 功率管的开路故障和短路故障占逆变器故障的很大比例。而 IGBT 的开路故障一般不会导致过流，但是会使逆变器输出波形稳态偏离工频理想正弦波形，产生波形畸变。这样会使总谐波率提高，并可能导致输出电流不符合并网要求。若出现长时间的功率管开路故障，则可能造成直流侧稳压电容被烧毁。造成开路故障的原因主要有两方面：

（1）由于过流被烧毁，从而导致开路。

（2）驱动信号开路，这一般是由于接线不良或是驱动不良造成的。

IGBT 功率管的短路故障会导致逆变器交流侧电压突降，出现短路电流。造成短路故障的原因很多，主要有以下几方面：

（1）绝缘层被破坏，从而导致功率管反向击穿。

（2）误操作、驱动指令错误。

（3）不足的死区时间，造成功率管产生转移电流而误导通。

另外，光伏逆变器安装地方通风不畅通，逆变器热量没有及时散发出去，或者直接在阳光下暴露，造成逆变器温度过高，或者逆变器并网电缆过长且电缆接头接触不良，造成逆变器输出侧温度过高，都会导致逆变器功率损耗及过热，造成逆变器故障。

在实际运行过程中，如果这些故障长期存在于光伏发电系统中，不但会降低系统整体的发电效率，还会形成安全隐患，导致漏电、火灾等安全事故。为提高光伏发电系统运行寿命，保障系统运行安全，避免火灾、设备损毁等事故，就需要对光伏发电系统进行状态监测与故障诊断。

13.3　光伏发电状态监测与故障诊断系统

目前光伏电站发展迅速，光伏电站智能运维的需求越来越大。光伏发电状态监测与故障诊断系统能够智能化监控光伏发电组件、并网逆变器等关键设备运行工况，能够有效增强光伏电站运行设备的安全性，提高光伏并网发电的可靠性。在光伏并网发电系统中，光伏组件和并网逆变器是核心部件，与光伏电站能否正常运行密切相关。因此，光伏发电状态监测主要体现对光伏组件和并网逆变器的运行状态监测。

光伏发电监测的主要状态量如下：

（1）光伏组件的输出电压、电流。

（2）光伏组件的对地漏电流。

（3）光伏组件的内阻。

（4）光伏组件的温度。

（5）光伏组件的光伏转换率。

（6）并网逆变器直流侧输入电压、电流。

（7）并网逆变器交流侧输出电压、电流及其波形。

（8）并网逆变器的温度。

（9）控制柜、升压变压器及电缆的温度。

（10）光伏电站的环境温度、湿度及图像。

由于光伏电站多为无人值守，光伏发电状态监测的关键和难点在于如何完成在整个光伏电站中的实时同步巡视采样。这些实时数据可以通过现场监测微机完成采集与处理后，由通信网络上传到远程监测与故障诊断中心。例如，远程监控中心获得光伏组件的端电压及光伏组件对地漏电流数据后，通过光伏发电系统故障诊断分析软件，对上百上千的光伏组件进行快速诊断，发现对地故障的光伏组件及其光伏阵列，立即发出预警，并实施远程控制与运维（如机器人、无人机维护）。并网光伏电站的状态监测系统结构如图 13-7 所示。

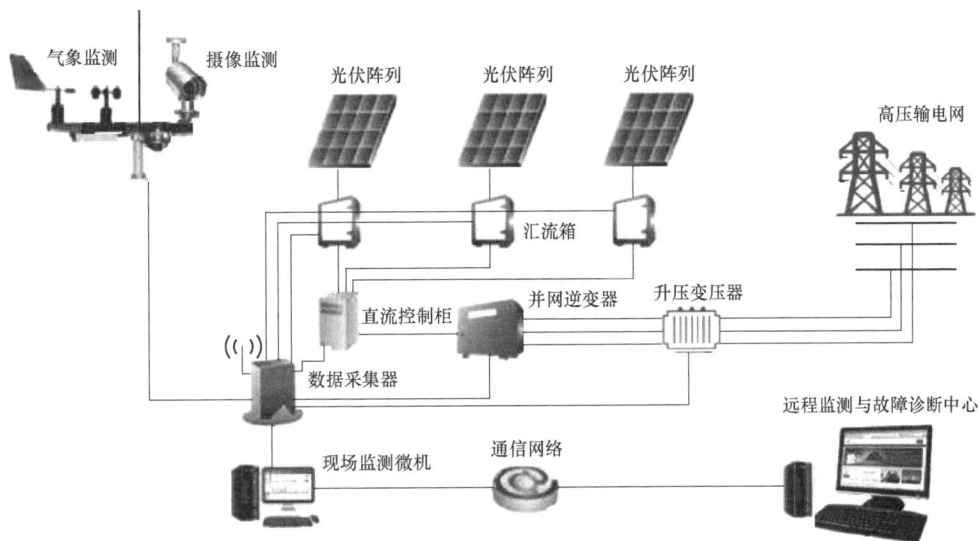

图 13-7　并网光伏电站状态监测系统结构图

另外，光伏发电设备故障诊断系统的信息量变化比较快，不能仅根据几个主要特征量就进行诊断，必须充分利用监测到的各种诊断信息，采用诊断信息集成策略，即将单个传感器获取的单维信息融合起来形成多维的综合信息，这种综合信息所含的故障特征信息量较大。由此完成故障光伏组件、光伏并网逆变器的数据收集和故障特征量提取，最后采用故障诊断人工智能技术，完成对光伏并网发电系统的综合故障识别与分类。具有人工智能技术的光伏发电状态监测与故障诊断系统功能，如图 13-8 所示。

```
          ┌──────────────────────────────────────────┐
          │  光伏发电系统故障分类、故障分析及故障预警   │
          └──────────────────────────────────────────┘
                            │
                   ┌──────────────────┐
                   │   人工智能诊断分析  │
                   └──────────────────┘
         ┌──────────────────┼──────────────────┐
 ┌──────────────┐  ┌──────────────┐  ┌──────────────┐
 │ 模糊算法故障诊断 │  │ 神经网络故障诊断 │  │ 遗传算法故障诊断 │
 └──────────────┘  └──────────────┘  └──────────────┘
                   ┌──────────────────┐
                   │   提取故障特征量   │
                   └──────────────────┘
                            │
                   ┌──────────────────┐
                   │    状态信号处理    │
                   └──────────────────┘
                            │
    ┌───────────────────────────────────────────────────┐
    │ 状态监测（电压、电流及其波形；现场工作温度及图像）      │
    └───────────────────────────────────────────────────┘
   ┌──────┬───────┬───────┬────────┬────────┬────────┐
┌──────┐┌────────┐┌──────┐┌────────┐┌────────┐┌────────┐
│光伏阵列││并网逆变器││光伏电缆││直流汇流箱││升压变压器││电气控制柜│
└──────┘└────────┘└──────┘└────────┘└────────┘└────────┘
```

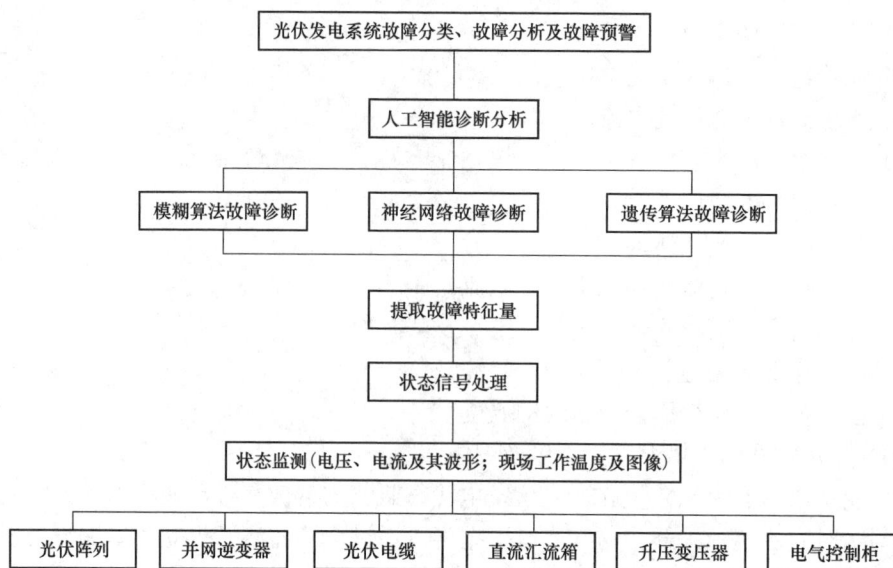

图 13-8　并网光伏电站人工智能故障诊断系统功能图

思考题与练习题

1. 光伏方阵由哪些器件组成？
2. 简述光伏发电系统的结构及运行方式。
3. 简述光伏逆变器在光伏发电过程中的作用。
4. 光伏发电系统的常见故障有哪些？
5. 光伏发电系统的状态监测通常要监测哪些状态量？
6. 光伏发电系统的故障诊断方法有哪些？

参 考 文 献

［1］朱德恒，严璋，谭克雄，等．电气设备状态监测与故障诊断技术．北京：中国电力出版社，2009.

［2］沈标正．电机故障诊断技术．北京：机械工业出版社，1996.

［3］李伟清．汽轮发电机故障检查分析及预防．北京：机械工业出版社，2002.

［4］王绍禹，周德贵．大型发电机绝缘的运行特性与试验．北京：水利电力出版社，1992.

［5］王昌长，李福祺，高胜友．电力设备的在线监测与故障诊断．北京：清华大学出版社，2006.

［6］王致杰，徐余法，刘三明，等．电力设备状态监测与故障诊断．上海：上海交通大学出版社，2012.

［7］张建文．电气设备故障诊断技术．北京：中国水利水电出版社，2006.

［8］肖登明．电力设备在线监测与故障诊断．上海：上海交通大学出版社，2005.

［9］马宏忠．电机状态监测与故障诊断．北京：机械工业出版社，2008.

［10］邱毓昌．GIS 装置及其绝缘技术．北京：水利电力出版社，1994.

［11］成永红．电力设备绝缘检测与诊断．北京：中国电力出版社，2001.

［12］黄新波，程荣贵，王孝敬，等．输电线路在线监测与故障诊断．2 版．北京：中国电力出版社，2014.

［13］苑舜．高压开关设备状态与诊断技术．北京：机械工业出版社，2001.

［14］苗红霞．高压断路器故障诊断．北京：电子工业出版社，2011.

［15］徐丙垠，李胜祥，陈宗军，等．电力电缆故障探测技术．北京：机械工业出版社，1999.

［16］吴双群，赵丹平．风力发电原理．北京：北京大学出版社，2011.

［17］姚兴佳．风力发电机组原理与应用．北京：机械工业出版社，2009.

［18］杨金焕．太阳能光伏发电应用技术．北京：电子工业出版社，2017.